"十二五"国家重点出版规划
精品项目

国家出版基金项目
NATIONAL PUBLICATION FOUNDATION

U0659935

先进航空材料与技术丛书

先进陶瓷材料的注凝技术与应用

陈大明　著

国防工业出版社

·北京·

内 容 简 介

本书在第 1 章首先从陶瓷料浆流变学特性入手,简要讲述了水基料浆的一些基本知识,分析了影响陶瓷料浆流变学的主要因素。第 2 章介绍了丙烯酰胺体系水基陶瓷料浆的凝胶固化原理、方法及要点。第 3 章主要讲述了注凝技术原理、特点以及注凝工艺所涉及的一些共有技术问题。在此基础上,第 4 章~第 11 章分别具体介绍了注凝技术在多种陶瓷复合粉体合成以及在陶瓷零件坯体精密成型中的应用实例,每一章则涉及到注凝技术应用中需要注意解决的某些关键问题。书中各章节内容可以自成体系,前后也有一定关联。

本书主要内容均为作者多年来关于注凝技术的应用研究和产业化方面的经验,适合于从事先进陶瓷材料研究和生产方面的科研人员、生产技术人员、相关专业高年级大学生及研究生阅读,部分内容也可作为企业制定相关工艺操作规程的依据以及生产工人的培训教材,具有重要的实际应用参考价值。

图书在版编目(CIP)数据

先进陶瓷材料的注凝技术与应用/陈大明著. —北京:
国防工业出版社,2011 5
(先进航空材料与技术丛书)
ISBN 978 - 7 - 118 - 07402 - 4

Ⅰ. ①先… Ⅱ. ①陈… Ⅲ. ①陶瓷 - 压制成型
Ⅳ. ①TQ174.6

中国版本图书馆 CIP 数据核字(2011)第 067274 号

※

国防工业出版社出版发行
(北京市海淀区紫竹院南路 23 号 邮政编码 100048)
北京嘉恒彩色印刷有限责任公司
新华书店经售
*
开本 710×960 1/16 印张 17½ 字数 322 千字
2011 年 11 月第 1 版第 1 次印刷 印数 1—3000 册 定价 46.00 元

(本书如有印装错误,我社负责调换)

国防书店:(010)68428422 发行邮购:(010)68414474
发行传真:(010)68411535 发行业务:(010)68472764

序

一部人类文明史从某种意义上说就是一部使用和发展材料的历史。材料技术与信息技术、生物技术、能源技术一起被公认为是当今社会及今后相当长时间内总揽人类发展全局的技术，也是一个国家科技发展和经济建设最重要的物质基础。

航空工业领域从来就是先进材料技术展现风采、争奇斗艳的大舞台，自美国莱特兄弟的第一架飞机问世后的 100 多年以来，材料与飞机一直在相互推动不断发展，各种新材料的出现和热加工工艺、测试技术的进步，促进了新型飞机设计方案的实现，同时飞机的每一代结构重量系数的降低和寿命的延长，发动机推重比量级的每一次提高，无不强烈地依赖于材料科学技术的进步。"一代材料，一代飞机"就是对材料技术在航空工业发展中所起的先导性和基础性作用的真实写照。

回顾中国航空工业建立 60 周年的历程，我国航空材料经历了从无到有、从小到大的发展过程，也经历了从跟踪仿制、改进改型到自主创新研制的不同发展阶段。新世纪以来，航空材料科技工作者围绕国防，特别是航空先进装备的需求，通过国家各类基金和项目，开展了大量的先进航空材料应用基础和工程化研究，取得了许多关键性技术的突破和可喜的研究成果，《先进航空材料与技术丛书》就是这些创新性成果的系统展示和总结。

本套丛书的编写是由北京航空材料研究院组织完成的。19 个分册从先进航空材料设计与制造、加工成形工艺技术以及材料检测与评价技术三方面入手，使各分册相辅相成，从不同侧面丰富了这套丛书的整体，是一套较为全面系统的大型系列工程技术专著。丛书凝聚了北京航空材料研究院几代专家和科技人员的辛勤劳动和智慧，也是我国航空材料科技进步的结晶。

当前，我国航空工业正处于历史上难得的发展机遇期。应该看到，和国际航空材料先进水平相比，我们尚存在一定的差距。为此，国家提出"探索一代，预研一代，研制一代，生产一代"的划代发展思想，航空材料科学技术作为这四个"一代"发展的技术引领者和技术推动者，应该更加强化创新，超前部署，厚积薄发。衷心希望此套丛书的出版能成为我国航空材料技术进步的助推器。可以相信，随着国民经济的进一步发展，我国航空材料科学技术一定会迎来一个蓬勃发展的春天。

2011 年 3 月

前　言

先进陶瓷（advanced ceramics），亦称特种陶瓷（special ceramics）、精细陶瓷（fine ceramics or performance ceramics）、工程陶瓷（engineering ceramics）、高技术陶瓷（high technology ceramics）等，是一类具有特定性能的新型无机非金属材料。由于其某些性能的不可替代性和新的特殊性能的不断发现，近几十年得到了迅猛发展。结构陶瓷具有比强度高、比刚度高、高硬度、耐高温、耐磨损、耐腐蚀等优越性能，在高精密机械、高温热结构、耐磨耐蚀及军工各领域得到广泛应用，国际上使用结构陶瓷部件已经形成了很大的市场。功能陶瓷利用了陶瓷材料的电、磁、声、光、热等方面的一些特殊性能，主要包括微电子、光电子和真空电子器件用电子陶瓷，机电一体化用传感器和微动作执行机构用敏感功能陶瓷，光通信和传输用光功能陶瓷，加热器用导电陶瓷、超导陶瓷，隔热、降噪及过滤用多孔陶瓷等，这些领域都是世界技术和经济发展的热点，用途非常广泛。

先进陶瓷材料是根据对其性能的要求，进行材料配方设计进而制备出具有特定性能和用途的无机非金属材料。当材料配方确定后，制备技术就决定了产品的质量。其中，制备陶瓷原料粉体，确定成型方法，制定烧结工艺，则是陶瓷制备的三大关键技术。

与传统陶瓷不同，先进陶瓷的主原料粉体一般均为经过提纯或人工合成得到，而非从自然界直接获取，原料粉体的性质（组分、晶相、纯度、形貌、粒度及分布等）对陶瓷材料的成型、烧结及最终结构和性能来说至关重要。陶瓷粉体的制取或合成可以说是最容易又是最困难的工作。说它容易，因为按照当前的技术水平和设备条件，一般研究者在试验室总能制备出各种各样高质量的陶瓷粉体样品，每年在各种陶瓷学术会议和学术刊物上，总能收到许多篇陶瓷粉体制备方面的论文；说它困难，因为我国陶瓷粉体产业至今仍比较落后，在粉体质量和一致性方面总存在这样那样的问题，甚至连氧化铝、氧化锆、氮化硅、碳化硅、钛酸钡这些用量最大的几种简单陶瓷粉体，也不得不从国外进口来满足更高水平陶瓷材料科研和生产的需要。因此，急需发展一些生产成本低、生产效率高、环境污染少、能保证产品的质量和稳定性、适合于工业化大生产的粉体合成新技术，这对提升我国先进陶瓷产业的水平有极其重要的作用。

陶瓷不同于金属或塑料等,它不是先制得材料然后再进一步加工成制品或零件的,由于其脆性和难加工性,一般是通过粉体成型、烧结后直接获得的,因此陶瓷材料、陶瓷制品、陶瓷零件往往成了统一用语。也由于这一缘故,人们习惯于把陶瓷粉体制成坯体的过程称为"成型"而非"成形"。陶瓷产品种类、形状有千千万万,但常用的坯体成型技术目前仅有十种左右,对陶瓷产品的质量和生产效率起着极大的作用。因此,陶瓷产品的制备技术常用其成型方法命名。如注浆法生产大尺寸石英陶瓷辊棒、石英陶瓷坩埚、氧化铝和氧化锆薄壁致密陶瓷坩埚;干压法生产氧化铝磁控管壳、耐磨衬板、纺织用陶瓷摩擦片;冷等静压法生产氧化铝陶瓷真空开关管壳、氧化锆陶瓷缸套、研磨介质球、球阀、氮化硅陶瓷轴承球;泥料挤制法生产氧化铝陶瓷辊棒、高铝绝缘瓷基体、堇青石蜂窝陶瓷载体、蓄热体;流延法生产氧化铝陶瓷基片、氮化铝陶瓷基片、片式陶瓷电容器、电感器;热压铸法生产氧化铝陶瓷真空开关管壳、水阀片、咖啡豆磨头等,足见坯体成型技术在陶瓷生产中的重要性。不断改进已有成型技术,发展新的成型技术,可以有效地提高生产效率和产品质量、降低生产成本和能源消耗、改善环境和工人劳动条件,意义重大。

烧结是将粉料坯体变成块状材料的手段,即将"粉"变"瓷"的过程,烧结工艺决定了陶瓷材料最终的显微结构和性能,无疑是陶瓷制备中极其重要的工序。烧结工艺方法很多,如根据对粉体(坯体)是否施加压力可分为无压(常压)烧结和压力烧结;如根据气氛条件不同又可分为氧化气氛烧结、还原气氛烧结、真空烧结;如根据烧结过程中粉体是否发生化学反应也可分为固相烧结、液相烧结和反应烧结等。但无论何种烧结工艺,其最重要的参数仍被认为是烧结温度,只有在一定温度条件下,才能使粉体变成陶瓷体。这也是我国最早出现的"瓷都"都是在那些有丰富木材或煤炭的地方,即有"火"才有陶瓷。烧结工艺在陶瓷产品的生产中耗能最多,为达到节能降耗的目的,选择合理的节能设备和节能烧结工艺在当前更有重要的实际意义。

20 世纪 90 年代初,美国橡树岭国家实验室的 M. A. Janny 和 O. O. Omattete 发明了一种陶瓷坯体的注凝(Gel-casting)精密成型技术(M. A. Janney: Method for Molding Ceramic Powders, U. S. Patent 4894194, 1990; M. A. Janney and O. O. Omatete: Method for Molding Ceramic Powders Using a Water-Based Gel Casting, U. S. Petent: 5028362, 1991; O. O. Ometete, M. A. Janney, R. A. Strehlow: Gelcasting – A New Ceramic Forming Process, Ceram. Bull., 1991. 10, 1641 – 1648)。该技术将传统的陶瓷注浆成型技术与高分子化学理论巧妙结合。该技术制备陶瓷产品具有设备投资费用少、生产工艺过程简化、坯体微观结构均匀、产品质量好等优势,是一种既可生产简单形状陶瓷制品,又可生产近净尺寸复杂形状陶瓷制品的普适性工艺。注模

凝胶分为有机料浆注模凝胶成型技术和水基料浆注模凝胶成型技术。前者主要适用于那些与水发生化学反应的系统，后者可望普遍推广应用于多种陶瓷粉体的成型。

丙烯酰胺体系的水基料浆注凝成型技术因其原料成本低、操作简便、坯体质量好，受到国内外广大陶瓷工作者的极大重视。据报道，1996 年美国橡树岭国家实验室的研究者将注凝成型技术在实际生产中进行了推广应用，并获得当年美国年度成果推广奖。有三家公司获得了该技术的许可使用。另外，在日本、德国该技术也已开始得到应用。国内浙江大学、天津大学、北京航空材料研究院、清华大学、中科院上海硅酸盐研究所、华中科技大学、南京工业大学等许多单位都先后对此项技术进行了研究报道。目前，该技术在国内研究应用已比较多，被广泛用于氧化铝、氧化锆、ZTA、莫来石、赛隆、熔融石英、碳化硅、氮化硅、碳化硼、PZT、PTC、钛酸钡、钛酸铝等多种陶瓷及其复合材料的研究应用，并实现了多项产品的工程化生产，显示出广阔的应用前景。

作者课题组于 1995 年开始进行注凝技术的探索研究和在先进陶瓷材料中的应用研究，并对此技术产生了浓厚的兴趣，先后培养有多名硕士研究生和博士研究生从事这方面的研究工作。曾获准一项"863"计划项目"氧化铝陶瓷基片水基凝胶法低成本制备技术（715 - 006 - 0150）"和三项国家自然科学基金项目："功能复合粉体的凝胶固相反应技术研究（59872033）"、"典型先进材料的强韧化设计与实现（19891198 - 05）"、"半水基注模凝胶法制备大尺寸陶瓷零件研究（50672091）"的支持。通过对这些项目的执行，作者及课题组进一步把注凝技术成功应用于陶瓷粉体的合成，对注凝成型工艺也有了更好的掌握，申报获准了十多项相关发明专利。在从事上述各项研究工作的同时，作者课题组还积极与国内多家企业进行技术合作，甚至直接创办生产企业进行科技成果转化。从 1996 年起，曾先后在张家口特种陶瓷厂、北京大华陶瓷厂、株洲硬质合金厂、山东工业陶瓷设计研究院、淄博博航电子陶瓷有限责任公司、淄博启明星新材料有限公司、福建省智胜矿业有限公司、山东合创明业精细陶瓷有限公司等十几家企业推广应用注凝技术，进行大尺寸氧化铝研磨球、氧化铝真空开关管壳、氧化铝陶瓷刀具、石英陶瓷坩埚、氧化铝陶瓷基片、氧化锆陶瓷粉体、氧化锆日用陶瓷刀、氧化铝陶瓷坩埚、微电机陶瓷轴、整体弧形氧化铝防弹陶瓷板等许多产品的开发应用。其中，有些项目取得了满意的效果，而有些则不够成功。总结这么多年的推广应用经验，作者感到，陶瓷的注凝技术作为一项创新性工艺，在实际应用于陶瓷材料制备中，涉及到原材料选择、材料组分设计、料浆配制与处理、模具设计制造、浇注方式、凝胶固化技术、坯体脱水干燥、有机物烧除及最终烧结等一系列内容，任何一个环节都决定着该技术成败。而且,陶瓷种类和产品形状千差万别,在应用注凝技术时常会遇到不同的关键问题要解决,以达到提高生产效率和保证产品质量的目的。但是,目前我国还缺少一本系统介绍注凝技术方面的专业书籍,给注凝技术的推广应用带来了一定的困难,这也是作者编写本书的初衷。

关于 Gel-casting 一词,国内亦称为凝胶铸成型、注模凝胶成型、凝胶注模成型等。在本书内容中,该技术不但用于陶瓷坯体的成型,也用于陶瓷粉体材料合成,此时可能不涉及到模具或成型问题。按其英文原意,并与注浆(Slip-casting)一词类比,作者认为将其译为"注凝"比较贴切。当该技术应用于成型时,则称为注凝成型。

本书不是一本教科书或陶瓷理论的全面论述,主要涉及到注凝技术在陶瓷粉体合成与陶瓷坯体成型方面的应用。主要介绍了作者课题组多年来关于注凝技术在先进陶瓷材料应用研究和产业化方面的经验积累,侧重于应用研究内容。书中部分内容是作者课题组的硕士和博士研究生学位论文研究结果,其中包含了仝建峰、刘晓光、袁广江、梁艳媛等博士研究生论文和李斌太、徐荣九、李宝伟、焦春荣、黄浩等硕士研究生论文内容。也有些内容已在有关学术刊物和相应学术会议上发表过,为保持全书的完整性和系统性,将这些内容都汇总在了一起。在本书写作过程中,焦春荣专门对有关内容进行了试验,完善了书中内容。对他们的工作,作者表示深切的感谢。

本书献给作者单位中航工业北京航空材料研究院成立五十五周年。由于时间紧迫和作者水平有限,书中错误在所难免,欢迎读者不吝赐教。

作者

2011 年 3 月

目　录

第1章　陶瓷料浆流变学特性及其影响因素

陶瓷坯体的注凝成型是在传统的注浆成型的基础上发展起来的新技术。与注浆成型的原理不同，它不是通过多孔模具吸水后使陶瓷粉体互相靠近固化定型，而是通过外加有机单体和交联剂的聚合反应形成高分子网络结构而将陶瓷粉体原位固化定型。在此过程中，并不发生溶剂介质的散失，其体积基本不发生收缩变化，凝胶坯体的初始体积密度基本保持料浆本身的体积密度。因此，获得具有高固相含量、低黏度、良好流动性、稳定分散的陶瓷料浆是注凝技术的首要任务。可以毫不夸张地说，陶瓷注凝技术的成败取决于高品质陶瓷料浆的配制。本章从介绍陶瓷料浆流变学特性入手，分析影响陶瓷料浆流变学的主要因素，这也是陶瓷料浆配制技术的基础。

1.1　陶瓷料浆的流变学特性

1.1.1　料浆的稳定分散性[1-5]

陶瓷料浆的稳定分散一般包括润湿、机械粉碎和分散稳定三个过程。润湿是颗粒与空气，颗粒与颗粒界面被颗粒和溶剂、分散剂等有机助剂界面取代的过程；而机械粉碎是大颗粒细化、团聚体解聚并被润湿、包裹吸附的过程；分散稳定是胶态颗粒在静电斥力与空间位阻斥力等作用下屏蔽范德华力，不再聚集的过程。

关于陶瓷颗粒在料浆中稳定分散机理可分为如下几种：

1. 双电层（静电）稳定机理

20 世纪中叶，苏联的 Derjaguin 和 Landau 与荷兰的 Verwey 和 Overbeek 分别提出了憎液胶体稳定性的定量理论，后被统称为 DLVO 理论。该理论主要讨论了颗粒表面电荷与稳定性的关系。根据 DLVO 理论，体系的稳定性是通过范德华（van der waals）引力势能和双电层斥力能的平衡来调控的。两颗粒间的作用势能：

$$V_T = V_A + V_R \qquad\qquad (1-1)$$

式中：V_T 为两颗粒总势能；V_A 为范德华吸引势能；V_R 为双电层排斥势能。

静电稳定是指通过调节 pH 值和外加电解质等方法，使颗粒表面电荷增加，形成双电层，通过 Zeta 电位增加使颗粒间产生静电斥力，实现体系的稳定，如图 1-1 所示，静电斥力使颗粒之间保持距离 D，彼此无法接近而稳定悬浮。

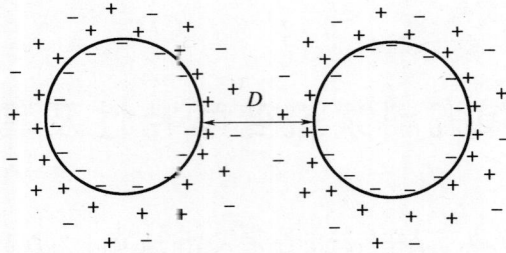

图 1-1　静电稳定示意图

图 1-2 是两颗粒相互作用势能示意图,当颗粒彼此接近时,斥力势能和引力势能同时增大,但其各自的增加速率不同,产生一个最大值和两个最小值。最大值即势垒,是颗粒聚集必须克服的活化能,势垒的数值取决于颗粒大小和它们的表面势能;而两个最小值为势阱,在第一个最小值发生聚结,是不可逆的;在第二个最小值产生絮凝,是可逆的,可通过搅拌再次分散。

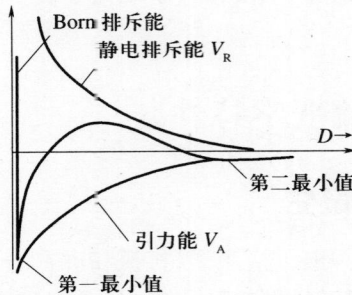

图 1-2　两颗粒的总势能图

势能曲线表明了获得稳定分散体系的途径:①增加能量势垒高度,通过控制颗粒大小和表面电势能实现;②防止颗粒相互接近,在颗粒周围建立一个物质屏障,即聚合物吸附层的空间位阻效应。

常用于单纯静电稳定的分散剂一般为小相对分子质量、离子带电量高的电解质,如:柠檬酸盐、六偏磷酸钠、焦磷酸钠等。值得注意的是由于陶瓷颗粒表面存在静电荷,有时不外加分散剂,只调节 pH 值也可以达到颗粒的悬浮稳定。

2. 空间位阻稳定机理

空间位阻稳定是通过添加高分子聚合物,聚合物分子的锚固基团吸附在固体颗粒表面,其溶剂化链在介质中充分伸展,形成位阻层,充当稳定部分,阻碍颗粒的碰撞聚集和重力沉降,如图 1-3 所示。当两个颗粒距离小于聚合物吸附层厚度两倍时,吸附层相互作用引起吉布斯(Gibbs)自由能的变化,稳定性可通过 ΔG 判定。

$$\Delta G = \Delta H - T\Delta S \tag{1-2}$$

当 $\Delta G < 0$ 时,将产生絮凝或凝聚;当 $\Delta G > 0$ 时,分散体系趋于稳定。聚合物作为分散剂在不同分散体系中起到稳定作用,这在理论和实践中都已得到验证。但是产生空间位阻稳定效应必须满足两个条件:①锚固基团在颗粒表面覆盖率较高且发生强吸附,这种吸附可以是物理吸附也可以是化学吸附;②溶剂化链充分伸展,形成一定厚度的吸附位阻层,一般认为应保持颗粒间距大于 $10nm \sim 20nm$。

单纯空间位阻稳定的分散剂为相对分子质量高、非离子型聚合物,如:阿拉伯树胶、明胶、桃胶、羧甲基纤维素、鲱鱼油、聚乙烯醇、聚乙二醇等。

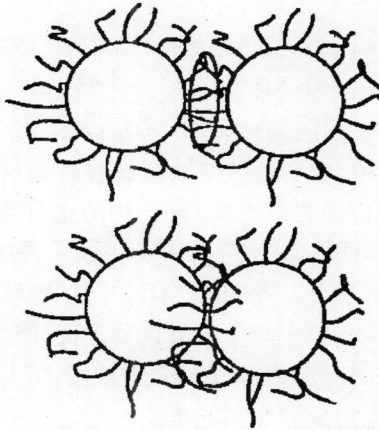

图 1-3　空间位阻稳定示意图

3. 静电位阻稳定机理

静电位阻稳定机理是固体颗粒表面吸附了一层带电较强的聚合物分子层,带电的聚合物分子层通过本身所带电荷排斥周围粒子,又用位阻效应防止布朗运动的粒子靠近,产生复合稳定作用。其中静电电荷来源主要为颗粒表面静电荷、外加电解质荷,锚固基团是聚电解质。颗粒在距离较远时,双电层产生斥力,静电主导;颗粒在距离较近时,空间位阻阻止颗粒靠近,如图 1-4 所示。

在高固含量料浆的配制中,静电位阻作用是获得稳定料浆的最有效途径之一。目前常用静电位阻分散剂有:小相对分子质量的聚丙烯酰胺、聚丙烯酸钠、海藻酸钠、海藻酸胺、木质磺酸钠、石油磺酸钠、水解丙烯酰胺、磷酸脂、乙氧基化合物等。静电位阻稳定的料浆稳定性与 pH 值、分散剂含量等密切相关。聚合物电解质类分散剂由于离解度随 pH 值发生变化,其在粉体表面的吸附状态及吸附量也将随之改变,通常阴离子型分散剂在碱性条件下可改善料浆稳定性,而阳离子型分散剂则在酸性条件下起作用。

4. 竭尽稳定机理

1980 年由澳大利亚的 Napper 首先提出,该理论认为:与空间位阻效应不同,

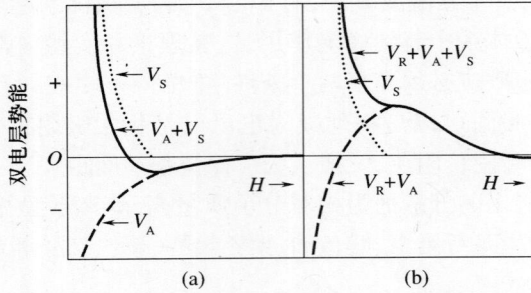

图 1-4 静电位阻稳定机理势能作用示意图

(a) 无双电层；(b) 有双电层。

非离子型聚合物没有吸附在固体颗粒表面，而是以一定的浓度游离分散在颗粒周围悬浮液中。颗粒相互靠近，聚合物分子从两颗粒表面区域（即竭尽区域）在介质中重新分布。若溶剂为聚合物的良溶剂，聚合物的这种重新分布在能量上是不稳定的，两颗粒需克服能垒才能继续靠近，即竭尽稳定。颗粒距离较近时，竭尽区聚合物浓度趋于零，颗粒间区域几乎全部被溶剂占据，继续靠近仅使溶剂离开竭尽区，纯溶剂与聚合物的再次溶解在能量上可自发进行，产生竭尽絮凝，如图 1-5 所示。竭尽稳定机制适合于解释那些虽没有锚固基团，或只和固体颗粒发生弱吸附的聚合物分子，却能产生稳定分散作用的现象。

竭尽稳定机理同空间位阻稳定效应的主要区别在于：①聚合物并未吸附在固体颗粒表面，只是游离在悬浮液中；②竭尽稳定状态为热力学亚稳定态，而空间位阻稳定为热力学稳定态。

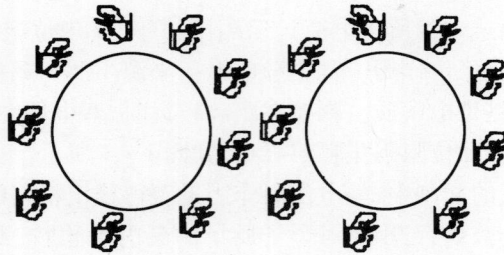

图 1-5 竭尽稳定机制示意图

除以上四种稳定机理外，还有范德华力的屏蔽作用下的稳定性等。图 1-6 为料浆各种稳定机理示意图。

1.1.2 料浆流变学性质[3,6-10]

流变性质（Rheological properties）是研究物质在外力作用下流动与形变的科

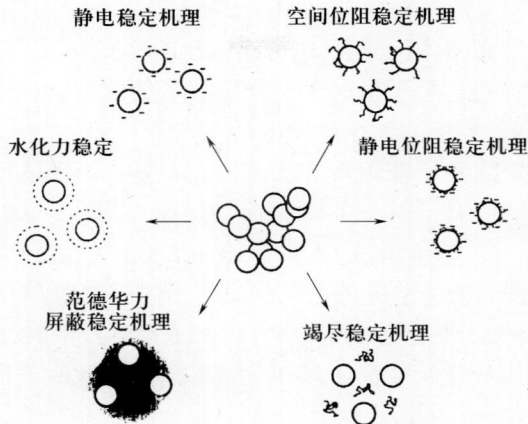

图 1-6 陶瓷粉体在液体中的稳定机理

学。研究流变性质有两种方法:一种是用数学方法来描述物质的流变性质,而不追究其内在原因;另一种是通过流变试验,从物质所表现出来的流变性质联系到物体内部结构的实质问题。在胶体体系中存在许多力学性质,这些力学性质反映了胶体的内在微观结构。如果单从流变性质来揭示胶体内部结构不太完全,因为胶体体系的流变性质不仅是单个粒子性质的反映,而且也是粒子间以及粒子与溶剂之间相互作用的结果。陶瓷料浆的流变性质对后续的注凝技术意义重大。在监测悬浮体中不能直接测量的颗粒之间作用力和结构方面,流变学提供了强有力的手段。在低应变情况下,稳态剪切流动和黏弹性行为与颗粒间距有关,而颗粒间距直接取决于固含量、颗粒间作用力和颗粒的堆积。

1. 陶瓷悬浮体的黏度

黏度是液体流动时所表现出来的内摩擦。测定体系的黏度是研究流变性质的基本方法。相同材料和固相含量陶瓷料浆悬浮体的黏度与以下因素有关:

(1)粒子的形状:粒子的形状不同,对运动所产生的阻力也不同。在体积分数相同的条件下,非球形粒子具有更大的有效阻力体积,因而阻力更大,分散体系的黏度也更大。

(2)粒子大小:粒子越小,体积分数相同的情况下黏度越大。这是因为粒子越小,粒子数越多,粒子间距离越近,相互干扰的机遇越大;粒子越小,溶剂化之后有效体积越大,溶剂化所需溶剂越多,自由溶剂量越少,粒子间移动阻力越大,因而黏度越高。

2. 分散悬浮体系的黏度方程

对于固相体积小于 10%(体积分数)的稀悬浮体,Einstein 根据流体力学理论推导出稀分散体系的黏度方程:

5

$$\eta = \eta_0(1 + 2.5\phi) \qquad (1-3)$$

式中:ϕ 为体系中分散相的体积分数;η_0 为连续相的黏度。

在该式推导中曾假设:粒子是远大于介质分子的圆球;粒子是刚性体,完全被介质润湿;分散体很稀,粒子间无相互作用;无湍流。

对于较浓分散体系,粒子间相互干扰,Einstein 公式不再适用,Goodwin 将公式修正为

$$\eta = \eta_0(1 + 2.5\phi + K\phi^2) \qquad (1-4)$$

式中:K 值因粉体的团聚及颗粒间的电化学力的不同而改变。

当固体颗粒的体积分数增加到一定程度,形成浓悬浮液时,由于粒子间的相互作用使悬浮液冻住,形成连续的整本,黏度达到无穷大,此时的固相体积成为最大的堆积分数。

符合大多数窄分布粒子悬浮液实验数据的计算公式有 Mooney 方程:

$$\eta = \eta_0 \exp(2.5\phi/(1-K\phi)) \quad K = 1/\phi_m \qquad (1-5)$$

式中:ϕ_m 为最大堆积分数。

Quemada 根据能量耗散理论,提出可推广到非牛顿型悬浮体的方程:

$$\eta = \eta_0(1 - \phi/A)^{-2} \qquad (1-6)$$

式中:A 与粒子形状、粒子与介质柜互作用,粒子大小分布,物理化学作用有关。高浓度的料浆的 A 值只与最大填充密度有关。

3. 料浆的几种流体类型

为维持流体的层状运动,需施加一剪切应力 τ,在剪切应力的作用下流体有一速度梯度或剪切速率 γ,剪切应力与剪切速率之比为黏度 η:

$$\eta = \tau/\gamma \qquad (1-7)$$

图 1-7 给出了几种典型流体的剪切应力随剪切速率的变化曲线。牛顿流体的黏度不随外界剪切应力而变,是一常数,与剪切速率无关,剪切应力与剪切速率成正比,流变曲线是直线,并且通过原点,即在任意小的外力作用下液体就能流动;而非牛顿流体的黏度随剪切速率不同而不同,有些体系是黏度随剪切速率的增加而增加,典型的如图 1-7 中曲线 2,即胀流体类型,这种现象称为剪切增稠(Shear thickening,剪切变厚、剪切增厚)作用;还有些体系的黏度随剪切速率的增加而减少,典型的如图 1-7 中曲线 3 和由线 5,即假塑性流体和塑性流体类型,这种现象成称为剪切变稀(Shear thinning,剪切变薄)作用。这也是我们在陶瓷料浆中最常遇到的几种类型的流变曲线。

非牛顿流体包括以下几种:

(1)广义牛顿流体:属于无弹性流体,黏度与剪切应力有关,且是剪切应力的单值函数。

(2)塑性流体:存在屈服应力,只有当剪切应力大于屈服应力时流体才流动。

6

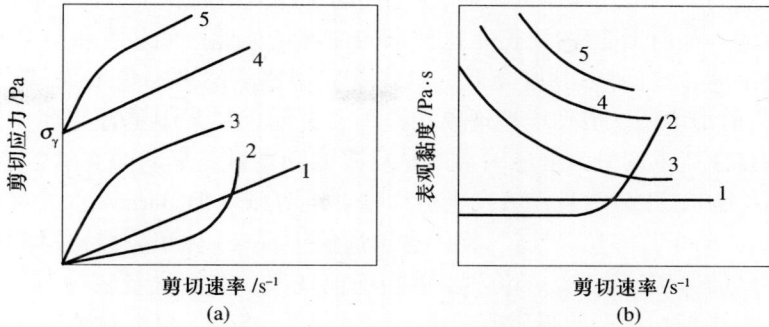

图 1-7　流变曲线的不同类型

1—牛顿体(Newtnian)；2—胀流体(Shear thickening)；3—假塑性流体(shear thinning)；
4—宾汉流体(Bingham plastic)；5—塑性流体(Nonlinearity plastic)。

（3）黏弹性流体：这种流体既有黏性又有弹性特征，形变后发生部分弹性恢复。

（4）依时性流体：这种流体的黏度不仅与剪切速率有关，而且与受剪切的时间有关。在一定的剪切速率下，黏度随时间增加而减小的流体称为触变性流体(thixotropy)；反之，黏度随时间的增加而增大的流体称为反触变流体(anti-thixotropy)。

宾汉体系的行为类似于牛顿体系，一旦剪切应力超过某一数值，即屈服应力后，剪切应力与剪切速率成正比。假塑性或剪切变稀体系表现出黏度随剪切速率增大而减小。破坏了已有的结构，粒子的排列方式使其相互间的运动阻力最小。在紧密堆积的悬浮体中，黏度可能随剪切速率增大而增大。这样的行为叫做剪切增稠或胀流行为。

有时剪切变稀和剪切增稠体系的结构破坏和重建不但取决于施加的作用力，而且取决于体系达到平衡所需的时间。与时间有关的剪切变稀或与时间有关的剪切增稠行为分别称为触变性和震凝性。应力增大和减小表现出滞后环。

塑性体的行为用存在比较显著的剪切应力的屈服值来表征，在屈服值以下不发生流动。其常见于形成了结构网络的浓悬浮体中。如果屈服值很小，塑性变为假塑性，假塑性被认为是较合适的流变行为。假塑性和剪切变稀效应有关，即随剪切速率增加，黏度值减少。

通常料浆的流变学在较宽的固相浓度范围内表现出复杂的非牛顿行为。由悬浮体结构的性质决定的黏度可以随剪切速率和时间增大或减小，尤其是在絮凝体系中，常常出现屈服应力。

料浆的剪切变稀是由于悬浮体结构受到剪切扰动而引起的。在低的剪切速率下，要使总的流动发生，粒子必须绕流，或彼此间"反弹"。这就要有较大的阻力，所以黏度较高。当剪切速率提高时,施加的速率梯度引起粒子结构的取向,这种结构由于布朗运动而不能保持,但是这种取向使粒子彼此之间较在很低的剪切速率下更能自由地穿过,所以黏度降低。但随着剪切速率的进一步增加,料浆黏度增大,表现为剪切增稠。剪切增稠现象在高固含量陶瓷料浆中是普遍存在的。引起剪切增稠现象产生的最为明显因素的是料浆的固含量。早期的文献曾经认为,浓度为50%(体积分数)为悬浮液发生剪切增厚的界限。但 Barnes 通过对大量文献的研究认为,对于许多体系来说,在固含量远低于50%(体积分数)条件下,只要能达到足够高的剪切速率,也可以发生剪切增稠现象。在固含量超过50%(体积分数)以后,发生剪切增稠的临界剪切速率迅速降低。Strble 根据对硬球悬浮体模型的 Stokesian 动力学模拟提出在他们所研究的体系中,剪切增稠的产生是由于生成了所谓的"流体动力团簇"(hydrodynamic cluster)。这种团簇的形成是由于剪切力使得陶瓷颗粒相互靠近的结果。在此流体动力团簇中,由于颗粒之间近程的润滑力(lubrication force)的作用力使得体系黏度增加。

1.1.3　陶瓷料浆流变特性的测量与表征

1. 陶瓷粉体的 Zeta 电位

在水基陶瓷料浆中,固体颗粒表面上的官能团为了达到电价平衡,会吸附与之相反电性的离子,因此,固体颗粒表面呈现出各种各样的特性。Zeta 电位是粒子表面和电极之间的剪切平面势,反映了界面特性,并且表示了料浆中陶瓷颗粒表面净电荷势,表示为 Zeta 电位。陶瓷水基料浆的稳定性与粉体颗粒在水中的电动特性密切相关,而 Zeta 电位与颗粒水溶液双电层的状态有关。通常可采用 Zeta 电位仪测定陶瓷颗粒的 Zeta 电位,以便定量地了解颗粒间静电斥力的大小,预测体系的稳定性情况。当其它因素存在时,介质中粒子的类表面电荷之间的静电斥力增加导致较高的电势,从而使得陶瓷颗粒在水中获得良好的分散。

2. 料浆的流变学特性

试验中常使用转筒式黏度计测量料浆的流变学特性,可同时测得料浆的剪切应力—剪切速率曲线和黏度—剪切速率曲线。据比可以了解料浆的黏度高低、剪切变稀、剪切增稠以及触变性等情况。测试原理如图 1-8 所示。采用两个直径不同的圆桶,同轴地套在一起,形成一个环形空间。将被测的料浆倒入此空间中,转动内筒使其以一定的速度旋转,此时由于料浆的黏性作用,环形空间中的料浆层与层之间就发生了相对运动。由于转筒式黏度计是利用牛顿定律测量陶瓷料浆和其他

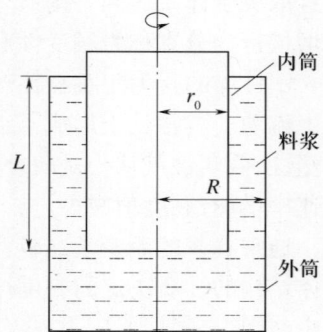

图 1-8　转筒式黏度计示意图

8

液体黏度的仪器,所以圆筒的转动速度应予限制,即不使所测对象出现紊流的现象。由于料浆粘滞力的作用,在圆筒表面上出现了切应力,也就是产生了转动力矩,这种力矩可以安装在一个圆筒上的金属丝或传感器予以记录或显示出来,这样就可用牛顿定律计算出剪切应力与剪切速率之间的关系,测得某一条件下料浆的黏度。

3. 料浆的悬浮稳定性

料浆稳定分散可通过静电稳定、空间位阻稳定和静电位阻稳定机制来实现。静电稳定是通过增加 Zeta 电位,使颗粒表面的同种电荷增加,产生排斥力来实现稳定的;空间位阻稳定是通过添加高分子聚合物,使其锚固基团吸附在颗粒表面,其水溶链充分伸展形成阻挡层来实现稳定的;静电位阻稳定是通过吸附高分子电解质和在双电层斥力的共同作用下达到稳定的。由此可见,pH 值和分散剂选择对料浆稳定性的影响很大。

料浆的悬浮稳定性可采用简单的静态沉降法来测定。通过测定一定时间内料浆中陶瓷颗粒的沉降高度或沉积体积百分数来表征粒子的沉降速度,可以反映料浆的稳定性。实际测量时,将制备好的陶瓷料浆倒入一定容量(通常用 10ml 或 100ml)的量筒中静态放置一定时间后,测定该陶瓷料浆中粉体的沉降高度,即料浆中陶瓷粉体与溶液的分层情况,用沉降高度或沉积体积百分数表示料浆的悬浮稳定性。悬浮分散的理想状态是长时间静置后高度不变或变化很小。

4. 料浆的流动性

除了较好的悬浮稳定性和低黏度外,注凝技术还要求料浆具有良好的流动性,以方便去除料浆中的气泡和进行浇注操作。料浆的流动性与其黏度有一定的关系,一般来说,料浆黏度低其流动性也好。但两者并不能互相替代,因为料浆的触变性、密度等参数均会影响其流动性。当料浆触变性较大时(例如氧化铝陶瓷料浆中加入了氧化镁助烧剂),尽管黏度可能不大,但流动性也会变得很差,影响注凝操作;在同样黏度的情况下,氧化锆陶瓷料浆的流动性优于氧化铝陶瓷料浆,是由于前者密度较大的缘故。

实际生产中通常采用涂 4 杯测定陶瓷料浆的流动性。涂 4 杯按 GB/T 1723—93 设计制备,原主要用于测量涂料及其它相关产品的黏度。是一个内径为 ϕ49.5mm 的圆筒,下部内锥体角度为 81°,总容量为 100ml,底部有一个长 4mm、嘴孔内径 ϕ4mm 漏嘴的金属容器,如图 1 - 9 所示。使用时,先用阀门或手指将底部漏嘴堵住,然后将料浆倒满涂 4 杯内,下方放置一承接料浆的烧杯。测试时,再迅速打开堵孔的同时启动秒表,直至杯内料浆全部流出,随即停止秒表并记录时间。用此时间(单位为 s)作为衡量料浆流动性的水平,时间越短说明料浆的流动性越好,一般适用于流出时间不大于 150s 的料浆测量。

图 1-9　涂 4 杯照片

（a）固定式铜制涂 4 杯；（b）手提式铝制涂 4 杯。

1.2　陶瓷料浆特性的影响因素

本节根据作者课题组研究应用较多的氧化铝和氧化锆水基料浆为实例[11-19]，系统研究影响料浆特性的主要因素，综合这些分析，可作为指导配制高固相含量、悬浮稳定和具有良好流动性的水基陶瓷料浆的参考。

1.2.1　pH 值的影响

陶瓷料浆的酸碱性即 pH 值对料浆的稳定性影响很大，pH 值不同，粉体表面吸附 H^+ 或 OH^- 离子的数量不同而带电状况不同，这将直接影响粒子间的静电斥力。一般考虑将料浆的 pH 值调节在其 Zeta 电位绝对值较大处，以保证粉体间有更高的静电斥力。同时，要考虑粉体表面的溶解以及 pH 值过小或过大时模具的腐蚀等问题；粉体在球磨前后 pH 值可能发生的变化；其他表面活性剂的加入对料浆 pH 值的改变等。因此在试验研究和生产过程中，应该综合考虑各种因素对料浆 pH 值的影响，有利于更好地控制料浆的稳定性。

1. pH 值对陶瓷颗粒 Zeta 电位的影响

将不同粒度的 Al_2O_3 粉体制成料浆，然后用盐酸及氨水（或四甲基氢氧化铵）来调节料浆的酸碱度。料浆的 pH 值采用北京分析仪器厂生产的 25 型酸度计测定；Zeta 电位采用英国 MALVERN 公司 ZETA - SIZER4 测量。图 1-10 为不同粒度 Al_2O_3 颗粒的 Zeta 电位随 pH 的变化规律。从图 1-10 中可以看出，不同粒度 Al_2O_3 颗粒的 Zeta 电位值随 pH 的变化规律是一致的，当料浆电位处于酸性状态时，颗粒的 Zeta 电位为正值，而在碱性条件下为负值。不同点在于，颗粒粒径越小,其对应的等电点(即零电位值)处 pH 值减小。当氧化铝粉末粒径为 1.0μm、2.5μm、3.8μm、5.2μm 时,其对应的零电位值处 pH 值分别为 5.0、5.3、5.4、5.7。当 pH 值达 9 时,其 Zeta 电位绝对值达到最大,而且颗粒粒径越小,pH 值为 9 对应的 Zeta 值越大。上述粒径颗粒对应的最大 Zeta 电位的绝对值分别为 39mV、32mV、29mV、26mV,即颗粒的粒径对其最大 Zeta 电位的绝对值有一定影响。由于同一种溶液中粒子带有同种电荷,粒子周围双电层中存在的斥力会阻碍粒子的充分接近。最大 Zeta 电位的绝对值越高,颗粒的分散性越好,从而料浆的稳定性越好。反之,Zeta 电位绝对值越低,料浆的分散性越差。需要指出,分散剂的加入会改变颗粒表面状态,从而改变其 Zeta 电位,这在下面的内容中将进一步介绍。

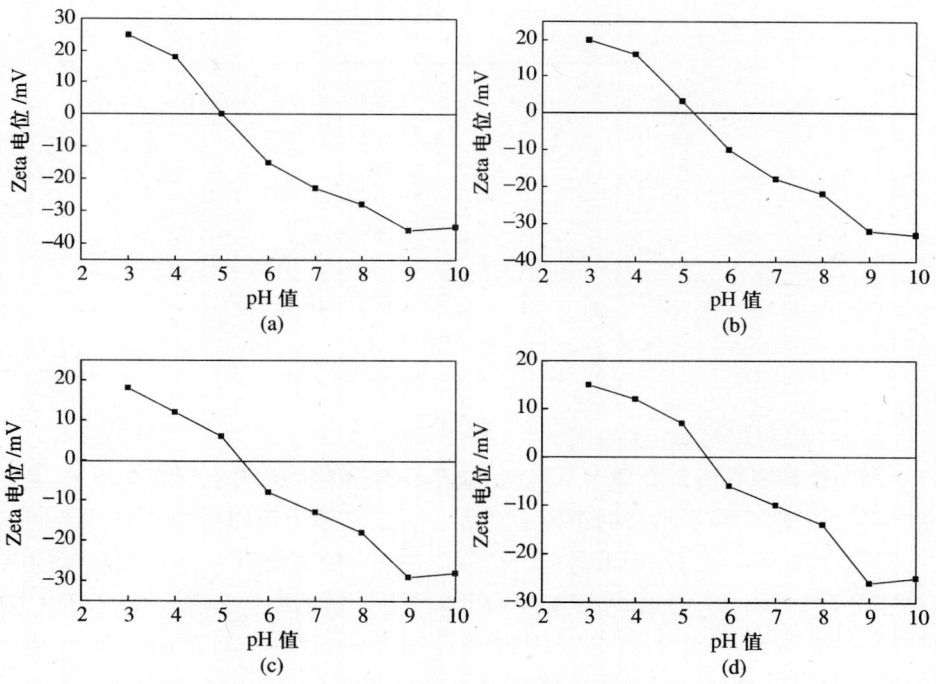

图 1-10 不同粒度 Al$_2$O$_3$ 颗粒的 Zeta 电位随 pH 值的变化

(a) $d_{50}=1\mu m$;(b) $d_{50}=2.5\mu m$;(c) $d_{50}=3.8\mu m$;(d) $d_{50}=5.2\mu m$。

图 1-11 是氧化钇稳定氧化锆(YSZ)粉体的 Zeta 电位图。由图可见,pH 值较小时,Zeta 电位是正值,当 pH 值增加,Zeta 电位由正值变为负值,且 Zeta 电位绝对值变大。这与吸附于 YSZ 颗粒表面的 OH$^-$ 基团分解是一致的。从曲线的走势,可以看出 YSZ 颗粒的等电点位于 pH=2~3 之间,在低于等电点时颗粒表面带正电,高于等电点时带负电。YSZ 粉体颗粒在水中,由于吸附水分子,表面被水化,形成

ZrOH 基团,发生以下反应:

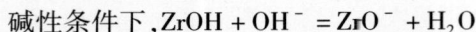

酸性条件下,$ZrOH + H^+ = ZrCH_2^+$

碱性条件下,$ZrOH + OH^- = ZrO^- + H_2O$

$ZrOH_2^+$ 和 ZrO^- 代表粉体表面的正负电位,H^+ 和 OH^- 离子的吸附决定粉体表面的电荷。

双电层(静电)稳定理论认为,分散在溶剂中的粉体颗粒表面与溶液内部会形成扩散双电层。当带同号电荷的颗粒相接近时,彼此间相互排斥而趋于分散,这种分散作用随颗粒表面的 Zeta 电位而变化。对于 YSZ 颗粒来说,最高的 Zeta 电位绝对值处于碱性区域,所以这一区域粉体的分散是比较稳定的。通常氧化锆主要配制碱性料浆而不配制酸性料浆,原因就在于此。

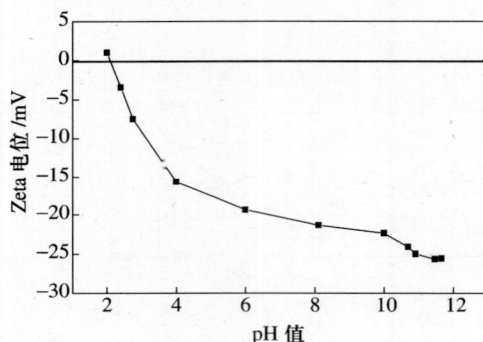

图 1-11　YSZ 粉体的 Zeta 电位图

2. pH 值对料浆稳定性的影响

当陶瓷粉末在液态介质中分散时,粒子受到各种力的作用,如重力,与液态介质之间的作用力,粒子自身的布朗运动等。假定其他力可以忽略不计或者固定不变,则陶瓷粒子在重力作用下趋向于沉降。图 1-12 给出了上述不同粒度的 50%(体积分数)Al_2O_3 料浆的体积沉积百分数随其 pH 值的变化规律。可以看出,粉体颗粒粒径大小和 pH 值对料浆稳定性的影响非常大。随着 pH 值的升高,料浆的沉积体积百分数首先增加,当达到等电点时,沉积体积百分数最大,随着 pH 值继续增加,料浆的沉积体积百分数开始减少,当达到 pH = 10 时,沉积体积百分数最小。同时,颗粒尺寸越小,料浆的稳定性越好,沉积体积百分数越小。

3. pH 值对料浆黏度的影响

Al_2O_3 料浆悬浮体的黏度用 NDJ-1 型旋转黏度计测量,其黏度与 pH 值的关系如图 1-13 所示(料浆的固相体积分数为 56%,颗粒粒径为 2.5μm,剪切速率为 $20s^{-1}$)。结果表明,料浆 pH 值对其黏度影响是很大的。前述可知,Al_2O_3 料浆颗粒表面的 Zeta 电位随着 pH 值的增加变化很大,这也直接影响了料浆的黏度。当料

12

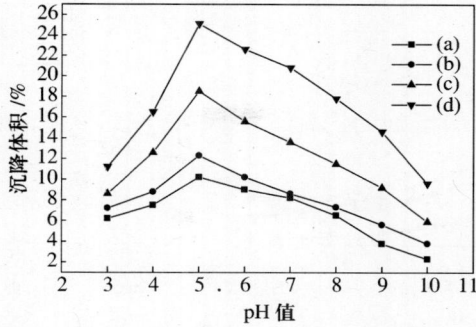

图 1-12　不同粒度的 Al_2O_3 料浆的沉积百分数随着 pH 值的变化规律

(a) $d_{50} = 1.0\mu m$; (b) $d_{50} = 2.5\mu m$; (c) $d_{50} = 3.8\mu m$; (d) $d_{50} = 5.2\mu m$。

浆 pH 值为 9~10 时,其黏度最低,仅为 45mPa·s 左右。这是因为此时其表面 Zeta 电位值达到最大值,颗粒间的静电作用最强,料浆处于相对稳定状态。当料浆为酸性至中性时,黏度均较大,从图 1-10 可知,其等电点约在 pH 值为 5 左右。pH 值在此值附近时,颗粒的表面 Zeta 电位很低,静电斥力很小。根据 DLVO 理论,颗粒间范德华力的作用使得颗粒呈团聚状态,料浆的稳定性差,因而料浆的沉积体积较大,反映在料浆的流变学特性上则是黏度较高。这种远远偏离牛顿型流体的流变性正是料浆中颗粒呈团聚状态的特征。

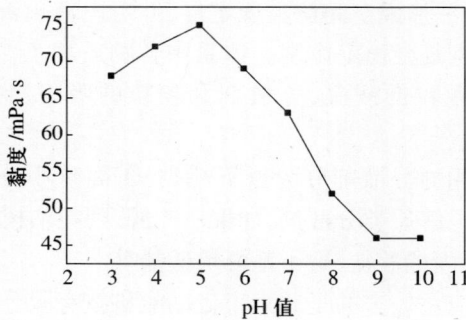

图 1-13　Al_2O_3 料浆的黏度与 pH 值的关系

4. pH 值对料浆流变特性的影响

pH 值对 YSZ 料浆流变特性的影响见图 1-14。同样发现,随 pH 值升高,同样剪切速率条件下,料浆的黏度和剪切应力显著降低。当 pH 值超过 11 时,在剪切速率小于 500r/min 整个范围内均表现为轻微的剪切变稀状态;在 30r/min~500r/min 转速条件下黏度均低于 100mPa·s;其切变应力—切变速率曲线的往返路径已经基本重合,滞后环消失,表明料浆触变性也大大降低了。

13

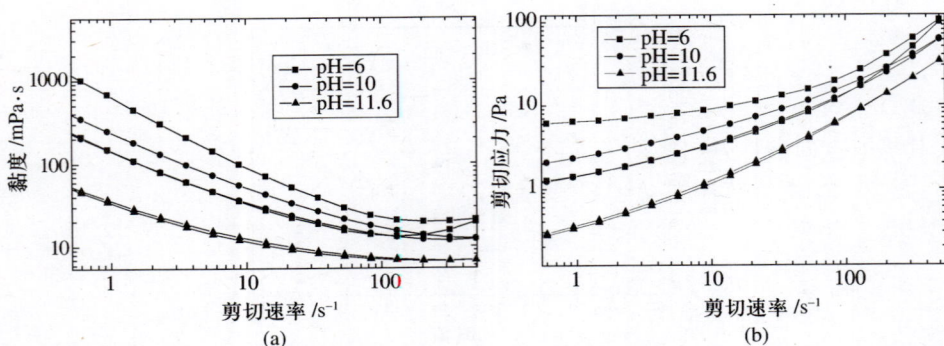

图 1-14 pH 值对 53%（体积分数）YSZ 水料浆流变特性的影响

1.2.2 分散剂的影响

1. 分散剂

分散剂的应用是配制高固含量陶瓷料浆的关键技术之一，加入合适的分散剂可以大大降低料浆中水的用量，故有时也被称为减水剂。通常设计的分散剂主要是接枝共聚和嵌段双亲聚合物电解质，接枝（嵌段）聚合物电解质的主链（锚固基团）含有对陶瓷颗粒表面吸附位和官能团有亲和性作用的活性基，能牢固吸附在颗粒表面，接枝（嵌段）在主链（锚固基团）上的侧链（尾链）为亲溶剂型，与溶剂有较高的相容性，充分伸展形成空间位阻稳定层，并可电离出离子产生静电斥力，空间位阻与静电斥力产生复合稳定作用。体系中各物质相互作用包括：溶剂和分散剂的相容性，溶剂和颗粒的润湿，分散剂和颗粒的吸附，颗粒和颗粒的相互作用等[8]。

目前陶瓷料浆常用的分散剂分为以下几类：①高价小分子型分散剂，如柠檬酸、多聚磷酸盐；②非电解质类分散剂，如聚乙二醇、阿拉伯树胶、聚乙二醇等；③聚电解质类分散剂，如聚丙烯酸盐、聚甲基丙烯酸盐等。

近年来国内实际应用较多的是北京市亿动能科技有限公司销售的 JA-281 陶瓷料浆分散剂和美国罗门哈斯公司销售的 D3021 陶瓷料浆分散剂，前者为丙烯酸和甲基丙烯酸共聚物铵盐水溶液，固含量为 30%（质量分数），密度约 1.06g/ml；后者则为聚丙烯酸铵盐水溶液，固含量为 40%（质量分数），密度约 1.08g/ml，两者均呈中性（pH=6.5～7.5）液体。这些聚丙烯酸类属阴离子型分散剂在水溶液中电离为有机酸阴离子，由于静电和氢键的作用而吸附在粉体颗粒的表面，改变粉体的表面电动性，从而影响着所配制料浆的悬浮稳定性和流变特性。分散剂在粉体表面吸附是其发生作用的前提，所以分散效果与其在颗粒表面的吸附状态密切相关。

2. 分散剂对陶瓷粉体 Zeta 电位的影响

加入分散剂可以改变颗粒表面的 Zeta 电位, 但是不同分散剂对不同粉体 Zeta 电位的影响是不一致的。聚丙烯酸盐类分散剂在液相中可以使颗粒表面电荷更负, 其等电点向酸性方向移动。

图 1 – 15 为分散剂对 Al_2O_3 粉体 Zeta 电位的影响。可以看出, 加入少量的 JA – 281 分散剂可大大改变 Al_2O_3 粉体的等电点和 Zeta 电位绝对值, 使其等电点从 pH = 5.3 降至 pH = 3.2, 表面 Zeta 电位绝对值在整个试验范围内均提高约 20mV, 至 pH = 9 ~ 10 时达到约 – 50mV, 说明 JA – 281 分散剂非常适用于氧化铝陶瓷料浆的配制。实际上, 在我们长期实践中发现, 高固相含量和良好流动性的氧化铝类碱性料浆相对容易配制获得, 这与氧化铝粉体表面特性和其在碱性条件下易得到较高的 Zeta 电位有关。

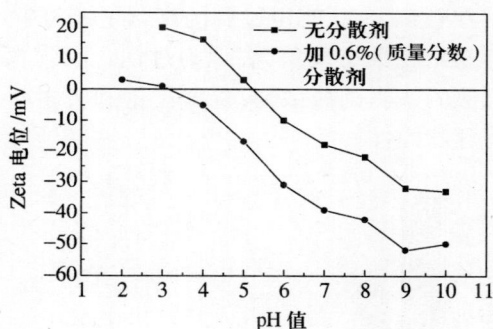

图 1 – 15   加入 JA – 281 分散剂后 Al_2O_3 粉体的 Zeta 电位

图 1 – 16 是加入不同分散剂后 YSZ 粉体的 Zeta 电位图。可以看出, 加入分散剂后 YSZ 的等电点均左移。但在酸性条件下, Zeta 电位变化不大。当 pH > 7 后, 不同分散剂对颗粒表面电位绝对值变化的影响就有了较大差别, 其中加入 JA – 282, 调整 pH = 8 ~ 11 时, 颗粒表面电位绝对值达到 30mV ~ 40mV, 分散效果比较稳定。考虑到强碱性对制备过程的不良影响, 一般 pH 值控制在 9 ~ 10 左右为宜, 可制得较高固含量的料浆。

3. 分散剂对陶瓷料浆悬浮稳定性的影响

在 55%(体积分数)Al_2O_3、颗粒中位径约 $4\mu m$ 的料浆中加入不同重量的 JA – 281 分散剂, 考察料浆在 100ml 量筒中静置 24h 的悬浮稳定性, 结果如图 1 – 17 所示。可以看出, 分散剂的最佳加入量为 Al_2O_3 粉料的 0.55% ~ 0.6%(质量分数), 此时料浆的沉降高度最低, 仅为 2.8mm(即相对沉积体积为 2.8%)。而分散剂加入过少或过多均导致悬浮稳定性变差。对此现象的简单解释可用图 1 – 18 说明: 分散剂加入量过少时, 分散剂不能充分吸附在颗粒表面, 溶液中的胶态微胞难以形

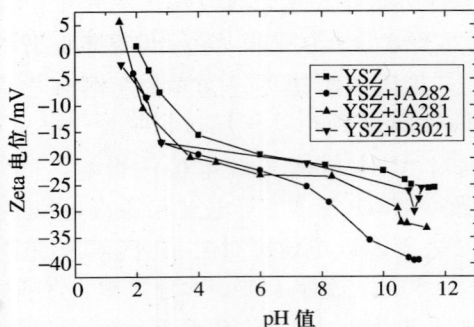

图 1 - 16　加入几种分散剂后 YSZ 的 Zeta 电位

成,颗粒之间排斥力较小,分散稳定性较差,表现为不饱合吸附状态(a);分散剂加入量过高,过饱和吸附在颗粒表面,使得过剩的高分子链将颗粒桥联起来,限制了颗粒间的相互运动,容易出现聚沉现象,表现为过饱合吸附状态(c);分散剂只有选择适量,使颗粒表面吸附适当的分散剂,也就是饱和吸附状态(b)时,分散性最好,可使其具有最佳悬浮稳定性。

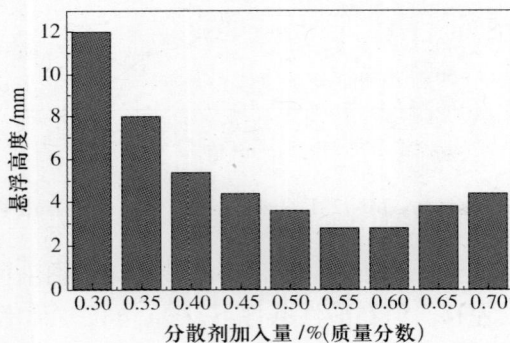

图 1 - 17　Al_2O_3 料浆稳定性随分散剂加入量的变化

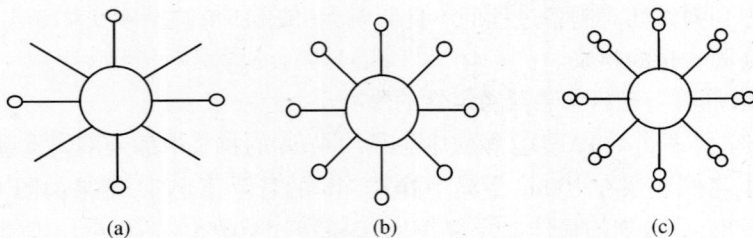

图 1 - 18　分散剂在颗粒表面的吸附状态
(a)不饱和吸附;(b)饱和吸附;(c)过饱和吸附。

图 1 – 19 是 pH = 10 的 53%（体积分数）稳定氧化锆（YSZ）陶瓷水基料浆在 100ml 玻璃量筒中静置 3 天后的沉降高度比较图,表明了加入不同量分散剂对陶瓷料浆悬浮稳定性的影响。可以看出,加入分散剂后可适当提高料浆的悬浮稳定性,当分散剂为料浆体积的 2%（体积分数）时,料浆悬浮高度最大（溶液分层量最小）,表明此时料浆的稳定性最好。

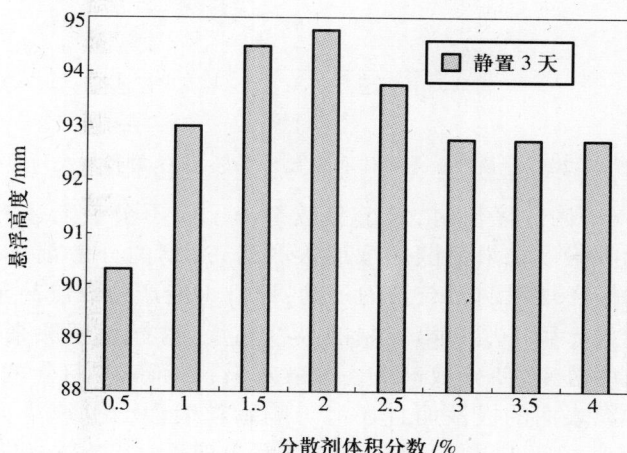

图 1 – 19　稳定氧化锆悬浮高度与分散剂含量的关系

氧化铝料浆与氧化锆料浆的悬浮稳定性有所不同,表现为前者比后者对分散剂加入量多少更为敏感。究其原因,一是由于本试验所用 Al_2O_3 粉料粒径较粗（约 $4\mu m$）,而 YSZ 粉体粒径很细（约 $0.5\mu m$）,故在同样条件下前者悬浮稳定性不如后者;二是由于两类粉体 Zeta 电位相差较大,同样在碱性料浆条件下,氧化铝比氧化锆有更高的电负性,至使前者悬浮稳定性优于后者。此两方面原因共同作用下,使得分散剂加入量多少对前者比对后者影响更大。

4. 分散剂对料浆黏度的影响

图 1 – 20 表示出了分散剂的加入量对 Al_2O_3 料浆黏度的影响规律。试验中,在料浆中加入不同粉料质量百分比的分散剂 JA281,而固定陶瓷料浆的 pH 值为 9,料浆的固体体积分数为 52%。

从图 1 – 20 中可以看出,分散剂的加入量对料浆的黏度有显著的影响,在恒剪切速率下,随着分散剂加入量的不断升高,其黏度逐渐降低,当加入量超过一定值时,料浆的黏度又会出现升高现象,所以从保证料浆具有良好流动性的方面来看,分散剂的加入量存在一个最佳值。通常在一定浓度范围内,分散剂刚好覆盖在陶瓷颗粒表面,形成均匀的单层吸附,即饱和吸附,此时可以理解为分散剂分子长链垂直于颗粒表面排列。当分散剂的浓度低于上述浓度

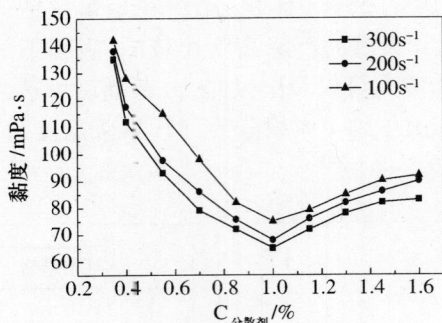

图 1-20 分散剂含量对体积分数为 52% Al_2O_3 料浆黏度的影响

值,即不够单层吸附浓度值时,长链分散剂分子就不会像上述有规则地排列,即形成不饱和吸附。如果分散剂浓度很高时,过剩的分散剂分子相互桥接形成的网络结构极大地限制了粒子的运动,而且可能产生双层甚至多层吸附,即过饱和吸附现象。第一层和第二层的极性相反,这样就把原来已改变的颗粒表面极性又改变过来,使分散剂失去分散效果,从而影响料浆的性能。分散剂不仅能改变颗粒表面的极性而且还能影响颗粒表面的范德华力,它的存在可以减小范德华力。此外,分散剂在陶瓷颗粒表面形成一层有机膜,当颗粒相互靠近时还会起到空间位阻稳定的作用,使颗粒之间具有一定的间距,防止团聚的发生。可以看出,当固含量为 52%(体积分数)时,分散剂合适的量为陶瓷粉体的1%(质量分数)。

图 1-21 是 JA282 加入量对 53%(体积分数)YSZ 料浆黏度的影响,同样存在一个分散剂的最佳加入量,为料浆体积的 2.0%(体积分数)。此时料浆黏度最低,不超过 100mPa·s。经验表明,这样的低黏度料浆真空搅拌除气容易,并非常适合于注凝操作。

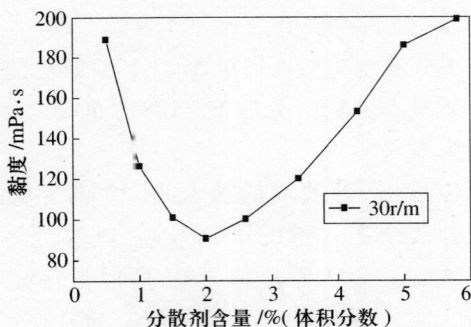

图 1-21 分散剂对 53%(体积分数)YSZ 料浆黏度的影响

5. 分散剂对料浆流变学特性的影响

图 1 - 22 ~ 图 1 - 24 是 56%（体积分数）Al_2O_3 水基料浆加入不同 JA - 281 分散剂时的流变特性曲线。可以看出，三种固含量的氧化铝陶瓷料浆在高的剪切速率下符合胀流体特点。从黏度—剪切速率关系曲线上来看，三种固含量的碱性料浆在低的剪切速率时均表现为剪切变稀特点。随剪切速率提高，又都转变为剪切增稠特点。但分散剂加入量不同，由剪切变稀转变为剪切增厚的临界剪切速率随分散剂加入量增多而增大。当分散剂含量为粉料重料的 0.5%（质量分数）、1%（质量分数）和 1.5%（质量分数）时，料浆的剪切增厚的临界剪切速率分别约为 $80s^{-1}$、$100s^{-1}$、$120s^{-1}$。相比而言，分散剂含量为 1%（质量分数）时料浆黏度最低，说明当固含量为 56%（体积分数）时，分散剂用量为 1%（质量分数）是比较合适的。

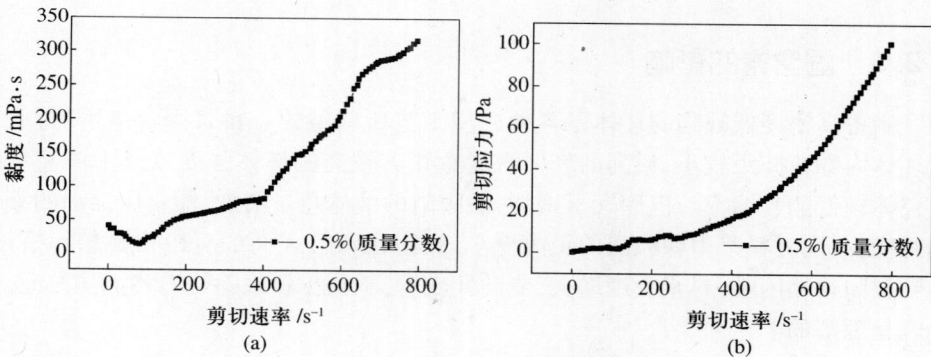

图 1 - 22　分散剂的质量分数为 0.5% 时 56%（体积分数）Al_2O_3 料浆的流变学特性
（a）黏度—切变速率的关系；（b）切变应力—切变速率关系。

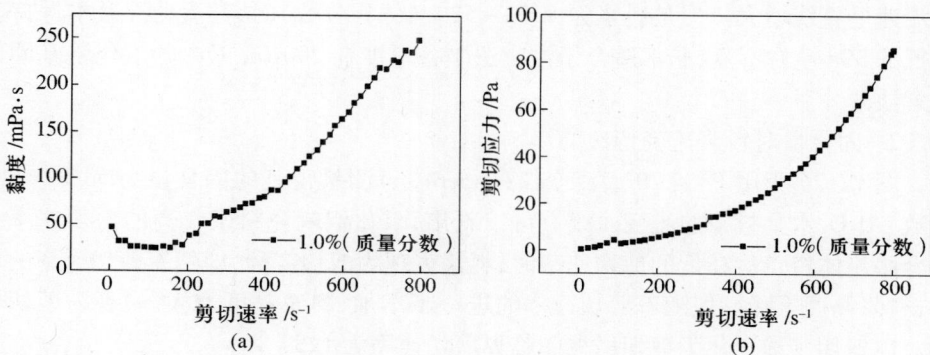

图 1 - 23　分散剂的质量分数为 1.0% 时 56%（体积分数）Al_2O_3 料浆的流变学特性
（a）黏度—切变速率的关系；（b）切变应力—切变速率关系。

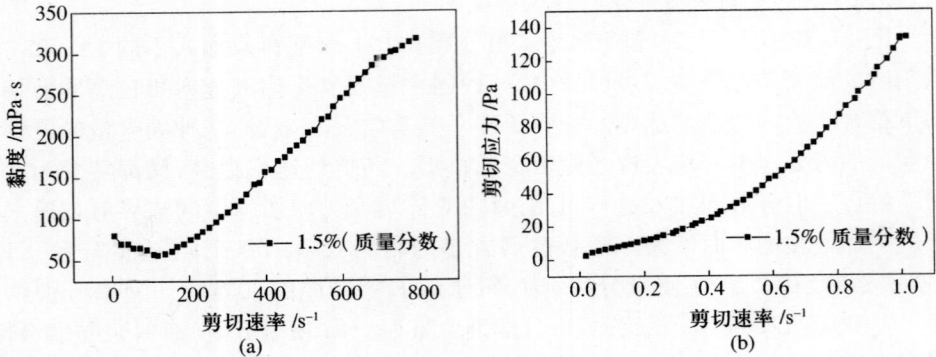

图1-24 分散剂的质量分数为1.5%时56%(体积分数)Al$_2$O$_3$料浆的流变学特性
(a)黏度—剪切速率关系;(b)剪切应力—剪切速率关系。

1.2.3 固含量的影响

制备高密度低缺陷的坯体是各种成型工艺所期望的。料浆固含量增加,成型后坯体内颗粒间距较小,较高的坯体密度意味着较高的坯体强度以及干燥和烧结后瓷体较低的收缩率。但固含量增加,被吸附的液体总量增加,能自由活动的液体相对变少,同时料浆中颗粒间的距离变小,吸附在颗粒表面的有机物链相互搭接,使颗粒间移动困难,料浆黏度增大,流动性变差,不利于料浆除气泡和浇注充型,这是容易理解的。

1. 固含量对料浆流动性的影响

图1-25是用涂4杯测定的YSZ料浆流动性随其固含量的变化曲线。可以看出,随着固含量提高,料浆流动性变差,特别是超过52%(体积分数)固含量时,料浆流速呈直线增大。但是料浆为50%~52%(体积分数)时,其流动性基本保持在很低的30s左右不变,非常适合于注凝法制备厚度在200μm以内的氧化锆基固体电解质薄片。

2. 固含量对料浆流变特性的影响

图1-26为用RV-20型流变仪(American)测量得到的固含量为53%(体积分数)Al$_2$O$_3$水基料浆的流变曲线。可以看出,氧化铝陶瓷料浆在高的剪切速率下符合胀流体特点。在低的剪切速率时,料浆表现为剪切变稀,即随着剪切速率的增加,料浆黏度下降。但随着剪切速率的进一步增加,料浆黏度增大,表现为剪切增稠。由剪切变稀变化为剪切增稠的临界剪切速率为128s^{-1}。

当改变固含量后,料浆的基本特性并未改变,在低的剪切速率下仍表现为剪切变稀,随着剪切速率的增加,表现为剪切增稠。它们在高的剪切速率下均符合胀流体特点,如图1-27所示。但不同固含量料浆由剪切变稀转变为剪切增稠的临界

20

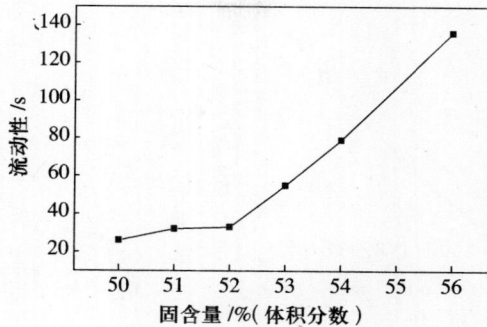

图 1-25　YSZ 料浆流动性随固含量的变化

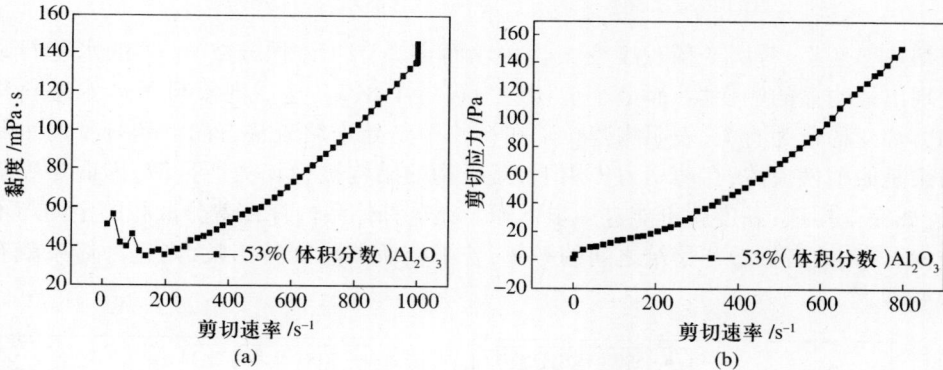

图 1-26　固含量为 53%（体积分数）Al_2O_3 料浆的流变特性

（a）黏度—剪切变速率的关系；（b）剪切应力—剪切速率关系。

剪切速率却发生了变化。固含量为 56%（体积分数）时，临界剪切速率降至 $50s^{-1}$，固含量为 50%（体积分数）时则升为 $200s^{-1}$。这种临界剪切速率随料浆固含量降低而增大的情况，符合一般高固含量陶瓷料浆的普遍规律。事实上，在本试验所做的碱性料浆条件下，三种固含量料浆的剪切增稠的临界剪切速率差别并不太大。说明影响体系剪切增稠临界速率的因素非常复杂，即使对同样的一种粉料，其影响因素也不只是固含量。

　　图 1-28 是不同固相含量 YSZ 水基料浆（pH = 10，分散剂用量为料浆的 2%（体积分数），球磨时间为 24h）黏度和剪切应力随切变速率变化的对数曲线。可以看到，YSZ 料浆与 Al_2O_3 料浆相似，在低剪切速率下表现为剪切变稀，并且黏度相对较低。随固含量的增加，剪切变稀的程度和料浆黏度均增加，料浆触变性越来越明显。当大于临界剪切速率时，出现剪切增厚现象就越明显，这与剪切速率增加，水基料浆中的颗粒定向排列分层，重新发生架桥作用有关。随固含量的增加，临界

21

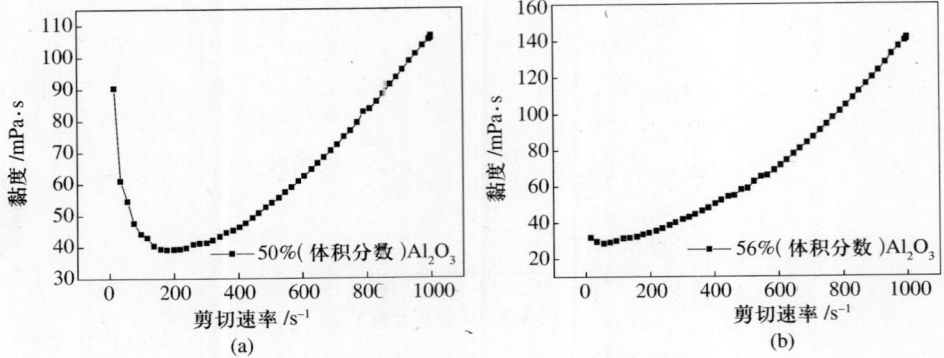

图 1-27　不同固含量条件下料浆的流变曲线
(a) 固含量为 56%(体积分数)；(b) 固含量为 50%(体积分数)。

剪切速率变小,剪切变稀程度变大。相比而言,53%(体积分数)YSZ 的水基料浆表现出最明显的触变性,而最小剪切应力可达 1.8Pa。这一现象与 YSZ 水基料浆的剪切变稀行为有关,表明陶瓷粒子在料浆中是处于絮凝状态的。絮凝了的水基料浆是假塑性流体,在剪切力作用下,絮凝物的结构被剪切力所拆散,因而黏度降低,如完全拆散,黏度就不能进一步下降。在这种体系内存在着分散相的定向与不定向分布,或者拆散与聚结之间的平衡,若平衡所需时间相当长,则这种体系就有触变性[19]。

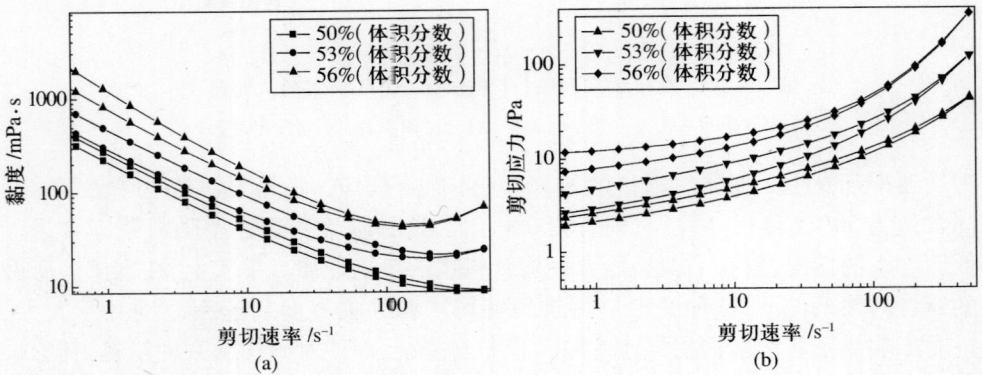

图 1-28　固含量对 YSZ 水料浆流变性质的影响
(a) 黏度—剪切速率曲线；(b) 剪切应力—剪切速率曲线。

1.2.4　球磨工艺的影响

　　球磨是混磨配制料浆的主要手段,当确定了陶瓷原料粉体及固含量、pH 值和分散剂用量后,球磨工艺就成了影响料浆特性的主要因素。球磨可以使粉料充分均匀混合,还能使粉料与溶液充分接触,使溶液中的分散剂充分吸附在粉粒表面,破坏粉料的絮凝作用,使粉料能在溶液中充分分散,形成成分均匀、流动性良好的料浆。另外,球磨还能对粉料产生粉碎作用,使粉料粒径变小,并可磨去颗粒的不规则棱角,使其变成表面光滑的球形或椭球形颗粒。总之,球磨工艺是通过改变颗粒的大小、形貌、比表面积以及改变颗粒的表面物理和化学状态等因素来影响料浆流变特性的。

1. 球磨时间对料浆黏度的影响

如图 1-29 反映了球磨时间对 YSZ 料浆黏度的影响,试验中采用上海 NDJ-1 型黏度计的 $2^{#}$ 转子,转速为 60r/min。显然,球磨时间过短,由于分散剂还没有充分吸附在颗粒表面,大团聚体没有打开,导致料浆黏度很大;球磨时间过长,粉料粒径变小,比表面积增大,表面活性增加,颗粒很容易团聚在一起,并且使得最初吸附在 YSZ 颗粒表面的有机物分子链互相搭接,颗粒间难以相互自由运动,引起料浆的黏度增大。对于本试验体系,球磨时间以 20h 左右为宜。

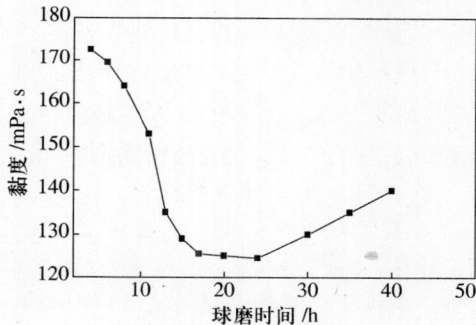

图 1-29 球磨时间对 YSZ 料浆黏度的影响

图 1-30 是不同固含量 Al_2O_3 料浆黏度随球磨时间的变化曲线。可以看出,固相含量越高,料浆黏度也越高。但均存在一个最佳球磨时间,超过此时间之后,料浆黏度会逐渐增大。而对于不同固含量的料浆,使其达到最低黏度所需的球磨时间是不同的。料浆固含量越高,达到最低黏度所需的球磨时间越短。这是因为随料浆固含量提高,单位体积内粉体颗粒越多,在球磨过程中互相碰撞的机会越多,则更容易磨细。

2. 球磨工艺对料浆流变特性的影响

图 1-31 为三种球磨时间对应的 56%(体积分数) Al_2O_3 料浆的流变学曲线。从图中可以看出,随着球磨时间的延长,料浆的剪切增稠的临界剪切速率增大,而且逐渐不再有剪切变稀阶段。这是由于随着球磨时间的延长,颗粒细化,比表面积增大,从而非牛顿性质越显著。

23

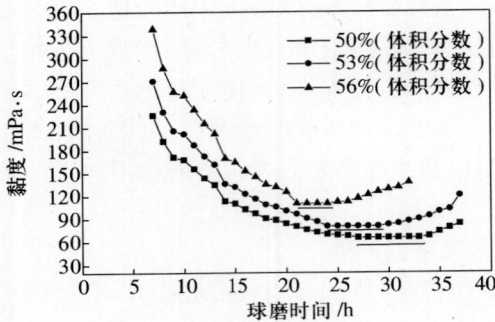

图 1-30　Al₂O₃ 料浆黏度随球磨时间的变化

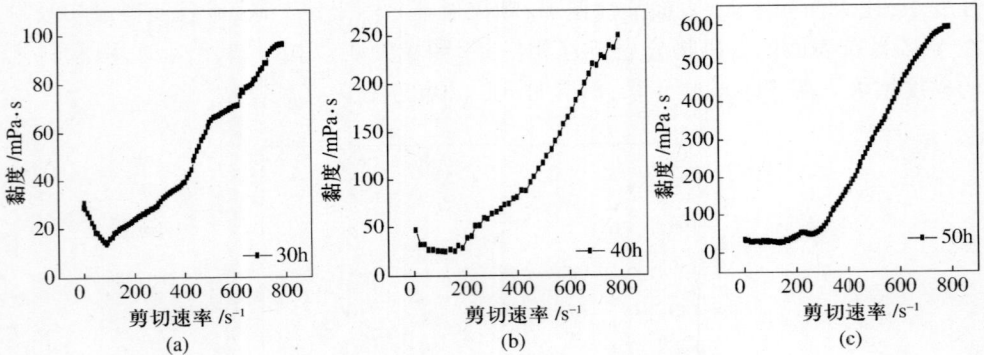

图 1-31　不同球磨时间条件下料浆的流变学曲线

(a) 球磨时间为 30h; (b) 球磨时间为 40h; (c) 球磨时间为 50h。

　　图 1-32 为不同球磨时间 53%(体积分数)YSZ 水基料浆的流变行为的影响。当球磨 24h 后,在分散剂作用下,YSZ 粉体达到饱和吸附,使料浆的黏度最低。球磨时间过短(12h),粉体未能充分分散,吸附在颗粒表面的分散剂不能达到平衡状态,料浆中有团聚体存在而不稳定,因此黏度较高。球磨时间过长(40h),粉体进一步细化,比表面积增大,黏度也增大。从切变速率—应变关系曲线上来看,随着球磨时间的延长,料浆逐渐显示出一定的触变性。

　　3. 球磨时间与陶瓷粉料粒径的关系

　　图 1-33 为采用不同起始粒径 Al₂O₃ 粉末,陶瓷粉料粒径随球磨时间的变化关系曲线。料浆固含量均为 50%(体积分数),配制条件相同。从图中可以看出,随着球磨时间的延长,粉料平均粒径减小,随球磨时间的继续延长,粒径变化出现一个"平台",即球磨对粉料细化是有一定限度的。如果粉料原始粒径较小,那么"平台"出现的早一些,如果原始粉料粒径较大,那么"平台"出现的时间较长一些。所以原始粉料越粗,则球磨时间应相应加长。

24

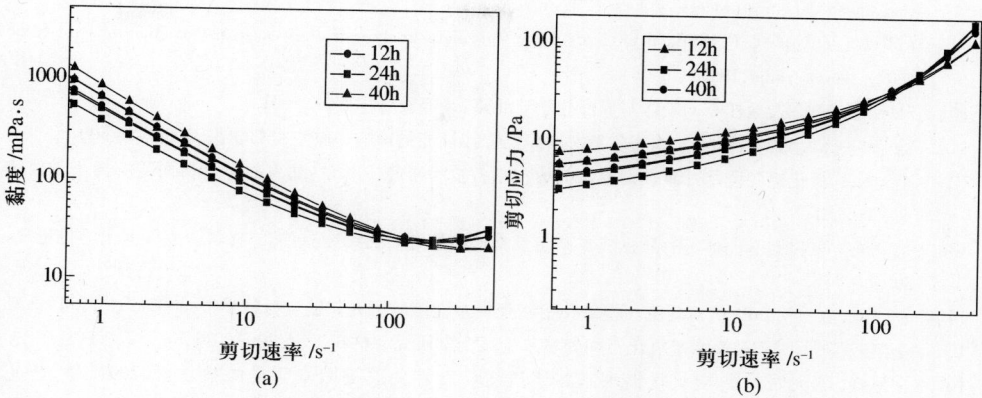

图 1-32 球磨时间对 53%(体积分数)YSZ 水料浆流变性质的影响
(a) 黏度—剪切速率曲线;(b) 剪切应力—剪切速率曲线。

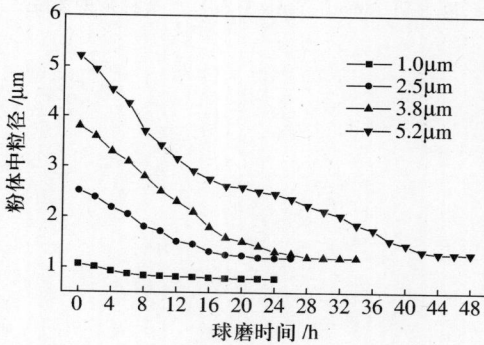

图 1-33 球磨时间对 Al_2O_3 粉料粒径(d_{50})的影响

参 考 文 献

[1] 王瑞刚,吴厚政,陈玉如,等. 陶瓷料浆稳定分散进展. 陶瓷学报,1999,20(1).
[2] 孙静,高濂,郭景坤. 湿法成型中稳定料浆的制备. 硅酸盐通报,1999,3.
[3] [英]Barnes H A,Hutton J F,Walters K. 流变学导引. 吴大诚,古大冶,等译. 北京:中国石化出版社,1992.
[4] Tadros T F. Steric stabilization and flocculation by polymers. Polymer,1991,23(5):683-696.
[5] Annika Kristoffersson. Water-based tape casting of ceramics and fabrication of ceramic laminate [D]. Goteborg,Swedish,1999.
[6] Einstein A. Investigation on the Theory of Brownian Movement. Ed. R. Furth Dover,New York,1956.
[7] Mooney M. The viscosity of a concentrated suspension of spherical particles. J. Colloid Sci. ,1951,6:246-293.
[8] Pugh R J. Dispersion and Stability of Ceramic Powders in Liquids,pp127-192,In surface and collid chemistry

in advanced ceramics processing, Eds. R. J. Pugh, Lennart Bergstrom, 1994.

[9] Strble L J, Zukoski C F, Maitland G C eds. Flow and microstructure of dense suspension, Materials Research Society. Pennsylvania, 1992.

[10] 陈宗淇,王光信,徐桂英. 胶体与界面化学. 北京:高等教育出版社,2001.

[11] 徐荣九,陈大明,周洋,等. 固相含量对料浆及瓷体性能的影响. 航空材料学报,2000,20(30).

[12] 仝建峰. 氮化铝陶瓷基片碳热还原法低成本制备技术研究. 北京:北京航空材料研究院博士学位论文,2002,2.

[13] 刘晓光. 氧化锆基固体电解质低成本制备及其性能研究. 北京:北京航空材料研究院博士学位论文,2004,3.

[14] 仝建峰,陈大明. pH 值对凝胶注模氧化铝陶瓷料浆性能的研究. 航空材料学报,2003,9(3):50 - 53.

[15] 仝建峰,陈大明. 碱性水基氧化铝陶瓷料浆的流变学研究. 材料工程,2003(01).

[16] 仝建峰,陈大明. 影响氧化铝水基料浆流变学特性的关键因素. 硅酸盐学报,2007,35(10):1323 - 1326.

[17] 仝建峰,陈大明. 中性水基氧化铝陶瓷料浆的流变学研究. 航空材料学报,2002,22(1):54 - 57.

[18] 刘晓光,李国军,仝建峰,陈大明. 氧化锆水系料浆稳定性研究. 材料工程,2003,9.

[19] 刘晓光,李国军,仝建峰,陈大明. 8mol% Y_2O_3 - ZrO_2 水基料浆的流变性质研究. 硅酸盐学报,2003,10.

第 2 章　陶瓷料浆的凝胶固化及其影响因素

　　水基料浆注凝技术的巧妙之处在于通过有机单体和交联剂的聚合反应使可流动的陶瓷料浆原位固化而变成了不变形的弹性凝胶坯体,以及在所使用的有机单体中,该技术优选了丙烯酰胺体系。丙烯酰胺具有溶解度高且基本不影响水溶液黏度,不影响配制高固相含量的水基陶瓷料浆;聚合反应条件温和易控,便于实现凝胶固化操作;较少用量就可达到较高强度,减少了有机物用量而便于烧除的特点。因此,尽管其他一些原料如丙烯酸、甲基丙烯酰胺、琼脂糖浆等也可用于注凝技术,但或因聚合反应难控,或因需用量较大,或因增加料浆黏度,均未获得广泛应用。至今仍以丙烯酰胺体系作为水基料浆注凝技术的首选原料。本章首先介绍丙烯酰胺体系的聚合反应基本原理和反应过程,进而具体讲述水基陶瓷料浆的几种凝胶固化方法及其影响因素。

2.1　丙烯酰胺体系的聚合反应

2.1.1　凝胶体类型与结合力[1-4]

　1. 凝胶

　　在适当条件下,溶胶或高分子溶液中的分散颗粒相互连接成为网络结构,分散介质充满在网络之中,体系成为失去流动性的半固体状态的胶冻,处于这种状态的物质称为凝胶。凝胶是胶体的一种特殊存在形式。

　　凝胶是介于固体和液体之间的一种特殊状态,它既显示出某些固体的特征,如无流动性,有一定的几何外型,有弹性、强度和屈服值等。但另一方面它又保留某些液体的特点,例如离子的扩散速率在以水为介质的凝胶中与水溶液中相差不多。实际上,凝胶的内部是由固—液(或固—气)两相构成的分散体系,其中分散介质是连续的,分散相也是连续的。

　　按分散颗粒的性质可将凝胶分成弹性凝胶和刚性凝胶两大类。弹性凝胶通常是由柔性的线型高分子化合物所形成的凝胶,这类凝胶具有弹性,如橡胶、琼脂和明胶等。弹性凝胶中分散介质(溶剂)的脱除与吸收具有可逆性。刚性凝胶是由刚性分散颗粒相联成网络结构的凝胶。这些刚性分散颗粒多为无机物颗粒,如 SiO_2、ZrO_2、Al_2O_3、TiO_2、Si_3N_4、SiC、V_2O_5 等。在吸收和脱除溶剂时,刚性凝胶的骨架基本不变,所以凝胶的体积无明显变化。刚性凝胶脱除溶剂成为干凝胶后一般不再能吸收溶剂重新变为凝胶,所以刚性凝胶对溶剂的脱除与吸收是不可逆的,也称为不可逆凝胶。刚性凝胶对溶剂的吸收一般无选择性,只要能润湿凝胶骨架的液体都能被吸收。

2. 凝胶体类型

凝胶的内部形成三维网络结构。按网络结构的形式,又将凝胶分成四种类型,如图 2-1 所示。

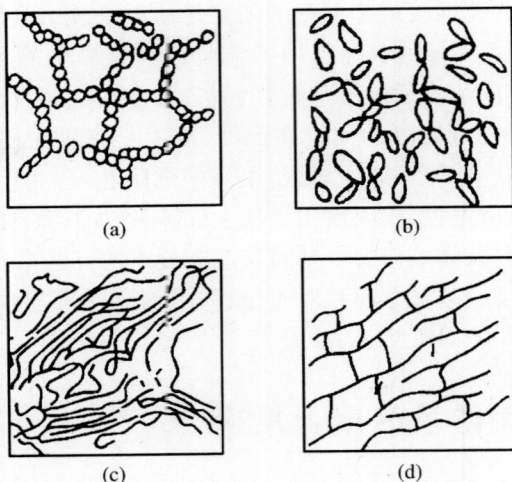

图 2-1 四种凝胶网络结构

(a) 串珠状(beady);(b) 棒状(clubbed form);(c) 线状(linetype);(d) 网状(reticulate)。

(1) 串珠状骨架,由球状分散颗粒相互连接而成,或多或少成线性排列,如 SiO_2、TiO_2 等凝胶;

(2) 棒状或板状分散颗粒搭挂而成的骨架,如 V_2O_5 凝胶、石墨凝胶均属这种类型;

(3) 线型高分子构成的局部有序结构,例如排列成束,再搭接成骨架,明胶属这种类型;

(4) 线型高分子链通过化学键相连成三维网络,如硫化的橡胶、交联聚苯乙烯等。

本书所述的丙烯酰胺和 N, N'-亚甲基双丙烯酰胺水溶液聚合所形成的就是典型的三维网络结构凝胶体。即使网络结构内部包裹了陶瓷粉体颗粒,所形成的陶瓷凝胶坯体仍具有弹性凝胶的特性。

3. 联接分散颗粒的作用力

凝胶体中连接分散颗粒的作用力主要有三种类型:

(1) 范德华力:Fe_2O_3、Al_2O_3 和未硫化的橡胶等分散颗粒主要靠分子间的范德

28

华力相连而成凝胶,这类凝胶的网络比较弱。

(2) 氢键力:蛋白质类的凝胶,如明胶在分子链间靠形成的氢键而相联。这类凝胶的网络比较牢固,低温时只能吸收有限量的溶剂发生有限膨胀,网络不会断开。只有在高温时才会发生无限膨胀,最终形成高分子溶液。

(3) 化学键力:硫化的橡胶、交联的聚酰胺、聚丙烯酰胺等凝胶都是靠化学键力将线型的高分子联成三维的网络。这种结构非常牢固,在吸收溶剂时会发生有限膨胀,一般来讲,网络结构不会因为吸收溶剂而被破坏。丙烯酰胺和 N,N' – 亚甲基双丙烯酰胺水溶液聚合形成的凝胶体就是通过化学键力结合,强度很高,且当凝胶中水分干燥收缩和再浸泡于水中吸收水膨胀时,该三维网络结构并不被破坏。

2.1.2　丙烯酰胺水溶液的凝胶化[5-9]

丙烯酰胺单体(acrylamide,简称 AM,分子式 CH = CHCONH$_2$)经自由基聚合可合成聚丙烯酰胺,其所形成的结构链如下:

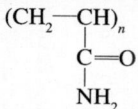

$$(\text{CH}_2\text{—CH})_n$$
$$|$$
$$\text{C}=\text{O}$$
$$|$$
$$\text{NH}_2$$

式中 n 值的范围可从几到 400000。依聚合条件而定。

它可以利用各种辐射、光(可见光和紫外光)、超声波、电流或在聚合条件下易分解的化合物引发聚合。工业上常用的易分解成自由基的化合物,是含有—O—O—键的过氧化物和含有 C—N 键的偶氮化物,如 K$_2$S$_2$O$_8$、(NH$_4$)$_2$S$_2$O$_8$、H$_2$O$_2$一类无机过氧化物,过氧化苯甲酰等有机过氧化物,偶氮二异丁氰、偶氮双氰基戊酸钠一类的偶氮化合物。在过氧化物中,也常采用加入少量还原剂如 FeSO$_4$、NaHSO$_3$、FeCl$_2$等双组分氧化还原体系组成的氧化还原引发体系。

在陶瓷材料的注凝技术中,为避免杂质元素的混入,通常使用过硫酸铵水溶液作为聚合反应引发剂,它属于无机过氧类引发剂。丙烯酰胺单体的聚合反应过程如下:在丙烯酰胺单体水溶液中,首先,引发剂分解,形成初级自由基,初级自由基与单体加成,生成单体自由基,单体自由基不断与单体分子结合,形成链自由基,上述反应不断进行,生成聚丙烯酰胺长链聚合物,最终完成单体的聚合反应。

聚丙烯酰胺长链构成网络结构包括两种机制,即长链分子间的亚胺化交联作用和交联剂与长链分子的桥接交联作用。当溶液中同时使用 N,N' – 亚甲基双丙烯酰胺作为交联剂时,长链分子可以通过氨基之间的结合(亚胺化反应)连接形成网络结构。交联剂分子具有两个碳—碳双键,可以通过桥接作用使聚丙烯酰胺长链相互连接起来,形成网络结构。

凝胶化实际上是单体和交联剂的聚合反应过程,是自由基加聚反应,具有操作简单,易于控制,重现性好等优点。在引发剂的作用下,丙烯酰胺单体和交联剂 N,

N' – 亚甲基双丙烯酰胺通过连锁加成作用而生成高分子聚合物。丙烯酰胺在引发剂作用下进行自由基形成高分子的过程遵从聚合反应机理。自由基聚合反应的全过程一般由链引发、链增长和链终止三个基元反应组成。此外,伴有不同程度的链转移反应。

链引发也就是连锁反应中链的开始,单体被引发转变为单体自由基,使用过硫酸铵$((NH_4)_2S_2O_8)$水溶液作为聚合反应引发剂,引发剂在一定条件下发生共价键均裂,产生一对初级自由基$R\cdot$,在初级自由基$R\cdot$作用下,丙烯酰胺单体与自由基反应生成单体自由基,反应方式如下:

$$NH_4O-\overset{\overset{O}{\|}}{\underset{\underset{O}{\|}}{S}}-O-O-\overset{\overset{O}{\|}}{\underset{\underset{O}{\|}}{S}}-ONH_4 \xrightarrow[\text{或加热}]{\text{催化剂}} 2NH_4O-\overset{\overset{O}{\|}}{\underset{\underset{O}{\|}}{S}}-O\cdot \qquad (2-1)$$

$$R\cdot + CH_2=\underset{\underset{CONH_2}{|}}{CH} \longrightarrow R\cdot-CH_2-\underset{\underset{CONH_2}{|}}{CH}\cdot \qquad (2-2)$$

式中:$R\cdot$表示初级自由基,$R\cdot = NH_4O-\overset{\overset{O}{\|}}{\underset{\underset{O}{\|}}{S}}-O\cdot$

单体自由基形成以后,继续与其他单体加聚,就进入链增长阶段。链增长是链引发的单体自由基不断地和单体分子结合生成链自由基,如此反复的过程。在这一过程中由于链增长活化能很低,只有$21kJ/mol \sim 23kJ/mol$,所以链增长速率非常高,温度对增长速率常数的影响较小。

具体的链增长反应过程如下:

$$R\cdot-CH_2-\underset{\underset{CONH_2}{|}}{CH} + CH_2=\underset{\underset{CONH_2}{|}}{CH} \longrightarrow R-CH_2-\underset{\underset{CONH_2}{|}}{CH}-CH_2-\underset{\underset{CONH_2}{|}}{CH} \qquad (2-3)$$

$$\overset{nCH_2=\underset{\underset{CONH_2}{|}}{CH}}{\Longrightarrow} RCH_2-\underset{\underset{CONH_2}{|}}{CH}+CH_2\underset{\underset{CONH_2}{|}}{CH}+_n CH_2-\underset{\underset{CONH_2}{|}}{CH}\cdot \qquad (2-4)$$

链终止是链自由基失去活性形成稳定聚合物分子的反应。具有未成对电子的链自由基非常活泼,当两个链自由基相遇时,极易反应而失去活性,形成稳定分子,成为双基终止,过程如下:

$$\sim-CH_2-\underset{\underset{CONH_2}{|}}{CH}\cdot + \cdot\underset{\underset{CONH_2}{|}}{CH}-CH_2\sim \longrightarrow \sim-CH_2\underset{\underset{CONH_2}{|}}{CH}-\underset{\underset{CONH_2}{|}}{CH}-CH_2\sim$$

（偶合终止）

$$(2-5)$$

或者

$$\sim\!\!\!\!\sim\!\!-CH_2\!-\!CH_2 + CH\!=\!CH\!-\!\!\sim\!\!\!\!\sim$$

$$\underset{\text{（歧化终止）}}{\overset{|\qquad\quad|}{CONH_2\ CONH_2}}$$

(2-6)

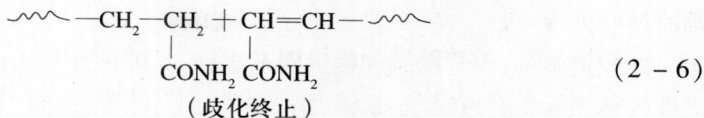

链双基终止有偶合终止和歧化终止两种方式。两个链自由基头部的独电子相互结合成共价键,形成饱和高分子的反应称为偶合终止。此时所生成的高分子两端都有引发剂碎片,聚合度为链自由基重复单元数的两倍。链自由基夺取另一个链自由基相邻碳原子上的氢原子而相终止的反应为歧化终止。生成的高分子只有一端有引发剂碎片,其中一半大分子的另一端为饱和,其他一半的另一端为不饱和,聚合度与链自由基中的单元数相同。

链终止和链增长是一对竞争反应,尽管链终止速率远大于链增长速率,但反应前期、中期,单体浓度远大于自由基浓度。结果增长速率要比终止的总速率大得多,否则,将不可能形成长链自由基和聚合物。

2.1.3 丙烯酰胺的毒性及安全防护[5]

1. 丙烯酰胺的毒性

丙烯酰胺及其主要衍生物具有中度毒性,丙烯酰胺与 N-羟甲基丙烯酰胺为神经毒剂。几种主要单体的 LD_{50}(一次口服量)数值见表2-1。丙烯酰胺蒸气吸入或经皮肤吸收可引起中毒,主要危害中枢神经系统,对眼、皮肤和粘膜有强刺激作用。空气中的容许浓度为 0.3mg/kg。丙烯酰胺侵入途径是经呼吸道吸入、摄入、与眼和皮肤接触。侵害部位是中枢神经系统、周围神经、皮肤和眼。丙烯酰胺对人体健康的影响,取决于接触丙烯酰胺的浓度、剂量,时间的长短,防护措施的有无及其效果。

表2-1 丙烯酰胺的毒性

单 体	试验动物	LD_{50}(g/kg 体重)	刺激眼部	刺激皮肤	刺激神经
丙烯酰胺	鼠	0.17	中度	中度	有
N-羟甲基丙烯酰胺	鼠	0.42	短暂	有些	有
N,N'-亚甲基双丙烯酰胺	猫	0.39		无	无
二丙酮丙烯酰胺	猫	2~5	无	无	
50%丙烯酰胺水溶液	不同动物	0.490~0.565	中度	较小	有

2. 丙烯酰胺的安全使用与防护

固体丙烯酰胺可由皮肤接触以及吸入粉尘与蒸气进入体内,最重要的在于注意防止直接接触,特别是在倒空包装桶及包装袋时特别注意。固体丙烯酰胺一般用具有聚丙烯衬里的金属桶或牛皮纸包装袋盛装,贮存处须保持清洁、干燥。温度一般保持在 10℃ ~25℃ ,不超过 50℃ 。同时须设有清除设施,以便在遇到包装破损时及时处理。

急救措施是:丙烯酰胺如接触眼及皮肤,立即用大量水冲洗;如有人大量吸入,立即离移现场至新鲜空气处,必要时进行人工呼吸;如被吞服,须服以大量水,诱吐,洗胃;但不省人事者,不应进行催吐,应立即送医院救治。

以上所述是针对丙烯酰胺和聚丙烯酰胺生产单位提出的注意事项。而对于使用丙烯酰胺做为陶瓷材料注凝辅料时,情况并非如此严重。原因是其用量较小,一般仅为陶瓷粉料的 1% ~3% (质量分数),而且是加入水基料浆中使用,浓度更低。即使配制成预混液使用,浓度一般也不会超过 20% (质量分数),此时丙烯酰胺是不会挥发进入空气的。其次,单体一旦聚合成聚丙烯酰胺,对人就没有危害了,事实上,N,N' - 亚甲基双丙烯酰胺交联剂就属非毒化学品。但无论如何,丙烯酰胺作为一种具有中度毒性的化学品,使用中还是需注意防护的,根据作者经验,无论是实验室试验还是工厂生产,都应做到以下安全操作要求:

(1) 购买的丙烯酰胺包装袋或金属桶应专门贮存于清洁、干燥处,环境温度保持在 25℃ 以下,开封而未用完时应及时封口防止泄露;

(2) 在称量和使用丙烯酰胺原料时,应戴口罩和手套,防止吸入其粉尘或挥发气体,并避免与皮肤直接接触;

(3) 在处理和使用含有丙烯酰胺的预混液或料浆时(如配料、出料、浇注、清理等操作过程),应佩带防水手套,避免直接与料浆接触;

(4) 对于没有用尽的含有丙烯酰胺的预混液或残留料浆,不得随意乱倒,必须在容器中使其凝胶固化后再行处理;

(5) 如遇意外,应按上述急救措施处理。

2.2 陶瓷料浆的凝胶固化方法

料浆中单体和交联剂在引发剂存在条件下,可以发生聚合交联反应使料浆原位凝胶固化而变成陶瓷凝胶坯体,这是注凝成型的理论基础。一般情况下,我们使用的引发剂常采用 3% ~10% (质量分数)的过硫酸铵 $(NH_4)_2S_2O_8$ 水溶液。

2.2.1 引发剂—加热凝胶法

向含有丙烯酰胺单体和 N,N' - 亚甲基双丙烯酰胺交联剂的陶瓷料浆中加入引发剂,搅拌均匀后浇注入模具,然后提高温度并保持一定时间,此过程中单体与交联剂发生放热反应,使料浆凝胶固化。

过硫酸铵属于无机过氧类引发剂,可以溶于水,溶于水时发生如下离解反应:

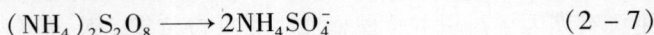

$$(NH_4)_2S_2O_8 \longrightarrow 2NH_4SO_4^- \qquad (2-7)$$

分解产物 SO_4^- 既是离子,又是自由基,可称作离子自由基或自由基离子。自由基分别引发单体和交联剂,使它们都变成活性体,然后它们搭接成链,发生快速的链增长反应。

链引发是控制聚合反应的关键步骤。由于链引发反应第一步是吸热反应,活化能高,约为 100kJ/mol ~ 170kJ/mol,反应速率小;而链引发反应中第二步为放热反应,活化能低,约 21kJ/mol ~ 23kJ/mol,反应速率高。温度低时,引发剂分解速率低,不能形成足够的初级自由基,所以凝胶化较慢。随料浆温度的提高,有利于初级自由基的形成,提高引发效率,凝胶化成型速率明显加快;而单体的聚合反应是一个放热过程,所放出的热量足以支持聚合反应进行。温度与反应速率常数间近似呈指数关系。两者的关系如下:

$$k = A \cdot \exp\left(-\frac{E}{RT} \right) \qquad (2-8)$$

式中:k 为速率常数;E 为活化能;R 为摩尔气体常数;T 为绝对温度。

对过硫酸盐而言,50℃ 时其速率常数为 9×10^{-7},到 60℃ 时,速率常数变为 3.1×10^{-6},温度升高到 70℃ 时,速率常数变为 2.3×10^{-5},由此可知温度对引发剂的分解速率影响极大,提高温度能加快反应速率。

在实际操作中,希望料浆在注模之前能够长时间保持稳定而不发生聚合,但注模之后可以较快固化成型,利用料浆聚合速率对温度的敏感性可以达到这一目的。使料浆在进行注模之前保持较低温度,注模后将其加热到较高温度,可以迅速引发聚合反应,使料浆顺利固化成型。为了提高引发剂分解速率,料浆加入引发剂浇注后往往放入烘箱中加热或者进行水浴加热,可以提高凝胶速度。实际操作中加热温度一般控制在 60℃ ~80℃ 左右比较适宜。

2.2.2 引发剂—催化剂凝胶法

向含有丙烯酰胺单体和 N,N' – 亚甲基双丙烯酰胺的陶瓷料浆中先加入催化剂搅拌均匀,再加入引发剂,搅拌均匀后浇注入模具,在室温下保持一定时间,此过程中单体与交联剂发生放热反应,使料浆凝胶固化。

在丙烯酰胺凝胶体系中,通常选用四甲基乙二胺作为催化剂,它是一种水溶性的液体,溶于水时放热。四甲基乙二胺有强烈的刺激性气味且易燃,通常配制成水溶液后使用,可有效降低其挥发性且可以长时间放置而不影响其使用效果。在我们的实践中,一般将催化剂配成为 50% 四甲基乙二胺的水溶液使用。

加入催化剂主要能使单体被自由基引发的能量降低,而不是提高引发剂的效率,当然,也有可能增加引发剂常温下的分解速率。催化剂的加入可以降低聚合反应激活能,显著提高单体的聚合效率,使得料浆在室温即可顺利完成凝胶固化,对操作非常有利。

实际操作中,应注意催化剂和引发剂的加入顺序对凝胶固化效果的影响,实际测试结果如表2－2所列。当把催化剂和引发剂混在一起后再加入料浆中,引发剂不起作用,也就是说引发剂产生的初级自由基都在催化剂的作用下失效了。但是当它们分开加入时,引发剂和催化剂的作用都很明显,这可能是因为分开加入时引发剂产生的初级自由基有与单体结合的趋势,但因为链引发存在能垒,初级自由基并不能很有效地引发单体,而此时催化剂与单体结合的能垒较低,于是它们先结合到一起,然后再克服较低的能垒与引发剂结合,催化剂脱附,促进自由基链引发。所以,催化剂的作用是降低自由基与单体结合的能垒,并提供一定的能量起伏使得链引发能较为容易地进行。当把引发剂溶于水后离解产生的初级自由基会受到诱导分解、双分子结合和笼蔽效应伴随副反应等作用而消失,催化剂与引发剂溶液混合后催化剂在溶液中引起的能量起伏会加速诱导分解、双分子结合等反应的进行而使引发剂自由基大量消失,导致引发剂失效,将它们的混合溶液加入单体溶液中就不能引发单体发生聚合凝胶反应。在我们的实践中,一般采用先加催化剂,后加引发剂的方法,使催化剂与料浆充分混合后,再加入引发剂混合,以便于控制料浆的凝胶时间,同时兼顾料浆混合均匀。

表2－2 引发剂和催化剂的添加方式对凝胶效果的影响结果

步　骤　1	步　骤　2	结　果
引发剂	催化剂	凝
催化剂	引发剂	凝
引发剂	催化剂＋乙二醇	凝
引发剂	催化剂＋水	凝
引发剂	催化剂＋乙醇	凝
催化剂	引发剂＋乙醇	凝
催化剂	引发剂＋乙二醇	凝
引发剂	加热	凝
催化剂	催化剂＋引发剂＋加热	凝
催化剂	引发剂＋加热	凝
催化剂	催化剂＋引发剂＋加热	不凝
引发剂＋催化剂		不凝
引发剂＋催化剂	催化剂＋加热	不凝
引发剂＋催化剂	引发剂＋加热	凝

即使分开滴加引发剂和催化剂,在滴加时还要注意以下几方面的问题:一是引发剂的浓度不能过高,过高的引发剂浓度会使刚被滴入料浆的小区域很快产生局部凝胶,导致料浆结构和性能不均匀,用此料浆成型出来的坯片上,局部先凝胶的

34

部分会形成与坯片其他部分有明显差别的小硬块,导致最后烧出来的瓷体质量不好;二是要注意控制催化剂的用量,因为催化剂对聚合反应的作用非常显著,过量使用催化剂会造成凝胶反应过程变得无法控制;三是在滴加过催化剂并已搅拌均匀的料浆中,一定要边搅拌料浆边滴入引发剂,否则也会造成料浆的局部不均匀凝胶。有时,可以采用喷雾方式将引发剂加入料浆,这样比较容易混合均匀和避免出现局部凝胶现象。

2.2.3 氧化—还原凝胶法

除了加热凝胶和催化剂凝胶两种凝胶方式外,我们还发明了一种氧化—还原体系引发凝胶固化法[10]。向含有丙烯酰胺单体和 N,N' – 亚甲基双丙烯酰胺的陶瓷料浆中加入过硫酸盐—亚硫酸盐水溶液,搅拌均匀后浇注入模具,在室温下保持一定时间,此过程中氧化—还原剂引发单体与交联剂发生放热反应,使料浆凝胶固化。

氧化—还原引发体系归纳起来主要分五类:过氧化氢体系、过硫酸盐体系、有机过氧化物体系、多电子转移的氧化还原体系和非过氧化物体系。过氧化氢体系(H_2O_2 做氧化剂)引发效率和结果重复性差,现很少用,实际中主要采用过硫酸盐—亚硫酸盐引发体系。过硫酸盐与亚硫酸盐构成氧化—还原体系,反应后形成两个自由基,然后此自由基能很快的引发单体进行反应[11]。

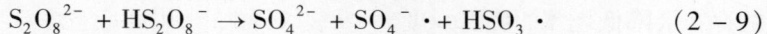

$$S_2O_8{}^{2-} + HS_2O_8{}^- \rightarrow SO_4{}^{2-} + SO_4{}^- \cdot + HSO_3 \cdot \qquad (2-9)$$

硫酸自由基离子和亚硫酸根离子两者间可能发生如下反应:

$$SO_4{}^- \cdot + HSO_3{}^- \rightarrow SO_4{}^{2-} + HSO_3 \cdot \qquad (2-10)$$

$$2HSO_3 \cdot \rightarrow H_2S_2O_6 \qquad (2-11)$$

反应(2-9)式为自由基的生成,(2-10)式为自由基的转移,这两步反应不会影响溶液中自由基的总浓度,而(2-11)式反应会导致自由基的损失。初始自由基 R · ($SO_4{}^-$、$HSO_3 \cdot$)和单体 AM 反应生成单体自由基。单体自由基进一步和单体反应,进行链增长,生成长链大分子聚合物。

由于过硫酸铵($(NH_4)_2S_2O_8$ 和亚硫酸铵($(NH_4)_2SO_3$ 组成的氧化—还原体系是水溶性的。可以配制成不同浓度的溶液,既可以分步加入,也可以将氧化剂和还原剂组成的混合溶液一次性加入到料浆中,这样大大简化了工序。该体系的反应原理是利用某些氧化剂和还原剂在室温下反应产生自由基,且反应所需的活化能很低,因此可以在室温下产生大量的有效自由基引发单体与交联剂聚合。丙烯酰胺体系在水溶液中聚合时,氧化—还原体系通过电子转移反应,生成中间产物自由基而引发聚合。这一体系的优点是活化能较低(约 $40kJ/mol \sim 60kJ/mol$),可在较低温度($0℃ \sim 50℃$)下引发聚合,有较快的聚合速率,诱导期较短,在较短的时间内,就可以得到较高的转化率和较高的相对分子质量[12]。引发反应机理可以是直接电荷转移或先形成中间络合物[13]。调节氧化剂和还原剂的比例和总加入量可以控制单体与交联剂凝胶速率的快慢。

比较几种料浆凝胶固化方式可以发现，引发剂—加热凝胶法需要将料浆连同模具加热到50℃～90℃的高温，导致工艺复杂化，能耗增加，同时在加热凝胶过程中，由于靠模具将热量传到浆料，必然存在一定的温度梯度，造成凝胶过程从模具边缘开始，坯体均匀性较差。催化剂—引发剂凝胶法所用催化剂、引发剂需要进行两次滴加过程，增加了搅拌均匀过程中卷入气泡的概率，工艺控制有一定的难度。若将催化剂和引发剂混合后一次性加入料浆中，则因二者反应，使引发剂无法产生足够的自由基引发单体聚合，从而无法实现凝胶化。另一方面，催化剂四甲基乙二胺的价格较高，在大规模生产中无疑会提高生产成本，加之四甲基乙二胺有强烈的刺激性气味且易燃，对环境有一定的污染和危害。氧化—还原凝胶法克服了上述两种方法存在的问题，我们的研究结果表明，当类比催化剂使用时，10%（质量分数）浓度的亚硫酸铵水溶液相当于50%（体积分数）四甲基乙二胺水溶液的作用效果。

料浆聚合速率对坯体的质量有很大的影响，应对料浆制备和反应条件进行综合控制，使反应体系中自由基浓度保持在适当的水平，以获得适宜的引发和链增长反应速率。聚合速率太快，坯体内部常常留有气孔，原因是在聚合过程中会释放出气体，如果聚合的速率太快，气体来不及排除，就会包裹在坯体中，形成气孔。气孔的存在会降低坯体的烧结强度，引发裂纹等缺陷，因此应该综合考虑凝胶化的影响因素，通过试验优化参数。

2.3　影响料浆凝胶固化的因素[14-16]

在高分子凝胶反应过程中，由于单体丙烯酰胺聚合时会放出热量，从而引起料浆温度升高，所以整个过程伴随着热量的变化。通常可根据单体聚合过程中的热效应，记录该过程中的温度随时间的变化关系，采用温度开始升高对应的时间表示料浆凝胶固化起始时间或孕育期，而用温度变化速率来衡量不同条件下凝胶固化速率。

2.3.1　温度的影响

图2-2为100ml53%（体积分数）YSZ水基料浆加入1ml引发剂搅拌均匀后，料浆凝胶化时间与料浆温度的关系。由图中可以看出，在40℃时，由于温度较低，引发剂分解速率低，不能形成足够的初级自由基，加入引发剂后凝胶所需时间较长，直至15min后才开始发生凝胶化，同时凝胶化速率也较慢。当温度达到60℃～80℃时，料浆不到0.5min就开始发生凝胶化，同时凝胶化速率也显著提高。这是

36

因为随料浆温度的提高,有利于初级自由基的形成,提高了引发效率,使凝胶化速率明显加快。

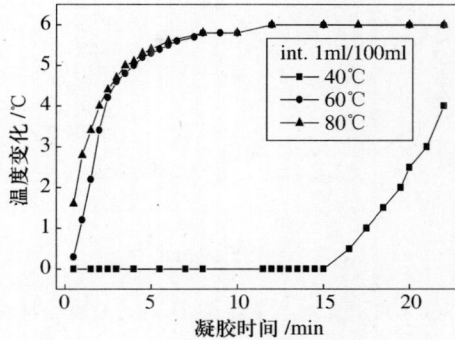

图 2-2　温度对聚合反应的影响

2.3.2　引发剂和催化剂用量的影响

在丙烯酰胺凝胶体系的催化剂—引发剂法凝胶过程中,催化剂和引发剂的加入量和加入比例都会影响料浆的凝胶化情况。

1. 引发剂用量的影响

图 2-3 表示了在 50ml56%(体积分数)Al_2O_3 料浆中固定催化剂用量为 10 滴搅拌均匀后,用滴管滴入不同滴数(2 滴至 10 滴)的引发剂溶液,引发剂加入量与凝胶时间的关系曲线。可以看出,低的引发剂加入量情况下,料浆的凝胶较为缓慢,随着引发剂加入量的增加,凝胶速度加快。在聚合过程中,可以认为聚合速率主要取决于引发速率。在稳态条件下,聚合速率与引发剂浓度平方根成正比。增加引发剂量,也就增加了料浆中初级自由基的浓度,因此可以提高引发速率,从而加快了凝胶化的速率,它是整个聚合过程的决定步骤。虽然自由基分解后并不都能用来引发单体聚合,还有一部分会因为诱导分解或笼闭效应伴随的副反应而损耗,若损耗部分增加,则引发剂的效率下降。但是增加引发剂的量会使料浆中用于引发单体聚合的自由基离子的绝对数量增加,利用这一点也可以控制凝胶反应的速度。

2. 催化剂用量的影响

图 2-4 是在单体浓度为 2.5%(质量分数)的 53%(体积分数)YSZ 水基料浆100ml 中,固定引发剂用量为 0.5ml%,然后分别加入 0.1ml% ~ 0.5ml% 的催化剂引发聚合反应。当催化剂量较少时,料浆可在较长时间保持稳定而不发生聚合反应;但当催化剂量较多时,聚合反应的进行相当迅速。因此,具体的时间控制,可以根据试验或实际生产情况进行调整。

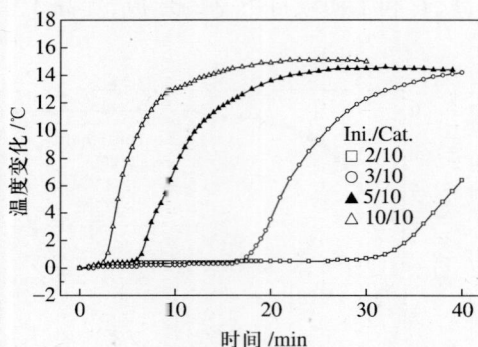

图 2 - 3　不同引发剂用量对 Al_2O_3 料浆凝胶化时间的影响

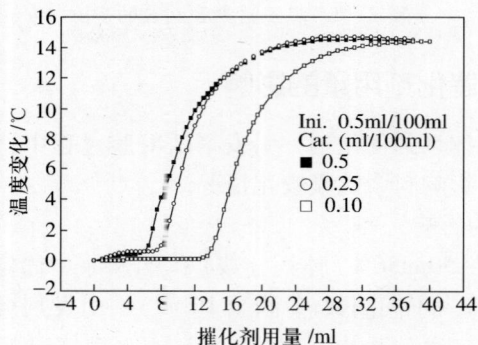

图 2 - 4　不同催化剂用量对 YSZ 料浆凝胶化时间的影响

2.3.3　单体浓度的影响

　　料浆中的单体含量也对凝胶过程有影响。很显然,单体含量越高,初级自由基与单体结合进行链引发的几率也就越高,凝胶过程发生得越快。为了研究单体浓度对凝胶化成型的影响,在固定引发剂和催化剂的情况下,对不同含量单体(粉体质量2% ~20%)的53%(体积分数)YSZ 料浆的聚合时间进行了采集。试验发现,单体含量越高,凝胶化完成的时间越短,如图 2 - 5 所示。因为单体浓度越高,初级自由基与单体结合进行链引发的几率也就越高,凝胶过程发生得越快。当然,这并不是一个简单的线性关系,因为料浆中单体被引发的概率与激活能有关,而料浆中能量的起伏并不呈线性分布,而且影响因素也较复杂。

2.3.4　氧化—还原剂用量的影响

　　图 2 - 6 和图 2 - 7 分别是亚硫酸铵和过硫酸铵对 53%(体积分数)YSZ 料浆

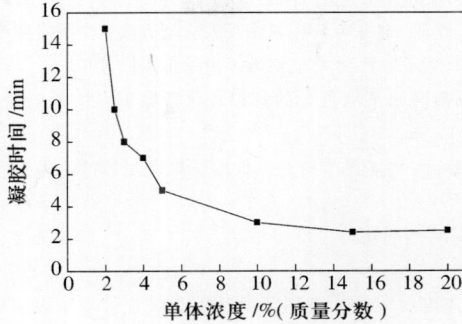

图 2 - 5　单体浓度与聚合时间的关系

凝胶时间的影响曲线。可见在过硫酸铵或亚硫酸铵分别不变的情况下,增加亚硫酸铵或过硫酸铵的用量,料浆凝胶化开始时间不断减少,即反应速度加快。

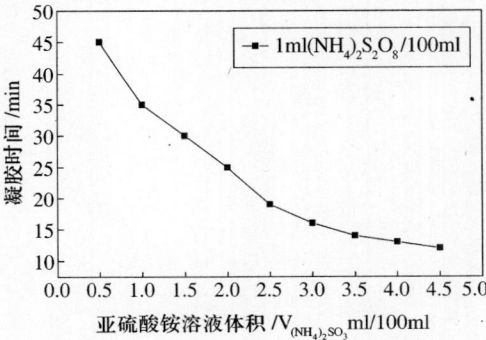

图 2 - 6　亚硫酸铵对 YSZ 料浆凝胶
　　　　　时间的影响

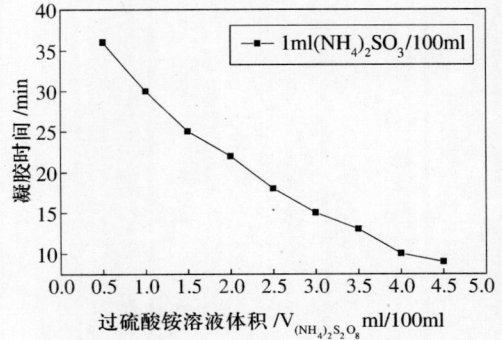

图 2 - 7　过硫酸铵对 YSZ 料浆凝胶
　　　　　时间的影响

参 考 文 献

[1]　沈彦昆．凝胶软糖及其浇注成型．食品工业,1990,6.

[2]　陈宗淇,王光信,徐桂英．胶体与界面化学．北京:高等教育出版社,2001,8.

[3]　Winter H H. Polimer gels – materials that combine liquid and solid properties. mater. Bull. ,1991(8):44.

[4]　周祖康,顾惕人,马季铭．胶体伐学基础．北京:北京大学出版社,1996.

[5]　严瑞暄．水溶性高分子．北京:化学工业出版社,1998.

[6]　潘租仁．高分子化学．北京:化学工业出版社,1990.

[7]　向军辉,黄勇,谢志鹏,等．Al_2O_3 凝胶化成型的影响因素．无机材料学报,2001,11.

[8]　Ometete O O,Janney M A,Strehlow R A. Gelcasting – A New Ceramic Forming Process[J]. Ceram. Bull. ,1991(70)10,1641 – 1648.

［9］ 钱军民,金志浩.聚合物在陶瓷及其复合材料制备中的应用.兵器材料科学与工程,2002,25(5).

［10］ 徐荣九,陈大明,周洋,等.一种水系陶瓷料浆凝胶成型方法.中国发明专利,ZL01104146.3,2001,2.

［11］ 王善琦.高分子化学理论.北京:北京航空航天大学出版社,1992.

［12］ 马自俊,金日辉.丙烯酰胺水溶液聚合的几种氧化还原引发体系的研究.精细石油化工,1997,1(1).

［13］ 孙新立,孙海虹,王友爱.一种新的制备酸性聚丙烯酰胺凝胶的引发系统.生物化学与生物物理学报,1998,7.

［14］ 仝建峰.氮化铝陶瓷基片碳热还原法低成本制备技术研究.北京航空材料研究院博士学位论文,2002,2.

［15］ 刘晓光.氧化锆基固体电解质低成本制备及其性能研究.北京航空材料研究院博士学位论文,2004,3.

［16］ 仝建峰,陈大明,李宝伟.氧化铝陶瓷凝胶注模成型凝固动力学研究.航空材料学报,2008(3):49－52.

第3章 陶瓷材料注凝技术的工艺要点

陶瓷材料的注凝技术是一种普适性工艺，可以用于各种复合陶瓷粉体的合成，也可以用于各种简单和复杂形状陶瓷零件的精密成型。在实际应用中，涉及到原材料选择、组分设计、料浆配制处理、模具设计制造、注模方式、凝胶固化方法、坯体脱水干燥、有机物烧除、最终烧结等一系列内容，任何一个环节都决定着该技术成败。本章内容是注凝技术应用中必然遇到的共有问题，归纳为几条工艺要点加以重点介绍。

3.1 高固相含量料浆配制

前面已多次强调，料浆发生原位凝胶固化后，凝胶坯体的初始体积密度基本就是料浆本身的体积密度。因此，配制出高固相含量的陶瓷料浆有利于获得体积密度高、干燥和收缩变形少、有利于烧结致密化的陶瓷坯体，是注凝技术应用中极其重要的工序。

3.1.1 料浆配比和体积密度的计算

1. 陶瓷粉体和注凝技术常用材料

要准确计算所配制料浆的体积密度和在以后配方设计中的应用，需要先了解各种原辅材料的特点。表3-1和表3-2汇总了若干陶瓷粉体和注凝技术常用原材料的特点。

表3-1 几种陶瓷粉体原材料的特点

陶瓷粉体	状态	密度/(g/cm^3)	相对分子质量
$\alpha - Al_2O_3$	白色粉末	4.0	101.96
SiO_2	白色粉末	2.2	60.09
Fe_2O_3	红褐色粉末	5.24	159.69
$m - ZrO_2$	白色粉末	5.65	123.22
$t - ZrO_2$	白色粉末	6.10	123.22
$c - ZrO_2$	白色粉末	6.27	123.22
Y_2O_3	白色略带黄色粉末	5.01	225.81

陶瓷粉体	状态	密度/（g/cm³）	相对分子质量
TiO_2	白色粉末	4.23	79.9
SiC	浅绿色或黑色粉末	3.21	40.10
BN	白色粉末	2.27	24.82
Si_3N_4	灰色粉末	3.44	140.29
B_4C	黑色粉末	2.51	55.2
AlN	白色粉末	3.26	40.99
$BaTiO_3$	白色粉末	6.08	233.21
$SrCO_3$	白色粉末	3.70	147.6
$BaCO_3$	白色粉末	4.43	197.34
$CaCO_3$	白色粉末	2.93	100.09
$MgCO_3$	白色粉末		84.31
碱式碳酸镁 $Mg_4(OH)_2(CO_3)_3$	白色粉末	2.16	311.26
高岭土 $Al_2O_3 \cdot 2SiO_2 \cdot 2H_2O$	白色粉末	2.54～2.60	258.14
滑石 $3MgO \cdot 4SiO_2 \cdot H_2O$	白色粉末	2.6～2.8	327.29

表3-2 注凝用各种材料的特点

材 料	状 态	密度/（g/cm³）	用 途
丙烯酰胺 $CH=CHCONH_2$	白色晶体	1.12	单体
N,N'-亚甲基双丙烯酰胺 $(C_2H_3CONH)_2CH_2$	白色粉末	1.352	交联剂
四甲基乙二胺 $(CH_3)_2NCH_2CH_2N(CH_3)_2$	淡黄色液体	0.78	催化剂
氨水 NH_4OH(27%浓度)	无色液体	0.88	pH 值调节剂
四甲基氢氧化铵 $(CH_3)_4NOH$	白色粉末	1.00	pH 值调节剂

材　料	状　态	密度/（g/cm³）	用　途
过硫酸铵 （NH₄）₂S₂O₈	白色晶体	1.98	引发剂
亚硫酸铵 （NH₄）₂SO₃·H₂O	白色晶体	1.41	还原剂
无水乙醇（酒精） CH₃CH₂OH	无色液体	0.79	消泡剂、清洗剂
乙二醇 CH₂（OH）CH₂（OH）	无色液体	1.12	增塑剂、消泡剂
丙三醇（甘油） CH₂（OH）CH（OH）CH₂（OH）	无色液体	1.26	增塑剂
JA－281（固含量30%）	淡黄色液体	1.06	分散剂
JA－282（固含量40%）	淡黄色液体	1.08	分散剂
D3021（固含量40%）	淡黄色液体	1.08	分散剂

2. 料浆体积密度的计算

以配制部分稳定氧化锆（Y－TZP）陶瓷料浆为例，根据所加原辅材料计算所得料浆的体积和体积密度：

（1）各种原辅材料的加入量：

固定 Y－TZP 粉体 2kg，有机单体（AM）40g，JA－282 分散剂 30ml，料浆 pH 值调节剂（10%（质量分数）四甲基氢氧化铵水溶液）20ml、最后加入氧化—还原引发剂量共 2ml，去离子水加入量分别为 200ml 和 240ml。

（2）计算陶瓷粉体体积 V_s：

$$V_s = 2000 \div 6.1 = 328\text{cm}^3$$

（3）计算两种条件下料浆的总体积：

$$V_{1t} = 328 + 40 \div 1.12 + 30 + 20 + 2 + 200 = 616\text{ml}$$

$$V_{2t} = 328 + 40 \div 1.12 + 30 + 20 + 2 + 240 = 656\text{ml}$$

（4）计算两种条件下料浆的体积密度：

$$V_1 = 328 \div 616 = 53.2\%（\text{体积分数}）$$

$$V_2 = 328 \div 656 = 50.0\%（\text{体积分数}）$$

3. 料浆体积和各种原料加入量的计算

在料浆配制前，可以根据所要求配制料浆的体积密度，来确定各种原辅材料的加入量。反之，也可根据各种原辅料的配比计算出所得陶瓷料浆的体积和体积密度。这是在科研和实际生产中会常遇到的问题。下面以配制 $Al_2O_3 - SiO_2 - CaO$

体系 96 氧化铝陶瓷水基料浆为例,计算料浆总体积和各种原辅材料的加入量。

（1）要求：

参考后述 7.2.1 节关于 96 氧化铝陶瓷基片的配方设计,瓷料质量 10kg,各种原料配方(已考虑了高岭土中结晶水和 $CaCO_3$ 中 CO_2 的分解)为

Al_2O_3 粉 :9578g

高岭土 :310g

$CaCO_3$ 粉 :243g

纳米 SiO_2 粉 :20g

配置料浆体积密度为 :58%（体积分数）

（2）计算固相总体积：

根据各种粉体密度,可求得上述瓷粉固相的总体积为

$$V_s = 9578 \div 4 + 310 \div 2.6 + 243 \div 2.93 + 20 \div 2.2 = 2606 cm^3$$

（3）预算料浆总体积为

$$V_t = V_s \div 0.58 = 2606 \div 0.58 = 4493 cm^3$$

（4）经验：

对于 96 氧化铝水基陶瓷料浆,其他各种材料比较合适的加入量分别为陶瓷粉料质量的比例为

JA－281 分散剂 :1%（质量分数）

有机单体（AM）:2.5%（质量分数）

pH 值调节剂(10%（质量分数)四甲基氢氧化铵水溶液):0.6%（质量分数）

交联剂及最后凝胶化时加入的催化剂和引发剂量很少,可忽略。

（5）计算上述添加物的体积：

$$V_1 = 10151 \times 0.01 \div 1.06 + 10151 \times 0.025 \div 1.12 + 10151 \times 0.006 \div 1 = 383 cm^3$$

（6）需加去离子水量为

$$V_w = V_t - V_s - V_1 = 4493 - 2606 - 383 = 1504 cm^3$$

3.1.2　料浆混磨配制工艺

与一般陶瓷粉体研磨细化处理不同,为获得高固相含量,注凝用料浆配制时加水量相对少得多,因此料浆密度大,黏度高。混磨配制料浆的主要目的是要将各组分原料混合均匀、打开陶瓷粉体软团聚体、调整料浆 pH 值、让分散剂均匀吸附于陶瓷颗粒表面,从而获得适用于注凝工艺的水基陶瓷料浆。当然,有时也可以考虑将原料粉体在此过程中研磨变细,提高粉体活性,获得所需要的粒度级配等。

通常采用球磨机来混磨配制料浆,需要考虑的球磨工艺参数主要有以下几种。

1. 球磨罐容量

对于转轴卧式球磨机,料浆过少时,球磨罐总体重心离转轴距离大,转动力矩增大,甚至会影响球磨机启动;而料浆过多则影响装料和降低混磨效果。一般来说,料浆体积最好占球磨罐容量2/3,或所选球磨罐容量为料浆体积的1.5倍左右为宜。此时,既不影响料浆的混磨效果,又使球磨机运转时转动力矩较小,运转平稳、生产效率高且节能效果好。对于试验室用摩擦滚动式小球磨机或立式行星磨机,则不必过多考虑上述问题。

2. 磨球及球料比

一般选用 $\phi5mm \sim \phi50mm$ 的研磨介质球,也可采用大小球搭配方案。球料比应视球磨机容量而定和研磨目的而定,一般在 $1 \sim 5$ 之间选择。对于需将原料磨细的情况,球料比需大一些,而如果只是为了使各种原料混磨均匀,则球料不必太高,取 $1 \sim 2$ 即可。为避免引入杂质,可以选择与原料粉体同材质的磨球。例如氧化铝料浆选用92% Al_2O_3 球,氧化锆料浆选用 TZP 氧化锆球。必要时,也可使用聚胺酯包覆钢球,但要注意不可使钢球露出而污染料浆。为保证生产过程中混磨效果的稳定性和一致性,需注意研磨介质球使用中磨耗损失。一般通过测量一次或几次混磨料浆前后磨球的重量差别,决定每次补加磨球的质量,这一点在实际生产中应引起足够的重视。

3. 球磨机转速

球磨机转速选择的原则是既能使料浆达到有效混磨效果,又不使料浆过分发热为宜。按照经验,一般卧式球磨机转速选择为 $40r/min \sim 100r/min$,根据球磨机大小而有所不同。在同样转速下,球磨罐直径越大,其线速度也越大,则转速可以低一些,反之转速则需高一些。行星式球磨机转速选择为 $100r/min \sim 200r/min$,最好通过试验测试确认。如果料浆过粘而不得不提高转速,导致料浆温度超过40℃时,则应考虑采取对球磨罐淋水冷却等措施,以防止过高的温度对料浆中有机物的不良影响。

4. 球磨时间

球磨时间一般应选在使料浆具有最低黏度所对应的时间范围。从第1章关于球磨时间对料浆特性的影响看,在滚筒式球磨机中,混磨 $20h \sim 30h$ 左右可以达到较好效果。但是,球磨时间与所用陶瓷粉料粒径有关,球磨对粉料细化是有一定限度的。如果粉料原始粒径较小,球磨时间可以较短,如果原始粉料粒径较大,则球磨时间应相应加长(参看第1章图 $1 - 32$)。在实际生产中,通常希望每昼夜为一个周期比较方便生产安排,其中还包括装料和出料时间,则球磨时间取20h为宜。为此,可通过改变上述球料比、球磨机转速等参数来达到最佳混磨效果的目的。

3.1.3 多次加料技术

由于注凝用料浆配制时加水量较少，如果将陶瓷粉料一次性全部加入球磨罐内，球、料、水会粘在一起无法流动，在很长一段时间根本无法起到混磨作用。另一方面，有时陶瓷原料粉体比较膨松，一次性加入球磨机容量不够大。为此，可以采用分期多次加料技术，即一次性将磨球、水和分散剂等原料全部加入球磨罐后，先加入一部分陶瓷粉体原料进行预混磨，经过一段时间待料浆流动性已很好时，再加入剩余陶瓷粉体继续混磨，直至达到最佳混磨效果。有时，两次加料仍不能达到目的，还需要进行多次加料。这是混磨配制高固相含量陶瓷料浆非常重要和实用的技术。

多次加料的另一作用是配制具有不同粒度级配的极高固相料浆。理论计算和实际经验都表明，具有不同粒度级配的陶瓷粉体高于单尺寸粒度粉体的堆积密度，也有利于得到更高体积密度和良好流动性的陶瓷料浆[1]。例如，基本以30目左右粗颗粒的熔融石英粉为原料（不包括极细促烧粉体），通过多次加料和长时间混磨，使其料浆中含有粗（30目~60目）、中（60目~100目）、细（100目~300目）、极细（-300目）合适比例和几乎连续的粒度分布，可以制得75%（体积分数）以上具有良好流动性的料浆，可成功用于熔融石英陶瓷或耐火材料的注凝成型。

注凝技术中部分使用粗颗粒陶瓷粉体时，有两个问题需要注意：一是用量不能太大，以防止坯体烧结时会阻碍其致密化过程，一般以不超过10%（质量分数）为宜；二是要防止料浆在凝胶化前发生沉降，造成坯体结构不均匀，通常应通过提高料浆的悬浮稳定性、采用快速凝胶化等办法解决。

3.2 料浆的除气处理

注凝用料浆球磨配制和出料过程中，必然会卷入空气形成气泡，这些气泡如不彻底去除，在凝胶化过程中会引起氧阻聚问题（这在3.3节介绍），结果在凝胶坯体内部或表面会残留远大于气泡本身尺度的缺陷，烧结后就成为瓷体缺陷或开裂源。对于注凝用高固相含量料浆，黏度一般远高于注浆成型用料浆，而且后续为原位凝胶固化成型，料浆的除气处理就成为注凝技术中不可缺少的一步工序过程。

3.2.1 筛网过滤除气

用孔径大于粉体颗粒尺寸的多孔筛网过滤料浆，是最简单的一种除气方法，可以方便地除去料浆中的大气泡。由于陶瓷粉体原料多为微米甚至亚微米级颗粒，不会堵塞筛网孔，通常是根据料浆的黏度和流动性，选择60目~200目的筛网或网布来过滤料浆,除去那些肉眼可见的较大气泡。显然,更细的气泡用筛网法是无法除尽的。

用筛网过滤料浆除气,可以同时挡住磨球不从球磨机漏出,并能除去混磨料浆过程中由于磨球破损而带入料浆中的大颗粒杂质。通常,在出料时可用筛网或网布堵在出料口处,让料浆沿着准备好的容器壁集束流出,以避免冲击容器中料浆而裹入新的气泡。

3.2.2 振动除气

料浆还可以通过各种物理振动的方法进一步除去其内部小气泡。其原理是在振动条件下,促进料浆中的微小气泡互相移动、靠近、合并、长大,然后在浮力作用下上浮至表面破裂而去除。机械振动和超声振动(荡)都可以起到这一作用,前者设备和操作工艺都简单易行,但振动频率较低,一般在几十至几百赫兹,料浆中的微小气泡移动与合并长大速度较慢,除气效果较差;而后者振荡频率在几万赫兹以上,除气效果比较明显,但设备相应复杂一些,同时在操作过程中容易造成料浆局部发热,影响料浆中有机物特性发生变化,在实际使用中应特别注意。通常是将盛料浆容器放在超声振荡器水介质中,每振荡几分钟停顿一会儿,然后再开启超声振荡器工作,通过间歇式振荡防止料浆局部发热。

振动除气法在试验室应用较多,但在实际生产中不易控制,特别对于高固相含量的陶瓷料浆,其黏度和气泡表面张力大,料浆表面悬浮的微小气泡去除效果不太理想。

3.2.3 真空搅拌除气

实际生产中应用最多的办法是对料浆进行真空搅拌除气。该法设备比较简单,操作方便,除气效率高,效果也好。其工作过程为:在搅拌浆叶转动作用下,料浆旋转直接引起了其中微小气泡的移动和合并长大,在真空室内这些微小气泡上浮力更大,至表面后因内外压差更大则更易破裂,从而可有效去除料浆内部和表面的微小气泡。工业用真空搅拌除气装置一般采用下出料结构,可以避免浮在料浆表面难以去除的极微小气泡进入盛料容器。

真空搅拌除气时,主要控别参数为搅拌浆叶转速、真空度和除气时间。根据我们的经验,搅拌浆叶转速一般控制在 60r/min ~ 100r/min,视装置容量大小不同应有所变化,以能使料浆形成旋涡但表面不翻滚和卷入气体为宜。真空度的选择并非越低越好,过低的真空度会导致料浆在室温下沸腾,会产生大量新气泡并造成料浆中水分损失。而真空度过高则除气效率降低,通常将真空度定为 -0.08Pa ~ -0.09Pa,真空除气时间总体控制为 30min ~ 60min,可起到较好效果。此外,可采用变真空度的办法,例如,刚开始先将真空度降至 -0.095Pa,使料浆略有沸腾,产生少量新生大气泡,在其上浮过程中捕获料浆中微小气泡,经过 3min ~ 5min 后再将真空度恢复至正常值,可以减少真空除气时间和获得更好的除气效果。料浆真空搅拌除气结束后,停止真空泵工作,料筒内真空度逐渐消失恢复至常压。此时可维持较低的搅拌浆转速,使料浆在整个使用周期内不致发生沉降。

国内北京东方泰阳科技有限公司生产的试验室用真空搅拌除气装置如图3-1所示。该装置可以调整设定转速、真空度和连续工作时间。其真空室为一透明圆形玻璃管,底座旋转台可放置盛放料浆的容器或烧杯,根据料浆多少可以更换容器的尺寸(0.5L ~ 2L)。抽气孔安置在下部密封盘上,而上密封盖中心用螺栓固定一搅拌浆叶,当底座旋转台转动时烧杯中料浆相对于浆叶转动,有较好的真空搅拌除气效果。该装置属于上出料结构,必须彻底除去料浆表面的极微小气泡,否则凝胶坯体内部或表面将出现针孔缺陷。优点是使用方便,每次只需清洗盛料浆的容器或烧杯即可。

图3-1　试验室用真空搅拌除气装置

3.3　凝胶固化的氧阻聚问题及解决办法

如前所述,注凝技术的基本原理是有机单体被引发后可发生碳自由基聚合反应。但是反应过程中产生的碳自由基遇到空气中的氧便会迅速与之结合形成极稳定的过氧自由基,体系中自由基失去活性,使得链反应不能继续进行,称为氧阻聚现象。其结果导致与空气接触的衰面料浆(也包括料浆内部气泡周围的料浆)不能发生凝胶固化,干燥后这部分未凝胶化的粉体发生开裂和剥落。这是丙烯酰胺凝胶体系用于陶瓷注凝成型的一个普遍存在的问题。

3.3.1　真空或气氛保护凝胶固化

为防止料浆与空气中的氧接触,最直接的办法是将注凝操作置于真空或充入氮气、氩气等非氧气氛的装置中进行。但这样无疑会增加装置成本,降低生产效率,并使操作复杂化,一般实际生产中很少采用这种办法。但在用发泡法生产泡沫陶瓷时,用惰性气体进行发泡并凝胶固化定型仍是一种很实用的技术。

3.3.2　抗氧阻聚剂的应用

通过在料浆中加入氧气清除剂、隔离剂等特殊助剂,在成型的同时于坯体表面与空气接触处形成隔离防护层,避免空气中氧气对凝胶的影响,是防止氧阻聚的有效措施。研究表明,一些活性胺单体可以优先于凝胶体系中的引发剂而与空气发生反应,不断消耗氧气,从而有效抑制氧气表面阻聚效应。在料浆中加入适当数量的此类胺类化合物,可以提高表面的凝胶速度,有望解决氧阻聚问题。

清华大学谢志鹏等人[2-4]发明了一种防氧阻聚办法,针对在空气中注凝成型坯体表面的起皮开裂问题,可以通过在单体溶液中添加一定量的高分子材料来解决。例如,在料浆中加入浓度为15%～20%(质量分数)的非离子型水溶性聚乙烯吡咯烷酮(PVP,重均分子量 $M_w = 10000$),配制出50%(体积分数)氧化铝陶瓷料浆,解决了料浆氧阻聚问题,消除了坯体表面的起皮开裂现象,但会稍微降低坯体的强度。分析认为这是通过PVP的增稠作用和PVP分子间的氢键作用在表面处起到黏结粉体的效果。同样,向料浆中加入氧化铝粉料2.8%(质量分数)的水溶性聚丙烯酰胺(PAM,重均分子量 $M_w = 10000$),也有效消除了坯体表面的起皮现象,同时还提高了坯体的强度。分析认为,对于混有PAM的单体溶液来说,当聚合反应进行时,添加的PAM带有胺基和羧基,通过氢键与单体聚合反应生成的聚丙烯酰胺形成更加复杂的网络结构,聚合物链更加紧密地结合,因此坯体强度更高。

但是,向料浆中直接加入黏结剂的方法必然会提高料浆的黏度,增加坯体中有机物含量,造成料浆除气和烧除有机物困难。最近,景德镇陶瓷学院宁武成等人[5]根据PVP的抗氧阻聚机理,配制出10%～50%(质量分数)PVP水溶液,将其喷射至料浆表面,也起到了抑制凝胶坯体表面起皮剥落的作用。这种方法既不增加料浆中有机物含量,也不改变料浆特性,是一种简便易行的抗氧阻聚方案。但其文献中未报道该坯体表面层与内部结构是否一致,烧结过程中表面层是否能和中间坯体同步收缩而不产生表面裂纹。

3.3.3　隔离空气法

我们最近发明了一种采用液体密封的办法来解决料浆表面的氧阻聚问题[6]。具体办法是,将料浆浇注入模具后,在发生凝胶固化以前向其表面覆盖一薄层醇类有机溶剂,把料浆与空气隔离。可使用的溶剂包括乙二醇、丙三醇、1,3 丁三醇、1,4 丁二醇等。这些醇类物质密度较料浆轻,可以浮在料浆表面以液—液界面取代原来的液—气界面,并且不影响料浆的正常凝胶固化。待到料浆凝胶固化完成后,倒掉表面的有机溶剂,即得到表面光亮完整的凝胶坯体。该工艺操作方便、简单实用,其最大优点是坯体表面和内部的交联网络结构完全一致,因此干燥和烧结时收缩一致而不会发生表面开裂或剥离现象。应当指出,并非所有有机溶剂都能作为密封覆盖层,例如硅油、机油等液体虽能漂浮于料浆表面隔离空气,但它们本身就有阻凝作用,使坯体表面不能正常凝胶固化。

3.3.4 浇冒口的应用

在空气中进行注凝操作,因氧阻聚而无法凝胶固化的表面料浆大约有 0.5mm ~ 2mm 厚,但并不会影响其内部的坯体质量。由于用注凝法生产陶瓷零件时,需要先设计和制备出相应的模具用以浇注成型,因此,实际生产中最方便的办法是给模具设计合适的浇冒口,待料浆凝胶固化后,将浇冒口切掉,该切除部分就包括了因氧阻聚的未凝胶层,剩余下的就是内部结构均匀、外观尺寸合适的凝胶坯体。图 3 – 2 是用来检测陶瓷金属化结合强度用的试样注凝模具示意图。料浆沿中轴 4 侧面浇注,沿轴壁沉入填充满外模 2 内腔成为零件坯体 5 后,继续充满圆环 3 中部作为浇冒口 6。凝胶固化后,先拔出中轴 4,打开顶部圆环,将上部浇冒口连同表面未凝胶部分切除,然后脱除固定底盘 1,即可从下部顶出良好的零件凝胶坯体。

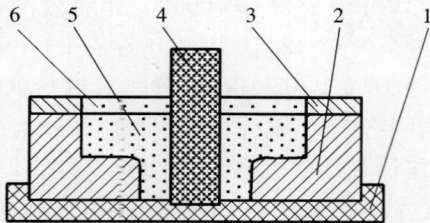

图 3 – 2 带浇冒口的模具示意图

1—固定底盘;2—外模;3—圆环;4—中轴;5—零件坯体;6—浇冒口。

需要指出的是,浇冒口的设计和使用并不只是为解决表面氧阻聚问题,更主要的是为了起到"补缩"的作用。我们在实际应用中发现,正如金属液体在凝固过程中发生体积收缩一样,陶瓷料浆在凝胶固化过程中,也会发生一定的体积收缩。若不加浇冒口,凝胶固化后的坯体内部有时会出现收缩孔洞等缺陷,而浇冒口中的料浆因氧阻聚不能凝胶固化恰好可以起到补充体积收缩的作用,避免出现上述缺陷[7]。

3.4 凝胶坯体的干燥与收缩

在注凝成型技术中,坯体干燥收缩的控制极为重要。许多情况下,由于不正确的脱水干燥制度会导致坯体变形开裂而损坏。特别对于大尺寸零件,能否使凝胶坯体中水分彻底脱除而不造成内部损伤,已成为注凝工艺能否被正常使用的关键问题。因此,人们对此进行了大量的研究和分析[8-11],以下作简单介绍。

3.4.1 凝胶坯体的干燥收缩过程

水基注模凝胶坯体中的水与颗粒的结合形式有三种,即化学结合水、吸附水、机械结合水或称自由水。化学结合水要在高温分解时才能排除,吸附水是物质表面原子不饱和键吸引水分子而形成的,在一般的湿度情况下都会存在,所以干燥主要是排除束缚在凝胶网络中颗粒周围的自由水。图3-3为湿凝胶体干燥过程的简易模型。

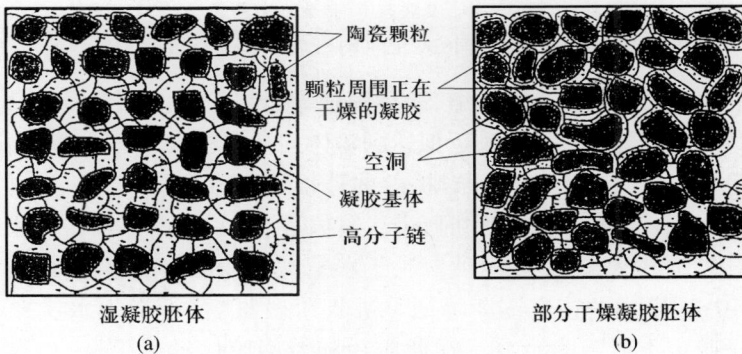

湿凝胶胚体 (a)　　　　部分干燥凝胶胚体 (b)

图3-3　水基注模凝胶坯体干燥过程图

凝胶体在干燥脱水过程中,随着填充在原料粒子间水分的不断散失,原来均匀分散在水料浆中的原料粒子间出现空洞,为降低表面能,被固定在其中的粒子将会相互靠拢形成比较紧密的堆积,宏观表现为凝胶体的收缩。同时,坯体中高分子凝胶脱水后更进一步促进了坯体的收缩。

图3-4是凝胶坯体干燥失重和干燥速率随时间的变化曲线示意图。湿凝胶体的干燥是一个复杂的多相物料传输过程,整个干燥过程可分为三个阶段,即等速阶段Ⅰ,降速阶段Ⅱ和聚合物扩散阶段Ⅲ。

阶段Ⅰ的干燥失重大约为30%(与坯体尺寸特别是厚度有关),干燥过程中,凝胶体中接近表面的部分通过水分蒸发迅速干燥,同时凝胶体中心部分的水分由于毛细管力的作用向外迁移,使表面保持湿润状态,干燥以稳定的速度快速进行,

51

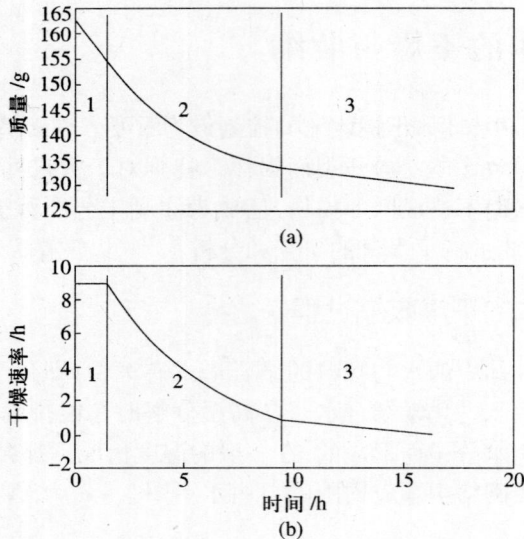

图 3－4　凝胶坯体干燥三个阶段
（a）坯体重量随时间的变化；（b）干燥速率随时间的变化。

相应的凝胶体也以稳定的速度收缩，故称恒速率干燥阶段。当湿凝胶体的收缩停止时，表明原料颗粒已相互接触，近似达到粉体的自然密堆，水分的扩散通道变小，水分向外迁移扩散的速度降低。当扩散的速度小于表面蒸发速度，由内向外扩散的水分不足以使表面保持湿润时，进入阶段Ⅱ，凝胶体内部颗粒间空隙内的水蒸气分压达到饱和状态，干燥速度取决于水蒸气向外扩散的速度，此阶段干燥失重大约为 40%，干燥的速度逐渐降低。进入阶段Ⅲ后，干燥失水主要为颗粒表面和高分子胶束上所吸附水分。在此阶段随着凝胶体继续干燥，包裹原料粒子的高分子胶束将由于坍缩而更加致密，阻碍水分的扩散，使得干燥过程变得更加缓慢。

3.4.2　影响凝胶坯体干燥收缩的因素[12]

1. 环境温度的影响

环境温度是影响凝胶坯体最重要的因素，因为温度升高会增加坯体中水分的蒸发速度。图 3－5 是不同尺寸的 53%（体积分数）Al_2O_3 凝胶坯体在湿度 RH 为 40% 时，不同温度下完全脱水干燥（干燥至恒重）所需时间。可以看到，随温度升高，干燥时间显著缩短。但曲线呈非线性，且是下凹的。主要是因为在高温下，坯体中的自由水扩散和蒸发的速率较快，极大的缩短了干燥阶段Ⅰ的周期，由于自由水的迅速排出，使坯体中颗粒间高分子网络塌陷，急剧靠拢，成为封闭的空洞。自由水不再是连续相,这时只有扩散通过紧裹在颗粒周围的凝胶体,速度有所减慢。这样很可能造成 Al_2O_3 坯体的不均匀收缩,产生内应力而翘曲或断裂。事实上,在80℃以上温度干燥时,圆柱试样均有开裂现象,而方片试样则发生了严重翘曲变形。因此,在实际操作中,并不希望一开始就提高温度来增大其干燥速度,而是在室温干燥至一定程度后再置于烘箱中完成彻底干燥,效果较好。另一方面,尽管两种坯体的体积基本相同,但方形薄片表面积较大,因此干燥至恒重的时间明显缩短。

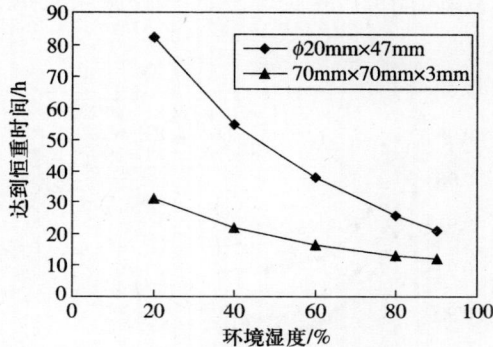

图 3-5　温度对不同尺寸凝胶坯体干燥的影响

2. 环境湿度的影响

前面已分析过,在干燥过程阶段 I,凝胶坯体接近表面的部分通过水分蒸发迅速干燥,同时凝胶体中心部分的水分由于毛细管力的作用向外迁移,干燥以稳定的速度快速进行。因此,环境湿度无疑是凝胶坯体脱水干燥重要的外部影响因素,环境湿度越低,则坯体表面的水分蒸发越快。但与此同时,相应的凝胶坯体也以稳定的速度收缩,当陶瓷颗粒互相靠近接触,表面粉体的密堆使水分的扩散通道变小,则水分向外迁移扩散的速度降低,很快进入干燥阶段 II。此阶段凝胶体内部颗粒间空隙内的水蒸气分压达到饱和状态,干燥速度取决于水蒸气向外扩散的速度,干燥的速度逐渐降低。而在整个干燥过程中,阶段 II 比阶段 I 花费的时间要长得多。如果环境湿度过低,将导致干燥阶段 II 时间更长,从而整体干燥时间反而延长。因此,并非环境湿度越低其脱水干燥总时间就越短。相反,适当延长阶段 I,使坯体表面保持湿润状态,不让表面陶瓷颗粒过早互相靠近接触而减小扩散通道,反而可以使坯体内部的水分能更加充分脱除。事实上,注凝技术发明者给出的凝胶坯体干燥办法正是将坯体放入控湿箱中,通过阶梯式缓慢降低箱内湿度来达到充分脱水干燥的目的。但是,对于薄壁零件如陶瓷基片,在不致造成严重变形的情况下,可以在低湿度环境下快速干燥,此时脱水干燥时间随环境湿度的降低而减少。

图 3-6 是 40℃时 YSZ 凝胶坯片干燥曲线,随时间的延长,干燥失重速率减小,随湿度增大,干燥速率减慢,干燥的 Ⅰ、Ⅱ 阶段转折点出现的时间变长。湿度高(RH 为 90%),坯体内、外浓度梯度减小,自由水扩散(或蒸发)较慢。在降速率干燥阶段(Ⅱ 阶段、Ⅲ 阶段)进行的就更慢了。由于坯体内自由水的蒸发,使坯体温度较周围环境的略低,加之环境湿度大,所以干燥势小,自由水排出更慢,出现明显转折点。而湿度低时,坯体与周围环境间浓度梯度变大,使得内部自由水源源不断地向表层传输,再由表层蒸发到空气中。但环境湿度 RH 为 90% 时,坯片是不可能彻底干燥的,实际操作中常通过阶梯状降湿实现凝胶坯体的干燥效果较好。

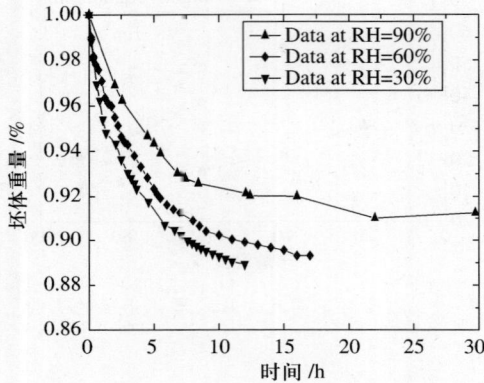

图 3-6 湿度对坯体干燥的影响

3. 坯体固含量的影响

一般认为,凝胶坯体固含量越高,其中所含水分越少,干燥应该越快,但事实并非如此。参考本书第 10 章图 10-8 可知,在同样温度和湿度条件下,同尺寸凝胶坯体固含量越高,其达到恒重(即彻底干燥)所需的时间反而越长。这是因为料浆浓度越高,其凝胶坯体中粉体颗粒堆积密度越高,颗粒间通道就越小,水分沿颗粒间通道脱除速率越低,达到彻底干燥的时间也就越长。这一点在实际操作中应引起充分注意。

3.4.3 介质中脱水干燥技术

注凝坯体在空气中干燥时,周围空气的流动会使其不同部位的脱水速率和收缩率有所不同,因而易发生一定变形。另一方面,坯体在空气中自然条件下干燥速率较慢,提高温度虽可加快干燥进程但易引起开裂。为此,人们研究了在吸水液体介质中对注凝坯体进行干燥的研究[13-15]。

华中科技大学郑志平等人[5]研究了 BaTiO₃基陶瓷注凝坯体在聚乙二醇

PEG400 中的干燥过程。他们用 30%（体积分数）固含量料浆注凝获得直径为 13.14mm，长径比为 4∶1 的圆柱状试样，分别置于室温环境中（28℃）和浸入 PEG400 液体介质中干燥 180min。结果表明，PEG400 液体介质中干燥试样在无形变的情况下安全失水 35%，直径均匀收缩至 12.64mm，而室温空气中干燥试样坯体失水率仅为 10%，且发生严重不均匀变形，中部收缩至 13mm，两端收缩至 12.7mm。根据这一情况，用 43%（体积分数）固含量料浆注凝获得直径为 13mm 圆柱试样，先置于 PEG400 液体介质中干燥 180min，无变形脱去 30% 水分和总收缩率的 90% 左右均匀收缩，然后将试样置于烘箱中，先于 50℃ 烘 120min，再于 70℃ 烘若干小时，最终得到完全干燥而无变形的坯体。

我们尝试了在乙二醇或聚乙二醇 PEG－600 介质中对注凝坯体的干燥研究，结果则与上述研究有所不同。参阅图 10－9 氧化铝凝胶坯体在空气、乙二醇以及聚乙二醇 PEG－600 中的短时失重过程曲线，试样在空气中可以缓慢连续失重，而在乙二醇或聚乙二醇 PEG－600 中 8h 总失重量仅能达到 1% 左右，之后不但不再失重，反而会有稍许增重现象，说明液体介质部分置换了凝胶坯体中的水分，即在此类液体介质中仅能达到极少量脱水干燥的效果。与其他人研究结果不同的原因可能与我们试验中凝胶坯体固含量很高（体积分数 56%）以及坯体中含有一定量乙二醇溶剂有关，对此可作进一步研究。但有一点值得肯定并具有实用价值，即水基凝胶坯体放进乙二醇或聚乙二醇液体介质中被吸附 1% 左右的水分后可以迅速定型，有效减少了坯体进一步干燥过程中的变形问题。

3.4.4　注凝坯体特性

1. 坯体中的气孔分布

成型坯体中气孔大小和分布对其后续烧结和最终瓷体微观结构有非常重要的影响，是衡量成型水平的重要参数。图 3－7 为采用 Autopore Ⅳ 型压汞仪测量不同固含量 Al_2O_3 水基料浆凝胶坯片排胶后内部的气孔分布情况[16]。可以看出，注凝坯片中气孔尺寸小而均匀，不存在大于 400nm 的大气孔。实测得到，固含量为 50%（体积分数）、53%（体积分数）、56%（体积分数）时，排胶后坯片内部的平均孔径分别为 120nm、105nm 和 90nm，而从图 3－7 中可以看到其中位孔径分别为 102nm、88nm 和 77nm，即提高料浆固含量可以显著降低其注凝坯体内部的气孔尺寸。传统干压、等静压成型的陶瓷坯体气孔分布一般在不同程度上均表现为多峰分布。相比之下，注凝成型陶瓷坯体的气孔分布均匀，且为较窄的单峰分布，这是注凝成型采用有机物原位聚合可控反应来实现料浆凝固的缘故。因此，注凝成型是一种均匀性较好的原位凝固成型工艺，坯体气孔分布窄且均匀，能有效克服烧结过程中的不均匀收缩，提高陶瓷制品的结构均匀性和使用可靠性。

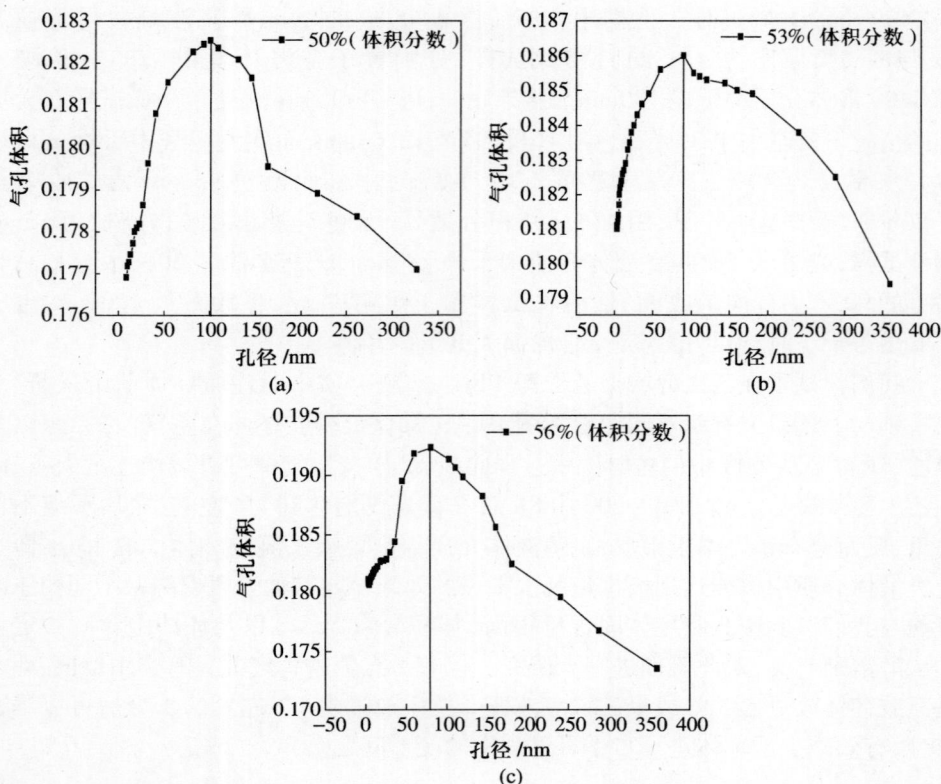

图 3-7 不同固含量 Al₂O₃ 水基料浆注凝陶瓷坯片排胶后的气孔分布

(a) 50%(体积分数);(b) 53%(体积分数);(c) 56%(体积分数)。

2. 坯体的强度和密度

制备高密度低缺陷的坯体是各种成型法所期望的,多数情况下较高的坯体密度意味着较高的坯体强度和烧成后较低的收缩率,并且由于坯体中颗粒之间的距离小,使烧结致密化过程容易进行,可以降低烧结温度和缩短烧结时间。

对注凝成型的 YSZ 坯体进行密度和抗弯强度性能测试,其固含量为 56%(体积分数),抗弯强度测试在 MTS810 试验机上进行,试样尺寸为 3mm × 4mm × 36mm,干燥后进行三点弯曲试验,测定结果为坯体密度 4.11g/cm³,坯体强度 35.6MPa。主要因为有机单体聚合形成的三维网络将氧化锆颗粒紧密结合在一起,形成了组织结构均匀,具有较高的强度和密度。

(1)有机单体加入量对坯体强度和密度的影响。注凝坯体的强度主要来源于有机单体聚合形成的三维网络结构,因此,增加有机单体加入量将会提高注凝坯体的强度,这一点是容易理解的。黄华伟等人[17]研究了影响氧化铝—碳化硼复相陶瓷生坯强度的因素,证实在预混液中单体浓度为 5% ~25% 范围内,生坯强度随预混液浓度的增加而提高,但超过 20% 后,生坯强度已变化不大。当预混液浓度为 20% ~25% 时,生坯强度达到了 33MPa ~35MPa。另一方面,适当提高交联剂加入量也有利于提高生坯强度。

(2) 料浆固含量对坯体强度和密度的影响。图 3 - 8(a) 为水基注模凝胶法成型 YSZ 坯体干燥后强度随料浆固含量的变化,可以发现,随固含量的增加,坯体的强度呈现下降的趋势,在固含量为 50%(体积分数)坯体强度最大,高达 38.9MPa,这一点与干压法规律恰恰相反。由于固含量的增加,坯体中颗粒的相对表面积增加,有机物在局部颗粒表面的吸附减少,同样凝胶网络作用在单个颗粒上的黏结力减少,导致坯体强度的下降。但当固含量为 56%(体积分数)时,坯体强度仍保持在 35.6MPa,这个强度足以承受一定的机械加工。图 3 - 8(b) 为坯体密度随固含量的变化,可见随固含量的增加,坯体密度是逐渐增大的。不难理解,随固含量增加,坯体中的陶瓷颗粒增多,坯体密度增大是必然的结果。这与干压成型坯体体积密度和强度之间的关系不同,干压法坯体强度靠颗粒间的黏结剂,或颗粒间作用力(如范德华力、机械纠缠力等)来维持,体积密度越高,强度也越高。

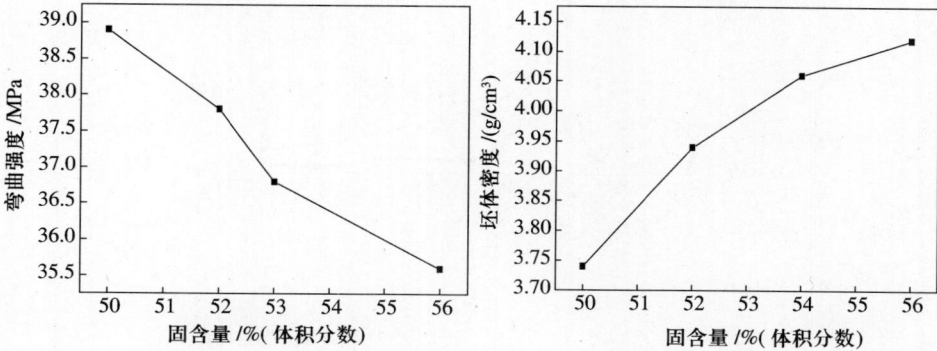

图 3 - 8 固含量对水基料浆注凝坯体抗弯强度和体积密度影响
(a) 抗弯强度随固含量的变化曲线;(b) 体积密度随固含量的变化曲线。

3.5 有机物烧除工艺

注凝坯体中有机物总含量一般为陶瓷粉体的 2% ~4%(质量分数)左右。与干压或注浆等成型坯体相比,其有机物含量偏多,实际生产中应充分考虑这部分有机物的影响。而与热压铸或注射等成型坯体相比,其有机物含量少得多,一般不需要进行排胶预烧结,但在烧结工艺中需增加烧除有机物的过程。因此注凝坯体烧结工艺过程有其特殊性。

3.5.1　凝胶坯料的热重分析曲线及有机物烧除工艺

1. 凝胶坯料的热重分析曲线

图 3-10 为 Al_2O_3 干凝胶块以 10℃/min 的升温速率从室温升至 950℃ 得到的热重分析曲线 TGA，包括了连续重量变化曲线和失重速率曲线[16]。结果表明，凝胶坯体失重速率最快的温度范围处于 250℃～450℃ 之间，367.77℃ 的失重峰值对应于聚丙烯酰胺高分子凝胶分解对应的温度。在低于此温度的小的失重峰可能牵涉到坯料中残水及黏土结晶水去除、分散剂及 pH 值调节剂分解等，对坯体烧结过程的影响不大。由于热分析试验中升温速率较快，分解后的残碳不可能被同时快速氧化排除，因而在 450℃ 之后的升温过程中试样重量仍在不断缓慢减少，直至 950℃ 重量损失为 3.502%。

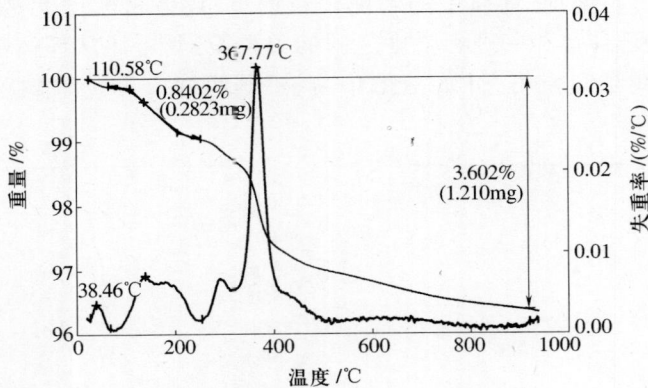

图 3-10　56%（体积分数）Al_2O_3 干凝胶块的 TGA 曲线

2. 凝胶坯体的有机物烧除工艺

陶瓷坯体的热分析曲线是制定其烧结工艺的重要参考依据。根据图 3-10，在凝胶坯体的有机物烧除工艺中需要注意以下问题：

（1）干燥的注凝坯体在 250℃～450℃ 之间必须缓慢加热，以保证聚丙烯酰胺黏结剂缓慢分解而不致造成坯体胀裂损坏；

（2）为进一步使分解产物中的残碳充分氧化排除，以避免烧结致密化后瓷体内部出现暗斑或阴影，还应在 600℃ 左右保温一段时间。

通常，注凝坯体有机物烧除与烧结致密化无需分别进行，可在 600℃ 左右保温一段时间后继续升温烧结即可。但在有些情况下，例如用注凝法生产氧化锆陶瓷刀时，常采用叠层烧结以增加装炉量，同时上加压板以保证一次烧成后刀片的平整度,此时可采取先单层摆放低温烧除有机物,然后叠层加压板高温烧结致密化,这样反而可以提高生产效率,保证产品质量和达到节能降耗的目的。

3.5.2　注凝废料回收处理

在实际生产中,注凝成型废品,切除掉的浇冒口,冲切或机加工得到的边角料,未用完料浆凝胶固化料等,需要回收利用以降低原料消耗。但由于注凝废料中存在网络交联结构的聚丙烯酰胺有机物,具有较高的结合强度,且遇水后又会恢复凝胶特性,因此必须烧除后才有再利用价值。

如上节所述,注凝废料的处理同样包括有机物的烧除与分解后残碳的氧化去除,通常放在干净且不与废料发生反应的坩埚中,在空气条件下于500℃以上煅烧一段时间即可。温度的选取与被处理的陶瓷粉体特性有关,在不造成粉料反应或烧结的情况下,可以适当提高煅烧温度加快有机物的分解。而保温时间则与废料尺寸相关,因为有机物分解后的残碳氧化过程较慢,在温度一定的情况下,废料尺寸越小(薄),与空气接触面积越大,则氧化速度越快。为此,在注凝废料干燥前,最好将其先切成薄片。废料处理中强调残碳的氧化去除,是因为残碳的存在会阻碍料浆的正常凝胶固化,这一点在实际生产中应引起注意。

参 考 文 献

［1］　王树海,李安明,乐红志,等.先进陶瓷的现代制备技术.北京:化学工业出版社,2007.

［2］　谢志鹏,黄勇,程一兵,等.陶瓷部件的无氧阻聚注凝成型方法.中国发明专利,ZL00124982,2000,9.

［3］　马景陶,谢志鹏,苗赫濯,等.水溶性高分子PVP对陶瓷凝胶注模成型坯体表面起皮的抑制作用与机理.无机材料学报,2002,17(3):480.

［4］　马景陶,谢志鹏,黄勇,等.水溶性高分子聚丙烯酰胺对氧化铝注凝成型的影响.硅酸盐学报,2002,30(6):716.

［5］　宁武成,刘维良.95氧化铝瓷凝胶注模浆料的制备及氧阻聚的抑制.人工晶体学报,2009,38(5):2041.

［6］　梁艳媛,陈大明,仝建峰,等.一种防止注模凝胶成型过程氧阻聚的方法.中国发明专利,申请号:201010562175.3,2010,12.

［7］　陈大明.水基料浆注模凝胶法制备氧化铝陶瓷高压真空开关管壳.真空电子技术,2003(4):6.

［8］　George W. Scherer. Theory of Drying. J. Am. Ceram. Soc. 73 (1),1990:3 – 14. [6].

［9］　Albert C Young,Omatete O Omatete,Mark A Janney. Menchhofer:gelcasting of alumina,J. Am. Ceram. Soc. ,1991,74(3):612 – 618.

［10］　Sarbajit G,Abbas E N,Harn Y P. A Physical Model for the Drying of Gelcast Ceramics. J. Am. Ceram. Soc. ,1999,82(3):513 – 520.

［11］　梁长海.维持凝胶织构的干燥理论、技术及应用.功能材料,1997,28(1):10 – 14.

［12］　刘晓光.氧化锆基固体电解质低成本制备及其性能研究.北京航空材料研究院博士学位论文,

2004,3.

[13] Barati A,Kokabi M,Famili. N. Modeling of liquid desiccant drying method for gelcast ceramic parts. J. Ceramics International 2003,29,199 –207.

[14] 郑志平,周东祥,胡云香,等. BaTiO$_3$ 半导瓷注凝成型坯体的干燥研究. 华中科技大学学报(自然科学版),2005,33(7):50 –53.

[15] 杜蛟,高雅春,尚晓娴,等. 超细 ZrO$_2$ 注凝成型液体干燥及烧结研究. 陶瓷学报,2009. 30(4):499.

[16] 仝建峰. 氮化铝陶瓷基片碳热还原法低成本制备技术研究. 北京航空材料研究院博士学位论文,2002,2.

[17] 黄华伟,王小敏,许奎,等. 凝胶注模成型生坯强度影响因素的研究. 中国材料科技与设备,2009(5):46 –49.

第4章　凝胶固相反应法合成陶瓷粉体

4.1　固相反应法合成陶瓷粉体原理及存在问题

4.1.1　固相反应法合成陶瓷粉体

　　绝大多数功能陶瓷和功能涂层所使用的陶瓷粉体原料都是多组元复合粉体，其工业化生产中最广泛采用的是固相反应法。固相反应不同于气、液反应，它包括化学反应和物质向反应区的迁移两个过程，属于非均相反应。原料中的原子、离子必须通过缓慢的扩散、靠近才能发生反应。因此参与反应的固相相互接触是反应物间发生化学作用和物质传输的先决条件，固相法合成多组元粉体的反应历程可简单表示为图4-1，反应在原料 A、B 颗粒表面接触处开始进行，生成产物 C，随后发生产物层 C 的结构调整和晶体生长，当产物层达到一定厚度后，A、B 原料扩散通过产物层 C 继续进行[1,2]。在实际生产中，一般是将所需组元的粉体原料经湿法球磨混合、干燥、压块，然后经煅烧发生固相反应合成为具有一定晶体结构的多组元复合陶瓷粉体。

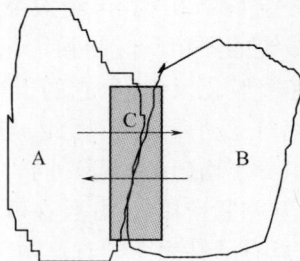

图 4-1　固相反应合成粉体模型

　　固相反应法与液相法或气相法相比，具有对工艺条件无特殊要求、操作简便、原料来源广泛、生产成本低、效率高、环境污染小的优点。特别是在原料成分确定的情况下，可以比较准确地控制其组元组成，因此普适性强，适于工业化生产。目前固相反应法仍然大量应用于一般多组元陶瓷粉体的工业化生产中，在实验室研究中也经常采用。

　　但是，这种方法的缺点也是显而易见的。在湿法混磨均匀的料浆脱水干燥的过程中,各组元粉体原料因密度、悬浮性的不同,容易出现组元沉降,集合状态不均匀。一般通过压滤、喷雾或冷冻法干燥来减少此过程造成的成分不均匀性,这必然增加设备投资和提高工艺成本。在煅烧合成粉体时,若以自然堆积方式进行,多组元粉体之间接触不好,质点扩散距离较远、反应速度缓慢,效率低且造成易挥发成分的散失。为促进反应,可使原始粉料粒度尽量细化(如1μm或更小)、适当增加反应物接触的表面、通过搅拌提高反应物的混合均匀性或提高煅烧温度。但是提高煅烧温度不仅提高了成本而且致使粉体中容易出现硬团聚,粉体粒度较大,粒径分布较宽;若压块成形后再煅烧虽可提高反应效率,但由于压块各部位致密度不均匀容易造成局部烧结结块。总之,传统的固相反应合成法生产复合粉体存在着各组元成分难以混合均匀,合成温度高,粉体粗大等缺点,而且常常得不到所需的相组成。上述缺点均会影响合成粉体的质量,由于固相反应法目前应用非常广泛,因此对该工艺进行改进和创新具有很强的现实意义。

4.1.2 凝胶固相反应法合成陶瓷粉体

针对传统的固相反应法合成复合陶瓷粉体存在的问题,我们提出了一种新的粉体合成工艺,称为凝胶固相反应法[3]。该方法是传统的固相反应制粉工艺与陶瓷注凝技术相结合而产生的一种新型粉体制备工艺。本技术的基本过程为使用含有各组元的碳酸盐、草酸盐、氢氧化物或金属氧化物等为原料,按一定比例混合配制成水料浆,加入有机单体和交联剂,在一定条件下有机单体与交联剂发生聚合反应,形成水基高分子凝胶体,其中的三维网络骨架把各种固相物固定到其中,凝胶体脱水干燥后先在一定温度下烧除有机物,再经煅烧即可获得需要的陶瓷粉体。该工艺把高分子化学应用于传统的固相反应制粉工艺中,原料料浆在混合均匀后可通过控制外部条件发生快速凝胶化反应,且它的干燥过程是在发生凝胶化反应及各原料粒子已被固定无法相对运动后进行,因此,与常规固相法相比,它可在相当程度上避免因沉降带来的组分不均匀的问题。同时凝胶体中原料粉体在干燥后能够保持较紧密堆积的状态,互相紧密接触,并且在可能情况下采用可分解盐或氢氧化物原料,使其分解后生成具有活性表面的氧化物,这些都有利于煅烧时的固相反应,因而煅烧合成温度明显低于常规的固相法。在对传统的固相法做出上述改进的同时,它保留了固相法操作简便、原料来源广泛、生产成本低、效率高、各组元组分易精确控制、普适性强、环境污染小、适于工业化生产的优点。需要指出的是,该技术虽然称为凝胶固相反应法,但对于多组元粉体需添加微量成分时,也可采用向料浆中单独加入水溶性盐类原料,来保证该组元的均匀性。其一般工艺流程如图4-2所示。

以固相作为全部或大部分原料无疑使这种方法在原料混合阶段无法达到湿化学法所能达到的"分子级"水平,是这种工艺的缺点,但该工艺保证了成分在原料

有机单体、交联剂
粉体合成原料、水 → 混磨 → 料浆 →(引发剂/催化剂)→ 湿凝胶体
分散剂、悬浮剂

合成粉体 ←(煅烧合成)← 干凝胶块 ← 湿凝胶体

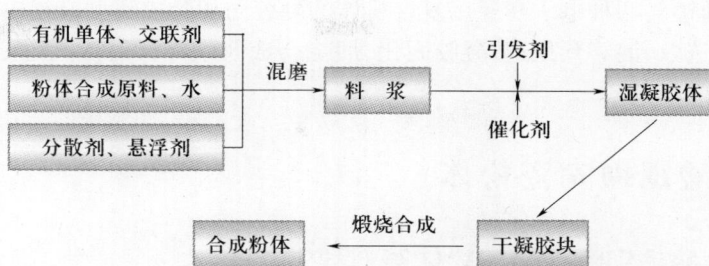

图 4-2　凝胶固相反应合成工艺流程

颗粒尺度的均匀。与传统的固相反应法合成粉体相比,水基料浆凝胶法具有许多优点。首先,由于料浆凝胶速度很快,从而使凝胶体基本保持了混合料浆中各组分的均匀分散性,不会出现成分密度梯度;凝胶化靠有机单体和交联剂发生聚合反应形成高分子网络结构来实现,与合成粉体原料无关,可使用各种水溶性或非水溶性原料,这对于多组分特别是微量元素的均匀分散和低温合成非常有利;混磨后粉体无需压块,高分子网络结构的凝胶块煅烧时所留下的交叉网络空隙还可以阻碍原料粉粒的烧结粗化,煅烧得到的粉块疏松易粉碎。

凝胶固相反应法原料颗粒固定机制借鉴陶瓷注凝成型工艺,但与注凝成型技术的工艺要求又有所不同。①注凝成型技术要求控制凝胶化的时机,需要保证有足够的时间将料浆注入模具,而凝胶固相反应法希望球磨料浆出料后尽快凝胶,以避免料浆沉降造成原料成分的不均匀;②水基注凝成型工艺凝胶过程需要考虑空气会阻碍凝胶化过程,同时影响制件的表面质量,而凝胶固相反应法不必考虑凝胶块表面质量;③水基注凝成型工艺制备的坯体对干燥条件有严格要求,干燥过快时坯体容易开裂或不均匀收缩,而凝胶固相反应法则只需从反应物颗粒接触的角度考虑凝胶体的收缩。综上所述,凝胶固相反应法是对传统固相反应制粉工艺的改进而创新的一种新型制粉技术。

需要指出的是,聚丙烯酰胺凝胶反应法也可以适用于全部水溶性原料合成复合陶瓷粉体,但与 1989 年法国学者 A. Douy 和 P. Odier[4] 提出由在水溶液中制备聚丙烯酰胺凝胶来获得超细粉的方法并不相同。他们的方法是将含有各组元的水溶性盐配成混合溶液,首先加入螯合剂与金属离子反应生成螯合物,螯合剂一般为柠檬酸,通常按照金属离子与柠檬酸 1:1 的比例加入大量的柠檬酸,然后加入氨水调整溶液的 pH 值至中性。在此基础上再加入有机单体和交联剂,在一定条件下使单体凝胶,经脱水干燥、煅烧制得所需粉体。这使其原料局限于硝酸盐和氯化物等特定盐类,并加入了大量柠檬酸和氨水,在煅烧时会产生大量 HCl 或氮氧化物气体,损坏炉壁,污染环境,不适合工业化生产。而我们发明的凝胶固相(含液相)反应法无需生成螯合物这一过程,因此不存在上述问题。

下面,通过对两种电子陶瓷用复合粉体的凝胶固相合成实例描述,具体说明该工艺在原料选取、混磨预处理、凝胶固化、煅烧合成及最终研磨处理过程中的特点和需要注意的问题。

4.2 钛酸锶钡陶瓷粉体

4.2.1 钛酸锶钡陶瓷及对粉体原料要求

钛酸锶钡(BSTO)是一种重要的电子陶瓷材料,具有优良的光、电、磁性能,广泛应用于电容器、铁电存储器等电子元件。同时它也具有诸多优异的介电性能如很高的绝缘电阻、较低的介电损耗,通过改变材料的 Ba:Sr 比可以在相对较宽的范围内调整介电常数和居里温度,并且在一定程度上保证材料较好的介电常数温度稳定性,因此。该材料在微波传输、信号处理、数据存储等领域具有引人瞩目的发展潜力和优势。

为了获得所需的性能,功能陶瓷粉体无论是直接应用还是作为制备块状陶瓷的初始原料,都要具有良好的粉体特性。电子陶瓷材料晶粒尺寸的大小决定了材料的电学性能和微观结构,从而也影响了陶瓷产品的质量和成品率。由于功能陶瓷往往具有多种组元,其性能对成分变化非常敏感,因此要求所合成粉体的成分配比严格控制,元素分布均匀,同时具有适当的粒径、形貌和相组成。从成型对粉体的要求来看,通常希望获得晶粒发育完整、粒径分布窄的等轴状亚微米级粉体。

通常,合成超细高烧结活性复合陶瓷粉体多用化学共沉淀法[5]或水热法[6],但共沉淀法生产钛酸锶钡粉体时因沉淀物氢氧化钡有一定水溶性(20℃下在水中的溶解度达 3.89g/100ml),在多次清洗过程中必然造成钡离子流失而使得粉体成分配比出现偏差。而水热法则成本过高,限制了该工艺的实际应用。因此,我们采用凝胶固相反应法合成钛酸锶钡陶瓷粉体[7]。

4.2.2 粉体凝胶固相反应合成工艺

凝胶固相反应法制备钛酸锶钡陶瓷粉体过程如下:将 $BaCO_3$、$SrCO_3$、TiO_2 按 $BaO:SrO:TiO_2 = 0.6:0.4:1.0$ 的摩尔比加入到尼龙罐中,加入去离子水和少量 JA-281 分散剂,混合配制成固含量约 50%(体积分数)的水基料浆,并加入原料质量 2.5%(质量分数)、比例为 20:1 的有机单体(丙烯酰胺)和交联剂(N,N'-亚甲基双丙烯酰胺),球料比为 2:1 置于行星磨内,采用 100r/min 球磨 10h,取出料浆,加入催化剂(50% 四甲基乙二胺水溶液)和引发剂(5% 过硫酸铵水溶液)并搅拌均匀,放置约 10min,有机单体与交联剂发生聚合反应,形成水基高分子凝胶体,其中的三维网络骨架把各种原料粉体固定到其中,将凝胶体脱水干燥再经高温煅烧即获得需要的陶瓷粉体。为使得到的粉体进一步细化,将煅烧粉体与无水乙醇按照1:1混料再次球磨6h,出料后烘干即可。

4.2.3 原料特征及混磨与凝胶化处理效果

球磨工序既是各种原料混合均匀的过程,又是各种原料的粉碎过程。对固相反应,有金斯特林格方程:

$$1 - \frac{2}{3}G - (1 - G)^{2/3} = \frac{2D\mu C_0}{R_0^2 \rho n} \cdot t = Kt \qquad (4-1)$$

式中:G 为转化率;D 为扩散系数;μ 和 ρ 分别为产物的相对分子质量和密度;C_0 为反应物扩散相的浓度;R_0 为反应物颗粒尺寸;n 为产物层中反应物的分子数;t 为反应时间;K 为速率常数。由式(4-1)可知,反应速率常数反比于反应物颗粒半径的平方,所以颗粒尺寸对反应速率有着强烈的影响。

另一方面,颗粒尺寸越小,反应体系比表面积越大,反应界面和扩散截面也相应增加,导致反应速率增大。通过充分破碎和研磨或其它途径制备粒度细、比表面积大,表面活性高的反应物原料,并使反应物颗粒充分均匀接触,都会使固相合成反应更有利于进行[8]。

图 4-3 是几种原料粉体的微观形貌以及混磨 10h 后形成凝胶块后的分布情况。可以看出:TiO_2 粉体颗粒均匀细小,平均粒径约 0.2μm,而 BaO 和 SrO(由 BaCO_3 和 SrCO_3 经 1000℃煅烧后得到)颗粒均较粗大且不均匀。因此需要通过混磨来粉碎和混匀各原料粉体,以加快其合成反应。图 4-3(d)表明,经 10h 混磨后,$BaCO_3$ 和 $SrCO_3$ 均有所细化,但仍较 TiO_2 为粗。各原料粉体凝胶后总体分布均匀。取不同球磨时间的原料料浆采用 LMS-30 型激光粒度分析仪进行粒度分析,将适量粉体和少量表面活性剂转移至水介质中,超声分散 10min 后测试,结果见图 4-4。可以看出:粉体粒度呈非正态分布,系由较细的 TiO_2 粒子和较粗的 $BaCO_3$ 和 $SrCO_3$ 粉体混合组成。随球磨时间的延长,粉体粒径分布趋于均匀,在混磨初期,粒度分布曲线整体向左移动且分布变窄,主要是粗颗粒的 $BaCO_3$ 和 $SrCO_3$ 粉体细化所致。但到 6h~8h 后,粉体中位径达到约 0.5μm,最大尺寸约 2μm,粒度分布基本不再变化,说明过于延长混磨时间并没有太大的意义,故混磨 10h 即可。

4.2.4 凝胶固相反应合成过程

1. 凝胶先驱体的 DSC 示差扫描热分析曲线

示差扫描差热分析 DSC 是在程序控制温度下,测量物质与参比物(一般选择 $\alpha - Al_2O_3$)之间的能量差随温度变化的一种技术,外加热式 DSC 类似于示差热分

(a)

(b)

(c)

(d)

图 4-3　原料特征及混磨凝胶化处理效果

（a）TiO_2；（b）$BaO(SrCO_3 1000℃$煅烧后）；

（c）$SrO(SrCO_3 1000℃$煅烧后）；（d）$BaCO_3$，$SrCO_3$ 和 TiO_2 形成的凝胶体。

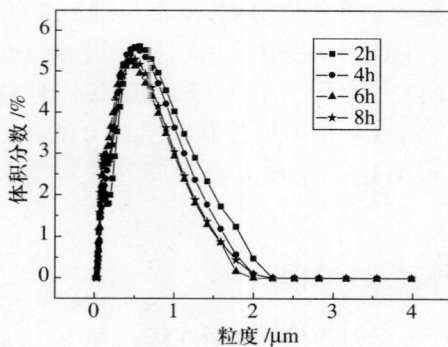

图 4-4　混磨不同时间原料粉体的粒度分布曲线

析 DTA。DTA 是通过物质在升温或降温过程中出现的吸热或放热现象来研究物质内部的物理变化(如相变、熔化、凝固等)和化学变化(如分解、聚合等)的。在完全相同的加热条件下,记录试样与参比物二者的温度差随时间或温度的变化,可以得到 DTA 曲线。试样不发生变化时,曲线是一条水平直线,曲线上的突变部分则反映了试样内部的变化。采用 STA409CD 型 TG-DSC 热分析仪来考察凝胶先驱体在室温至 1000℃ 的热分解情况。升温速率为 10℃/min,工作气氛为空气,得到的示差扫描热分析曲线见图 4-5。

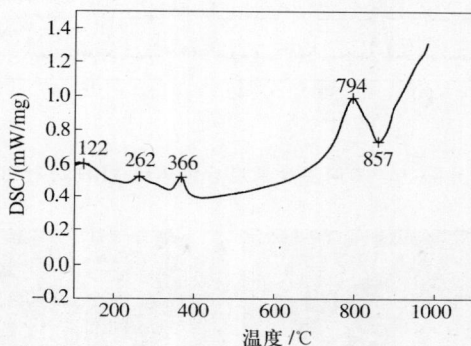

图 4-5 凝胶先驱体的示差扫描热分析曲线

从 DSC 热分析曲线可以看出,在位于约 122℃、262℃、366℃ 和 794℃ 的位置有 4 个放热峰,在大约 857℃ 存在一个吸热峰。凝胶的分解反应主要发生在 400℃ 以下。262℃ 的放热峰主要是由研磨料浆中所添加的聚丙烯酸铵类有机分散剂的分解所导致的,366℃ 的放热峰对应由聚合反应所得到的聚丙烯酰胺高分子凝胶的分解,794℃ 的放热峰是碳酸盐的分解,857℃ 处的吸热峰对应的是 $Ba_{0.6}Sr_{0.4}TiO_3$ 粉体的合成温度。说明碳酸盐新分解出的 BaO 和 SrO 有很高的活性,可以立即和 TiO_2 发生反应,这也是原料中选用碳酸盐的理由。

2. XRD 分析

对原料凝胶块前驱体(包含 $BaCO_3$、$SrCO_3$、TiO_2)干燥后在马弗炉中分别于 700℃、800℃、900℃、1000℃ 下煅烧 2h 所得粉体进行了 XRD 分析,如图 4-6 所示。从图 4-6 中可以看出,700℃ 和 800℃ 煅烧 2h 的粉体的 XRD 图谱中仍保留各种原料的特征峰,基本是由各原料特征峰叠加而成;而在 900℃ 和 1000℃ 下煅烧 2h 后,原料粉体的特征峰已经不存在,新合成的粉体中出现了专属 $Ba_{0.6}Sr_{0.4}TiO_3$ 的特征峰,说明混合原料粉体在高温下已经转变成新的晶型 $Ba_{0.6}Sr_{0.4}TiO_3$,这与 DSC 热分析曲线的结果和 SEM 显微照片相符合。

3. SEM 分析

图 4-7 为不同温度煅烧后未经研磨 $Ba_{0.6}Sr_{0.4}TiO_3$ 粉体样品的 SEM 微观形

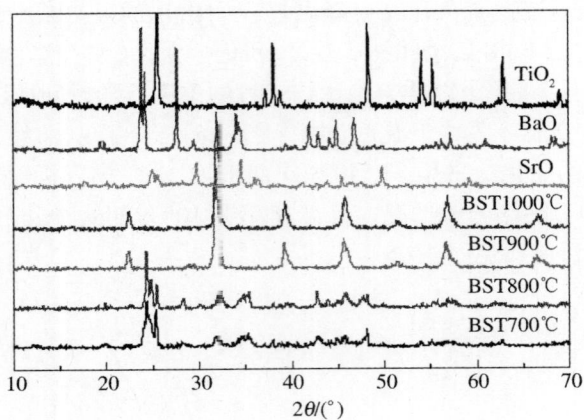

图 4 - 6 不同温度煅烧后粉体的 XRD 衍射图

图 4 - 7 不同温度合成粉体的显微结构
(a) 700℃；(b) 800℃；(c) 900℃；(d) 1000℃。

貌。可以看出,700℃和800℃下煅烧的样品粉体晶粒尺寸从0.2μm～1.5μm不等,与原料粒度分析的尺寸相符,这是由于在此温度下的大部分原料颗粒尚未发生反应,一些较细的TiO_2粒子粘附于$BaO(BaCO_3)$和$SrO(SrCO_3)$大颗粒周围,粒子之间的互扩散过程尚未完成。900℃和1000℃煅烧后,反应已经完成,生成的$Ba_{0.6}Sr_{0.4}TiO_3$晶粒大小分布均匀,平均尺寸在0.5μm左右,仅局部存在个别大晶粒和团聚现象。对比结果表明:经900℃和1000℃煅烧所得粉体比较理想,其颗粒细小,尺寸分布窄,粉体分散性好。

4.2.5 最终球磨处理效果

图4-8是1000℃煅烧得到的钛酸锶钡粉体在酒精分散体系中经不同时间球磨后的粒度分布曲线,可以看出,粉体与原料的粒度分布曲线形状相似,仍呈现非正态分布,但比原料粒度有所增大。球磨2h、4h、6h后的粉体粒度中值分别为0.88μm、0.80μm、0.78μm,说明高温煅烧作用下各组分元素的互相扩散导致了颗粒长大(粉体煅烧前中位径为0.5μm)。随球磨时间延长,粉体中位径并无明显变化,仅大颗粒($\geq 1\mu m$部分)尺寸有变小趋势,表现为粒度分布图的整体前移现象,但至6h后已不显著,延长球磨时间仅是对团聚体颗粒起到了分散作用。因此在行星式球磨机100r/min转速条件下,选用6h最终研磨时间即可。

上述试验研究结果说明,用一般的球磨设备(行星磨)难以破碎颗粒原晶,若要获得更细的粉体,应使用更细的原料粉体或采用更有效的研磨设备。事实上,我们最近使用超细$BaCO_3$和上述TiO_2粉体为原料,已经合成出原晶尺寸更细小均匀,研磨后平均晶粒为0.4μm且呈正态分布的$BaTiO_3$粉体,其最粗晶粒尺寸不超过0.8μm,其SEM照片如图4-9所示。

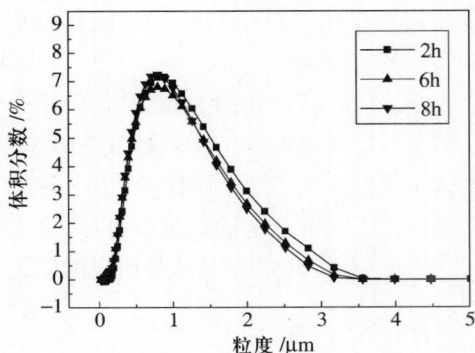

图4-8 1000℃煅烧后混磨不同时间
钛酸锶钡粉体的粒度分布曲线

图4-9 凝胶固相反应法合成
的$BaTiO_3$粉体形貌

4.3 偏钛酸镁陶瓷粉体

4.3.1 偏钛酸镁陶瓷粉体特点与用途

钛酸镁瓷具有介电损耗低,介电常数温度系数小等特点,是国内外大量使用的高频热稳定电容器瓷。在 MgO-TiO$_2$二元化合物系统中共有三种化合物:正钛酸镁(2MgO·TiO$_2$),偏钛酸镁(MgO·TiO$_2$),二钛酸镁(MgO·2TiO$_2$),其中二钛酸镁 MgTi$_2$O$_5$介电性能差,而偏钛酸镁和正钛酸镁具有优良的微波介质特性,而且在可见至紫外光谱范围都有良好的反射特性,兼有透波和光反射的功能,因此可用于飞机某部位的特种防护涂层填料。我们采用凝胶固相反应法合成偏钛酸镁粉体,对粉体相结构与工艺参数的关系进行研究,并与传统固相法进行了比较[9,10]。

4.3.2 粉体合成工艺

偏钛酸镁粉体的合成试验中,原料分别选用偏钛酸(H$_2$TiO$_3$)—碱式碳酸镁(Mg(OH)$_2$·4MgCO$_3$·6H$_2$O)和二氧化钛(TiO$_2$)—碱式碳酸镁两类原料体系进行试验,主要考察不同原料体系对合成粉体情况的影响。按照化学计量比 Ti:Mg=1:1(摩尔比)的比例配料,用 QM-1SP 行星式球磨机通过湿法球磨方式混料,选用 JA-281 分散剂作为稀释剂用氨水调节浆料的 pH 值。制备过程中各原料具体用量分别是,对于 1000g 原始粉料,加入 10ml 分散剂,15ml 氨水,25g 有机单体丙烯酰胺和 1.3g 亚甲基双丙烯酰胺交联剂,加入去离子水配制成 50%(体积分数)浓度的料浆。球磨时间为 3h。料浆凝胶化使用引发剂为 5%(质量分数)的过硫酸铵((NH$_4$)$_2$SO$_6$)水溶液,采用加热方式凝胶化。对于用传统的固相合成方法,则不加有机单体和交联剂。

采用 A、B、C 三种工艺进行粉体制备。工艺 A、B 都采用凝胶固相反应法合成。其中 A 以偏钛酸+碱式碳酸镁为原料,B 改用二氧化钛+碱式碳酸镁为原料;工艺 C 用传统的固相反应法合成,以二氧化钛+碱式碳酸镁为原料。以上三种样品分别在 800℃、900℃、1000、1100℃下煅烧,用 XRD 分析产物的相组成,以考察在不同的原料和合成工艺的情况下粉体的合成效果。不同试样的编号及相应的制备工艺条件见表 4-1。

4.3.3 凝胶坯体的脱水干燥

图 4-10 是凝胶坯体干燥收缩与干燥失重随时间变化的曲线,显然,坯体在第 Ⅰ 阶段部分失水后就不再收缩了(几小时),而脱水干燥过程要持续很长时间

表 4 - 1　不同试样的代号及制备工艺条件

试 样 编 号	合成温度/℃	原　料	工 艺 方 法
A8	800		
A9	900	偏钛酸 + 碱式碳酸镁	凝胶固相反应法
A10	1000		
A11	1100		
B8	800		
B9	900	二氧化钛 + 碱式碳酸镁	凝胶固相反应法
B10	1000		
B11	1100		
C8	800		
C9	900	二氧化钛 + 碱式碳酸镁	传统固相反应法
C10	1000		
C11	1100		

（几十小时）才能结束。为了加快脱水干燥过程,采用吹风法非常有效。实际上,对于凝胶固相法合成复合粉体,脱水干燥过程无需严格控制,即使未彻底干燥,在煅烧升温阶段也可以进一步去除而不影响粉体合成效果。

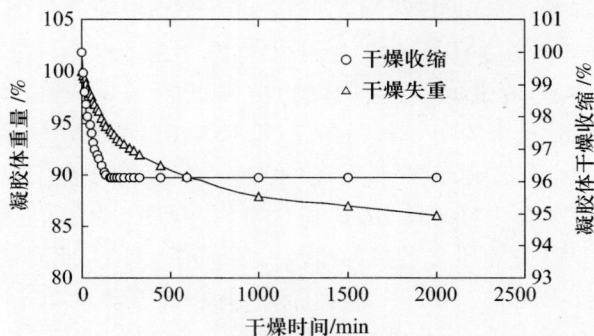

图 4 - 10　湿凝胶体干燥收缩曲线

在试验中发现,湿凝胶坯体比未凝胶料浆的干燥要容易得多。用凝胶固相反应法合成偏钛酸镁粉体时,将固相含量为 50%（体积分数）的湿凝胶坯体切割成 1.2cm³ 的正方型试样,与同重量非凝胶体料浆在室温空气中同样自然干燥,两者

71

失重曲线比较如图 4-11 所示。由图 4-11 中可以看出原料在凝胶切块后干燥速率明显大于传统固相法的干燥速率。分析认为,这主要是因为凝胶坯体中有三维网络结构,当其尺寸较小时,水分可以比较顺利地通过网络骨架从坯体中脱出。当然,这也与凝胶坯体切块后有较大的比表面积有关。对干燥后凝胶坯体边缘和中心部位的观察表明,凝胶块中粒子堆积的紧密状态基本相同,这说明体积为 1.2cm³ 的湿凝胶体的收缩过程是均匀的。这种各种成分固定,结构均匀的预制混合坯体对于发生固相合成反应是非常有利的。

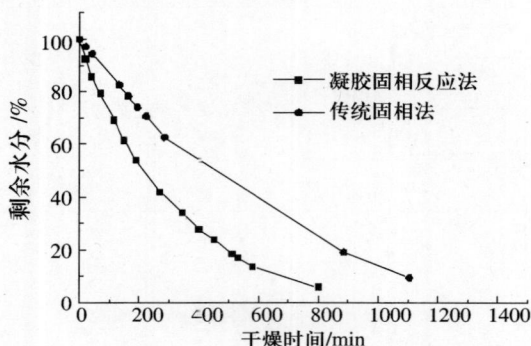

图 4-11　凝胶固相反应法和传统固相法干燥曲线比较

4.3.4　粉体合成结果及影响因素

1. 粉体合成结果

为确定煅烧后粉体的相组成,对不同试验条件下得到的粉体进行了 XRD 分析,如图 4-12 所示。从 XRD 分析结果可以看出,经过 800℃煅烧 2h 后,三种工艺的样品都已经有 MgTiO₃ 生成,这表明偏钛酸镁的合成反应在 800℃已经发生。800℃煅烧后,A 样品几乎为单一偏钛酸镁 MgTiO₃ 相,而 B、C 样品中 MgTiO₃ 的含量虽然已经较高,但仍然有较多未反应的 MgO、TiO₂ 相存在。提高煅烧温度到900℃后,A 样品仍为单一 MgTiO₃ 相,B 和 C 则以 MgTiO₃ 为主相,但都有大量二钛酸镁 MgTi₂O₅ 相出现,另外还有微量的未反应 MgO 或 TiO₂,此时的 TiO₂ 已由锐钛矿结构变为了金红石结构。1000℃煅烧后,A、B 样品基本为单一 MgTiO₃ 相,而 C 样品中 MgTiO₃ 相含量虽也大大提高,但还是有一定量的 MgTi₂O₅ 相存在。直到1100℃煅烧 2h 后,B 样品才基本上全部转化为 MgTiO₃,但 A、C 样品中已出现了微量 MgTi₂O₅ 相。

2. 粉体合成的影响因素分析

(1) 原料对合成粉体的影响。作为固相反应法,原料粉体的反应活性对其合成过程有重要的影响。上述试验结果表明,当同样采用凝胶固相反应法时,以偏钛酸和碱式碳酸镁为原料(A 工艺),在 800℃ ~1000℃ 很宽的煅烧温度范围内都能得到单一相组成的偏钛酸镁粉体;而以氧化钛和碱式碳酸镁为原料(B 工艺),800℃ 煅烧还未完全反应,而在 900℃ 煅烧后则形成了较多的 $MgTi_2O_5$ 相,直至 1000℃ ~1100℃ 才得到基本单一的偏钛酸镁相。这是因为偏钛酸在加热分解时形成的 TiO_2 有更高的反应活性,可以显著降低合成温度达 100℃ ~200℃。所以,在实际应用中,当价格相近且不造成污染时,应尽量选取那些可以分解的氧化物的酸、碱、盐类原料。

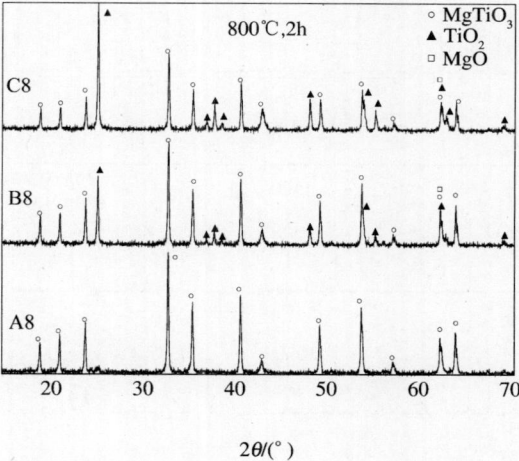

(a)

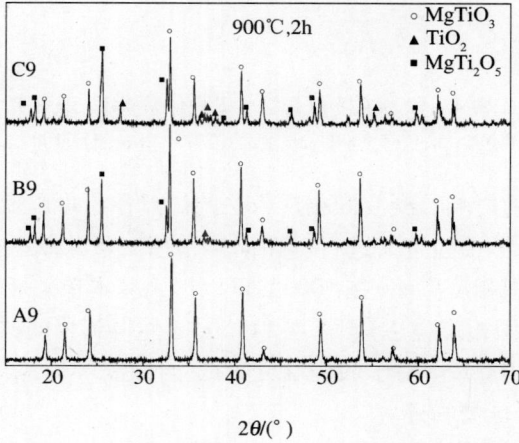

(b)

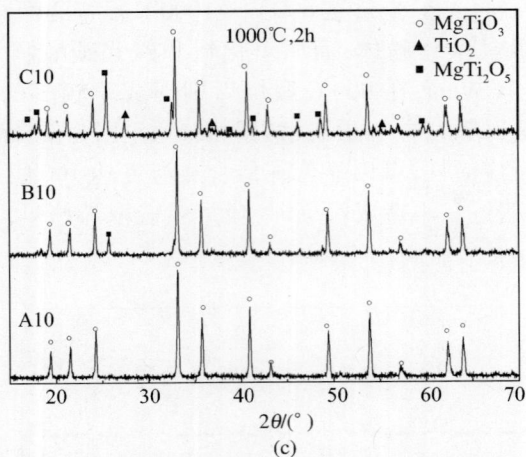

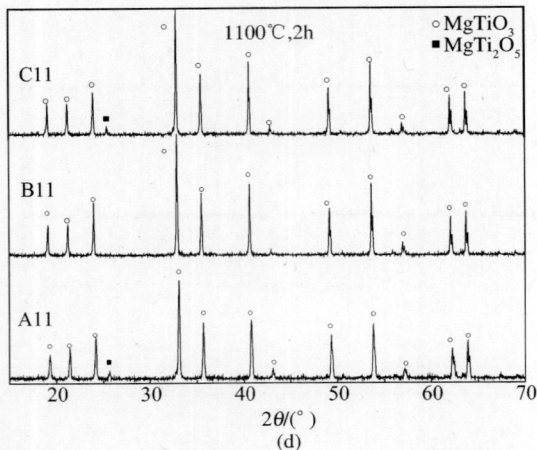

图 4-12 不同合成制度下粉体的 XRD 谱图
(a) 800℃,2h; (b) 900℃,2h; (c) 1000℃,2h; (d) 1100℃,2h。

(2) 合成工艺的影响。凝胶固相反应法的优点在于可以使反应物互相均匀紧密地接触,促使互扩散反应容易进行。在同样采用二氧化钛—碱式碳酸镁原料体系时,B 工艺(凝胶固相反应法)在 1000℃可以得到基本单一相组成的偏钛酸镁粉体;而 C 工艺(传统固相反应法)则需在 1100℃才能得到相同的效果。即前者比后者反应温度降低约 100℃。由于煅烧温度较低,合成粉体原晶尺寸较小,且颗粒之间硬团聚较少,易于球磨粉碎。

以上结果表明,与传统固相反应法相比,凝胶固相反应法中偏钛酸镁的合成温度较低,因此可以在较宽范围内调节煅烧温度以避免其他相的生成,有利于单一相偏钛酸镁粉体的合成。

4.3.5 合成粉体的性质与应用

用凝胶固相法合成的 $MgTiO_3$ 粉体（未经研磨）形貌如图 4-13 所示。可以看出，粉体原晶尺寸约为 $0.3\mu m \sim 1.0\mu m$，粒径比较均匀，晶体发育完整，有少量团聚体存在但不严重，比较容易研磨破碎。该合成粉体很好地满足了实际应用要求，如表 4-2 所示。在试验探索的基础上，我们已经实现了粉体的批量生产，可以提供给相应研究和武器装备上使用。

图 4-13 偏钛酸镁粉体的形貌特征

表 4-2 合成偏钛酸镁粉的主要性能

性能	三刺激值 Y	介电性能(25℃,1MHz)①		耐酸蚀性(0.1N 硫酸 20℃下 24h 后失重)	粒度
		介电常数 ε	介电损耗正切 $\tan\delta$		
指标	≥90	≤6.0	≤0.1	≤2.0%	≤40μm
实测	93.45	4.09	0.0469	1.48%	1.54μm
	92.75	4.13	0.0479	1.19%	
	95.04	4.15	0.0480		
① 介电性能为含 40%（质量分数）钛酸镁粉的涂料漆膜的性能					

参 考 文 献

[1] 陆佩文. 无机材料科学基础. 武汉:武汉理工大学出版社,1996.

[2] Watanabe K. Kinetics of Solid – State Reaction of BaO_2 and α – Fe_2O_3. J. Am. Ceram. Soc. ,1998,81(3): 733 – 737.

[3] 陈大明,李斌太,杜林虎,等. 陶瓷复合粉体合成方法. 中国发明专利 ZL 99100590. 2,1999.

[4] Douy A,Odier P. The Polyacrylamide Gel: A Novel Route To Ceramic And Glassy Oxide Powders. Mater. Res. Bull. , 1989,24: 1119 – 1126.

[5] Muthruaman M, Patil K C. Synthesis, Properties, Sintering and Microstructure of Sphene, CaTiSiO$_3$: a Comparative Study of Coprecipitation, Sol - gel and Combustion Processes. Mater. Res. Bull. , 1998, 33 (4): 655 -661.

[6] Choi J Y, Kim C H, Kim D K. Hydrothermal Synthesis of Spherical Perovskite Oxide Powders Using Spherical Gel Powders. J. Am. Ceram. Soc. ,1998,81(5): 1353 - 1356.

[7] 焦春荣. 钛酸锶钡粉体合成及其应用研究,北京航空材料研究院硕士学位论文,2009,12.

[8] 徐如人,庞文琴. 无机合成与制备化学. 高等教育出版社,2001. 6,37.

[9] Chen D M, Du L H, Li B T. Synthesis of Composite Powders by Gel Solid State Reaction Method, Proceedings of The First China International Conference on High - Performance Ceramics, Beijing, 1998. 10:135.

[10] 李斌太. 凝胶固相反应合成多组元复合功能陶瓷粉体技术和应用. 北京航空材料研究院硕士学位论文,2000,1.

第5章 平面六角结构钡(锶)锌钴铁氧体吸波剂粉体

5.1 铁氧体吸波剂材料

5.1.1 微波吸收剂

随着国防电子工程技术和微波工程的迅速发展,电子对抗和隐身技术在现代战争中的重要性日益突出,飞行器为避免敌方雷达的探测和跟踪,就必须降低雷达反射截面积(RCS)。降低 RCS 的技术主要有两种[1]:一种是通过飞行器的外形设计减小其有效反射截面,另一种就是利用雷达波吸收材料(RAM)使飞行器自身对雷达波产生衰减和吸收作用,从而达到降低 RCS 的目的。RAM 主要可分为结构吸波材料和涂层吸波材料。由于飞行器的结构材料在选材上的限制,目前还不可能全部选用具有吸波能力的结构材料,而涂层吸波材料不涉及整体结构、强度等力学性能,研制周期短,费用低,因而得到了较快的发展。另外在民用领域,微波在日常生活和工业生产中应用日益广泛,如微波暗室中的应用可以减少电磁波对测试的干扰,高功率雷达、微波机械等都需要考虑防止微波泄漏,保护人体免受电磁波辐射的损害,对此,一个重要的途径就是采用吸波材料来削弱电磁波的辐射[2]。涂层 RAM 一般由对电磁波具有吸收和衰减作用的吸收剂和有机黏结剂复合构成,因此吸收剂是吸波材料的关键。要制备良好的 RAM,首先要有高性能的吸收剂。

微波吸收剂按其作用原理分为三种类型[3]:电阻型、电介质型和磁损耗型吸收剂。电阻型吸收剂主要通过其电阻吸收电磁波,吸收效率取决于材料的电阻率,如碳纤维和碳化硅等;电介质型主要通过其介电损耗吸收电磁波,以 $BaTiO_3$ 和铁电陶瓷为代表,由于材料介电损耗与电磁波频率密切相关,因此吸收频带较窄;而磁损耗型吸收剂对电磁波的衰减主要来自于磁损耗,如铁氧体和羰基铁粉等,是研究应用的重点。

铁氧体由于电阻率较高($10^8\Omega \cdot m \sim 10^{12}\Omega \cdot m$),可避免金属导体在高频下存在的趋肤效应,电磁波能有效进入,因此在高频时可以保持较高的磁导率,在电磁波吸收剂领域占有重要的地位,特别是在 VHF/UHF 波段仍然是吸收剂的首选对象[4]。对于铁氧体吸收剂,近年来较为系统地研究了多种尖晶石型、石榴石型和磁铅石型铁氧体吸波材料[5]，对于它们的工作机理以及它们与黏结剂混合组成的复合材料的微波磁导率、微波介电常数、微波磁共振等电磁特性与材料的结构类型、化学组分、制备工艺和复合形态等的关系都有了一定的认识。

5.1.2　铁氧体吸收剂作用机理

介电常数和磁导率是表征吸收剂电磁特性的本征参数，在交变磁场的作用下，铁氧体的介电常数和磁导率可用复数形式表示，分别为 $\tilde{\varepsilon} = \varepsilon' - \mathrm{j}\varepsilon''$ 及 $\tilde{\mu} = \mu' - \mathrm{j}\mu''$，其中虚部代表能量的损耗[6]。

对于单层吸收板模型，电磁波进入介质后传播系数 γ_0 为[7]

$$\gamma_0 = \alpha + \mathrm{j}\beta = \mathrm{j}\frac{2\pi}{C}f\sqrt{\tilde{\varepsilon} \cdot \tilde{\mu}} \tag{5-1}$$

式中：α 表征电磁波在介质中的衰减，称为衰减系数；β 为相位因子；C 为光速；f 为频率，由式（5-1）得

$$\alpha = \frac{\pi f}{C}(\mu'\varepsilon')^{\frac{1}{2}}\left\{2\left[\frac{\mu''\varepsilon''}{\mu'\varepsilon'} - 1 + \left(1 + \frac{\mu''^2}{\mu'^2} + \frac{\varepsilon''^2}{\varepsilon'^2} + \frac{\mu''^2\varepsilon''^2}{\mu'^2\varepsilon'^2}\right)^{\frac{1}{2}}\right]\right\}^{\frac{1}{2}} \tag{5-2}$$

式（5-1）、式（5-2）表明，电磁波在材料内部的衰减取决于材料的电磁参数 $\tilde{\varepsilon}$ 和 $\tilde{\mu}$，从介质对电磁波吸收的角度考虑，ε'' 和 μ'' 越大越好。铁氧体吸收剂属于磁损耗型吸收剂，ε'' 一般来说较小，且可调整的范围不大，其对微波的吸收主要来源于磁化强度在高频下作拉摩尔右旋进动时，由于自然共振现象而大量吸收外场能量的磁损耗[8]。

磁体沿不同方向磁化时，所需能量不同，这种同磁化方向有关的能量称为磁各向异性能。在各种磁各向异性中，磁晶各向异性反映结晶磁体与结晶轴有关的磁化特性，其作用等效为一个磁场作用，称为磁晶各向异性等效场 H_A。铁氧体吸收剂粉体的磁各向异性一般为磁晶各向异性。在 H_A 作用下，磁矩 M_S 进动的固有频率为

$$\omega_r = \gamma H_A \tag{5-3}$$

式中，γ 为旋磁比，对于铁氧体其磁性来源于电子的自旋磁矩，$\gamma = 0.22\,MH_z\,m/A$，为一常数。如果没有垂直于外磁场的高频交变电磁场的共同作用，则上述进动是有阻尼的，最后将转向外场方向，实现静态磁化。如果另有一高频交变场也同时作用在磁矩 M 上，且交变场的频率 ω 与磁矩 M 进动的固有频率 ω_r 相等时，就会产生共振现象，μ'' 取最大值（大小与饱和磁化强度 M_S 成正比，与 H_A 成反比），介质大量吸收高频交变磁场提供的能量[9]，M 实现强迫进动。这种无外加恒定磁场，只由铁磁体内部自然存在的等效各向异性场作用而产生的共振，称为自然共振[8]。

实际应用的铁氧体吸收剂均为单晶或多晶结构,存在众多的磁畴和畴壁,自然共振吸收峰受磁畴结构影响,一般共振吸收峰可能出现在一个较宽的频率范围内,可以推导得出多晶自然共振峰,其共振角频率 ω_r 落在如下范围[10]:

$$\gamma H_A < \omega_r < \gamma(H_A + 4\pi M_S) \qquad (5-4)$$

因此,在吸波材料的研究和应用中,需要控制材料的电磁参数使其共振频率落在雷达波频段内,以提高材料对雷达波的损耗吸收。

但电磁波能否进入介质,取决于介质和自由空间交界面的输入阻抗[11,12]。电磁波从阻抗为 Z_0 的自由空间入射到阻抗为 Z_1 的电介质或电磁介质表面时,一部分被反射,另一部分进入介质,交界面的归一化输入阻抗为

$$Z_\alpha = \frac{Z_1}{Z_0} = \sqrt{\frac{\tilde{\mu}}{\tilde{\varepsilon}}} \tanh(j\gamma_0 d) \qquad (5-5)$$

式中:d 为涂层介质的厚度,介质电压反射系数为

$$\Gamma = \frac{Z_\alpha - 1}{Z_\alpha + 1} \qquad (5-6)$$

功率反射系数为

$$R = 20\lg|\Gamma| = 20\lg\left|\frac{Z_\alpha - 1}{Z_\alpha + 1}\right| \qquad (5-7)$$

理想情况下,介质的输入阻抗与自由空间阻抗相匹配,介质对电磁波无反射,即满足 $Z_1 = Z_0$。实际上这种情况无法实现,但它指明了阻抗匹配的趋势。阻抗匹配一般需要结合材料电磁参数,通过涂层材料结构的优化设计来实现[13]。

由此可知,具体评价吸收剂性能时,$\tilde{\varepsilon}$ 和 $\tilde{\mu}$ 并非越大越好,而应当根据吸波体的设计来确定电磁参数的最佳值,既要考虑阻抗匹配,减少电磁波在入射界面的反射,又要考虑加强对已进入介质的电磁波的吸收,避免电磁波被再次反射回来,设计的计算过程非常复杂。从目前的铁氧体吸收剂实际使用状况看,主要希望 μ'、μ'' 和 $\tilde{\mu}$ 值尽可能大,同时从频率特性考虑,μ' 随着频率的提高而降低有助于展宽吸收频带,因此在低端的 μ' 应尽可能高。

5.1.3　铁氧体吸收剂晶体结构

铁氧体按晶体结构分类,主要是尖晶石型、磁铅石型和石榴石型三大类型。目前用于电磁波吸收剂的铁氧体主要是尖晶石型和磁铅石型铁氧体两种类型[14,15]。

尖晶石型铁氧体具有与镁铝尖晶石相同的晶体结构,其结构通式为 $MeFe_2O_4$,式中 Me 为二价阳离子,如 Mg^{2+}、Zn^{2+}、Mn^{2+}、Co^{2+}、Fe^{2+}、Ni^{2+} 等,单位晶胞含 8 个分子,即 $8(MeFe_2O_4)$,其中氧离子作面心立方密堆积,每个晶胞含有 64 个四面体空位和 32 个八面体空位,金属离子占据其中 8 个四面体空位和 16 个八面体空位,通过氧离子发生超交换作用。尖晶石铁氧体材料的亚铁磁性是由于 A、B 位置上

79

磁性离子磁矩反向排列,相互不能抵销而引起的,因此磁性能与金属离子的分布情况关系非常密切。

磁铅石型铁氧体的一般分子式为 $AB_{12}O_{19}$,其中 A 为半径与氧离子相近的阳离子,如 Ba^{2+}、Sr^{2+}、Pb^{2+} 等,B 为三价阳离子,如 Fe^{3+}、Al^{3+}、Mn^{3+} 等。磁铅石型铁氧体属于六角晶系,最早于 1952 年由菲力普斯实验室制成了以 $BaFe_{12}O_{19}$(简称为 BaM)为主成分的永磁性材料,BaM 中氧离子呈六角密堆积,Ba^{2+} 处于氧离子层中,层的垂直方向为六角晶体的 c 轴。含有 Ba^{2+} 离子的基本结构称为"R 块",组成为 $(BaFe_6O_{11})^{2-}$,R 块中含有三个氧离子层,中间一层中含有一个 Ba^{2+},这一层为晶体的镜面层,通常用 m 表示,这一层中有由 5 个氧离子构成的六面体间隙,它相当于两个相邻的四面体位置间共占一个金属离子的间隙位置,又称为三角形双棱锥体,这是尖晶石结构中没有的新型间隙位置。不含 Ba^{2+} 的其它氧离子层仍按尖晶石堆积,称为"S 块",组成为 $(Fe_6O_8)^{2+}$,S 块中含有两个氧离子层,按照尖晶石结构中沿 [111] 方向立方密堆积的方式堆砌而成,其中含有 2 个 A 位离子、4 个 B 位离子。由于有镜面 m 的存在,必然有与 R 块、S 块成 π 弧度的 R^* 块、S^* 块出现,所以 M 型结构可以表示为 RSR^*S^*。

M 型结构被发现以后,为了探讨新型的磁性材料,人们从二元系(BaO – Fe_2O_3)转移到三元系(BaO – Fe_2O_3 – $Me^{2+}O$)的研究,相继找到了五种具有类似结构的六角晶系铁氧体,分别简称为 W、X、Y、Z 和 U 型,其化学组成见图 5 – 1,三角形顶点分别代表 BaO、$Me^{2+}O$ 和 Fe_2O_3 三种氧化物,二价离子 Me^{2+} 可以是 Ni、Mg、Fe、Co、Zn、Mn 和 Cu 等二价金属离子,Fe^{3+} 可以通过 Al^{3+}、Ga^{3+}、In^{3+}、Sc^{3+} 或由其它价态的离子联合取代,它们的晶体结构均为 S、R、T($Ba_2Fe_8O_{14}$)三个基本单元按一定顺序的堆垛,见表 5 – 1。目前人们对 W 型六角晶系铁氧体的研究较多。

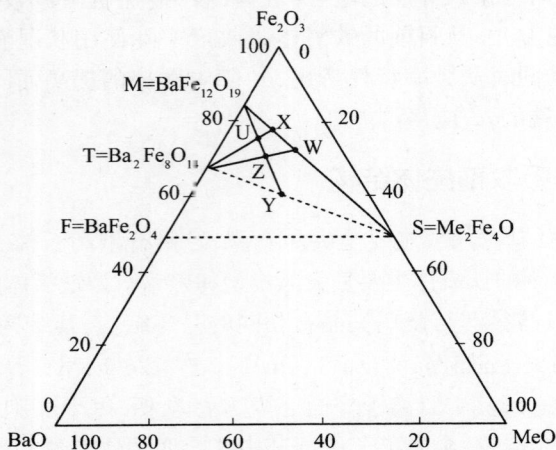

图 5 – 1 BaO – $Me^{2+}O$ – Fe_2O_3 三元系组成图

表 5-1　几种要的六角晶系铁氧体之化学组成与构型

符号	化学组成	晶体结构	单胞所含氧离子层数
M	$BaFe_{12}O_{19}$	RSR^*S^*	10
W	$BaMe_2Fe_{16}O_{27}$	$RSSR^*S^*S^*$	14
Y	$Ba_2Me_2Fe_{12}O_{22}$	$3(ST)$	3×6
Z	$Ba_6Me_4Fe_{48}O_{82}$	$RSTSR^*S^*T^*S^*$	22
X	$Ba_2Me_2Fe_{28}O_{46}$	$3(RSR^*S^*S^*)$	3×12
U	$Ba_4Me_2Fe_{36}O_{60}$	$3(RSR^*S^*T^*S^*)$	3×16

5.1.4　铁氧体吸收剂材料参数的影响因素

制备高性能的铁氧体吸收剂应当调整其自然共振区落在工作频段内,由式(5-4)可知对于铁氧体多晶粉末吸收剂,ω_r 由 H_A 和 M_S 决定。同时,还应当尽可能提高铁氧体在共振区的复数磁导率 $\tilde{\mu}$,$\tilde{\mu}$ 来源于自旋磁矩和磁畴壁在微波场作用下的运动,主要是自旋磁矩的贡献。自旋磁矩的运动遵从朗道—栗弗席兹运动方程,由此方程出发可以得到微波复数磁导率[16]:

$$\tilde{\mu} = 1 + \frac{2}{3}\frac{\omega_m(\omega_r + i\alpha\omega)}{(\omega_r + i\eta\omega)^2 - \omega^2} \qquad (5-8)$$

式中:$\omega_m = \gamma M_S$;$\omega_r = \gamma H_A$;ω 为外加交变场角频率;η 为材料的阻尼系数。由式(5-8)可见,$\tilde{\mu}$ 依赖于材料的饱和磁化强度、磁晶各向异性场和材料的阻尼系数。

铁氧体是一种亚铁磁性氧化物,它的饱和磁化强度来源于未被抵消的磁性次格子的磁矩。在其晶体结构中,四面体中的磁性离子和八面体中的磁性离子的磁矩是反平行排列的,因此可以用离子替代的办法,来增加或减少四面体和八面体中的磁性离子数,从而增加或减少铁氧体的饱和磁化强度。磁晶各向异性场 H_A 来源于铁氧体四面体和八面体中的磁性离子在非对称晶场中的择优取向。例如,八面体位置中的 Fe^{3+} 离子对磁晶各向异性常数 K_1 贡献为负值,而且数值很大,而在四面体位置中的 Fe^{3+} 离子对 K_1 贡献为正值,而且数值很小。因此可以用离子替代的办法来控制 K_1 值,从而控制磁晶各向异性场 H_A 的大小[17]。

虽然理论上可以通过改变材料成分和工艺控制金属离子的分布,然而金属离子占据哪种位置取决于自由能的高低,影响因素较多,如离子半径、离子键的能量、共价键的空间配位性和晶体电场对 d 电子能级的作用等,这些因素本身又相互关联,相互影响,难以定量调整。如 $ZnFe_2O_4$ 中 Zn^{2+} 离子半径大于 Fe^{3+} 离子半径,若仅从离子半径考虑,Zn^{2+} 应占据八面体位置,而已知 Zn^{2+} 是优先占据四面体位置[15]。因此目前在实际情况中,还无法自由地按照性能要求来设计材料的组分和制备工艺,在材料的研究工作中需要根据理论指导进行大量的试验。

5.2　铁氧体吸收剂研究进展

5.2.1　尖晶石型铁氧体

尖晶石型铁氧体包括 Ni - Zn、Mn - Zn 两大类,金属离子可按其半径大小优先占据 A 位或 B 位,为获得不同的磁性参数,也可以由不同的金属离子按照化合价和离子半径相互置换构成各种形式的复合铁氧体[13]。尖晶石型材料的晶体结构对称性高,由于磁晶各向异性常数 K_1 与晶体结构的对称性有很大关系,故尖晶石型铁氧体的 K_1 较小,因而其共振频率 ω_r 较低,一般不高于几百 MHz。

国内外尖晶石型铁氧体吸收剂的研制都已有很长的历史[4,6,18,19]。Kim[20] 等人制备了 Ni - Zn 铁氧体在 200MHz ~ 1GHz 的频段内,$\mu' > 10,\mu'' > 30,\varepsilon'$ 在 10 ~ 20 之间,ε'' 很小,厚度为 4mm 时吸收率 $R < -10dB$。CHO 等人[21] 研究了 NiZnCo 尖晶石铁氧体,发现随着 CoO 含量的增加,共振频率移向高端。国内研究已有定型产品"A_{103}"[22],但是由于 H_A 很小,使尖晶石型铁氧体的应用频率受到限制,其在微波频段($>10^8$ Hz)$\bar{\mu}$ 相对于六角铁氧体要低,显著提高尖晶石型铁氧体的 $\bar{\mu}$ 无论在理论上还是实际上都比较困难。目前国内外尖晶石型铁氧体吸收剂的微波磁导率及吸收特性总体上不如六角晶系铁氧体。

5.2.2　磁铅石型铁氧体

磁铅石型铁氧体为六角晶系结构,对称性低,具有很高的磁晶各向异性场 H_A,利用其自然共振可能得到高的 μ' 和 μ'',并且可以利用其自然共振吸收峰的重叠展宽吸收频带,因此磁铅石型铁氧体具有高的微波磁导率和良好的频率特性。磁铅石型铁氧体的磁晶各向异性有三种类型[15]:

(1)单轴六角晶体,易磁化方向为[0001]轴。

(2)平面六角晶体,易磁化方向为(0001)面内的六个方向上。

(3)锥面型六角晶体,易磁化方向位于与[0001]方向夹角为 θ 的锥面内。

考虑到形状退磁因子,可知自然共振吸收角频率 ω_r 还与样品形状有关,对于单畴颗粒,单轴型六角晶体中柱状样品 ω_r 较高,为

$$\omega_r = \gamma \cdot \left(H_A^\theta + \frac{1}{2} M_S \right) \tag{5-9}$$

式中:H_A^θ 为单轴六角晶体的磁晶各向异性场,平面型六角晶体中片状样品 ω_r 较高,为

$$\omega_r = \gamma \cdot \sqrt{(H_A^\theta + M_S) \cdot H_A^\varphi} \tag{5-10}$$

式中：H_A^φ 为单轴六角晶体的磁晶各向异性场，比较式（5－10）和式（5－9），由于 H_A^φ 远远大于 H_A^θ，可知在其他条件（M_S 和 γ）相同时，平面型可以应用于更高的频率[23]。在 M、W、X、Y、Z、U 六种形式中，W 型、Y 型、Z 型的六角铁氧体都有可能出现平面各向异性，成为平面六角铁氧体。

20 世纪 80 年代后世界各国都相继开展了六角铁氧体吸收剂的研制，其中 $BaFe_{12}O_{19}$（Ba－M）的研究较早，Ba－M 具有很高的磁晶各向异性场（$H_A = 135.32 \times 10^4 A/m$），可以作为厘米波和毫米波段吸收剂[23]。而且 Ba－M 型磁粉的 μ' 和 μ'' 具有较明显的共振吸收峰，通过掺杂能够进一步展宽频带，Co^{2+} 和 Ti^{4+} 加入可以明显降低磁各向异性场，因而 $BaCo_xTi_xFe_{12-2x}O_{19}$ 的自然共振频率随 x 的增加移向低端，其共振吸收峰可以在 2GHz～40GHz 内移动[4]，$\mu' = 0.6 \sim 1.5$，$\mu'' = 0.3 \sim 0.9$，Aiyar 等人[14]对 $BaCo_xTi_xFe_{12-2x}O_{19}$ 的研究表明在 X 波段存在吸收峰，且对不同的 x 值，其峰值有变化。张永祥等人[24]用传统的固相法制备了多晶六角铁氧体吸波材料，采用离子联合取代的办法，制得了 $Ba(Co_2TiZn)_xFe_{12-4x}O_{19}$ 系列吸波材料，在 2cm～3cm 波段内最大吸收可达 65dB，反射率－10dB 的带宽为 4.24GHz～5.5GHz，匹配厚度为 1.76cm。I. Nedkov 等人[25]用固相合成法制备了 Sc 和 CoTi 取代的六角钡铁氧体吸收剂粉末，其工作频率可以在 5GHz～70GHz 内调整。

在六角晶系铁氧体的各种形式中，Z 型和 Y 型平面六角铁氧体的共振频率较低，一般小于 2GHz[26]，W 型铁氧体（$BaMe^{2+}Fe_{16}O_{27}$）不仅比饱和磁化强度高（Zn_2-W，$\sigma_s = 79emu/g$），比 Ba－M 型高 10% 左右，并且具有高的磁晶各向异性场 H_A（Zn_2-W，$H_A = 95.52 \times 10^4 A/m$），所以其自然共振频率比较高、工作频带比较宽，同时在共振频率附近，还具有较高的 μ' 和 μ''，并且调整材料的成分可以在很大程度上改变 σ_s 和 H_A，因此近年来人们对 W 型平面六角铁氧体的研究较多。

过璧君等人[22]采用化学共沉淀加高温助熔晶化工艺制备了成分为 $[Ba(Zn_{1-x}Co_x)_2Fe_{16}O_{27}]$ 的六角晶系铁氧体系列吸收剂，$f = 8GHz \sim 18GHz$，$|\mu'| > 2.2$，$|\mu''| > 1.2$，$|\bar\mu| > 2.5$。当 $x < 0.8$ 时（$Zn_{1-x}Co_x)_2-W$ 粉体的易磁化轴在六角晶体的晶轴方向，$0.8 < x < 0.9$ 时（$Zn_{1-x}Co_x)_2-W$ 表现出锥面各向异性，$x > 0.9$ 时为平面六角型，经比较，一般情况下平面型区域的材料 μ' 和 μ'' 大于单轴型区域的材料相应值。

我们曾通过化学共沉淀工艺制备了（$Zn_{1-x}Co_x)_2-W$ 型铁氧体吸收剂粉体[27]，W 相含量达到 70%，具有较高的 $\bar\mu$ 值，但是工艺过程繁琐，效率较低，而且成本较高，难以批量生产。最近，我们采用凝胶固相反应法制备（$Zn_{1-x}Co_x)_2-W$ 型铁氧体吸收剂粉体[28]，主要针对 X（8.2GHz～12.4GHz）波段研究其成分和工艺参数对电磁性能的影响。对成分的研究具体包括确定 Zn 和 Co 的最佳比例，调整粉体的磁晶各向异性场，改善频率特性，调整铁含量，以锶代替钡的适当范围等进行探索。工艺方面研究了原料的球磨工艺，煅烧和热处理制度，粉碎工艺等，通过工艺的优化提高 W 相的含量，提高磁性能。

5.3　W 平面六角结构铁氧体粉体合成制备工艺

5.3.1　成分设计与原材料

1. 成分设计优化

以 $Ba(Zn_{1-x}Co_x)_2Fe_{16}O_{27}$ 为基本组分，根据所需比例称量各种原料。

（1）对 x 取不同值，制备不同的粉体，通过电磁参数测试优化 ZnCo 的比例；

（2）确定用 Sr 取代 Ba 的适当的取代量；

（3）调整 Fe 的含量。

2. 原材料

合成粉体所用原材料包括：碳酸钡（$BaCO_3$，分析纯）；碳酸锶（$SrCO_3$，分析纯）；碱式碳酸锌（$5ZnO \cdot 2CO_2 \cdot 4H_2O$，分析纯）；碱式碳酸钴（$2CoCO_3 \cdot 3Co(OH)_2 \cdot xH_2O$，化学纯）；氢氧化铁（$Fe(OH)_3$，化学纯）；氧化铁（$Fe_2O_3$，分析纯）。

5.3.2　粉体合成工艺

采用凝胶固相反应法制备粉体，用 QM - 1SP 行星式球磨机通过湿法球磨方式混磨料浆，选用 JA - 281 分散剂作为稀释剂，用氨水调节浆料的 pH 值，料：球：水的比例为 1:1.5:0.5，球磨机转速为 150r/min。通过考察原料粒度确定合适的球磨时间。试验结果表明，随着球磨时间的增加，原料粒度减小，由 20min 时的 $0.5\mu m \sim 1\mu m$ 减小到 2h 时的 $0.1\mu m \sim 0.4\mu m$，原料颗粒细化效果明显，继续延长球磨时间至 3h 后，原料粒度已无明显变化，表明此时原料颗粒已接近一次颗粒，难以继续细化，故选择混磨时间为 3h。料浆凝胶化所用原料与前述相同，采用加热方式凝胶化，料浆凝胶切块后用吹风方式干燥。干燥后凝胶块用带盖坩埚在马弗炉中煅烧合成，研究煅烧温度（1100℃ ～1350℃）和保温时间（20min ～240min）对合成粉体相结构和电磁性能的影响。进而，对合成粉体进行粉碎处理和去除残余应力热处理，研究这些工艺对粉体电磁性能的影响。最终获得用于吸波涂层的 W 型平面六角结构铁氧体吸收剂粉体。其制备工艺流程如图 5 -2所示。

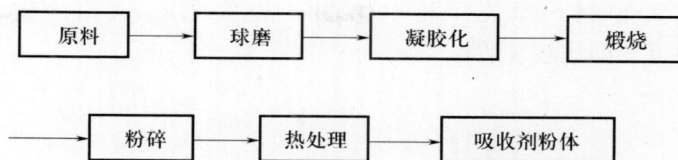

图 5-2 凝胶固相反应法制备铁氧体吸收剂粉体流程

5.4 制备工艺参数对粉体的相结构与电磁性能的影响

5.4.1 煅烧工艺对粉体相结构与电磁性能的影响

对组分为 $BaO(ZnO)_{0.75}(CoO)_{1.25}(Fe_2O_3)_8$ 的原料,改变煅烧温度和时间,将所得粉体与石蜡按照一定比例混合制成测试小样,在 X 波段扫频测试其电磁参数。煅烧工艺参数与试样编号如表 5-2 所列。

表 5-2 粉体煅烧工艺与编号

试 样 编 号	煅烧温度/℃	保温时间/min
C-110	1100	
C-120	1200	60
C-125	1250	
C-130-20		20
C-130-60		60
C-130-2h	1300	120
C-130-4h		240
C-135	1350	60

1. 煅烧温度的影响

煅烧后的粉体 XRD 谱见图 5-3,可以看出,1100℃煅烧后,粉体中还没有 W 相生成,1200℃时最强和次强衍射峰为 W 相,但第三强衍射峰是其他相,表明 W 相虽然为主晶相,但其他相的比例还很高,在 1250℃和 1300℃煅烧后粉体主要为 W 相,结合磁性能分析可知复数磁导率随着粉体中 W 相含量的提高而提高。C-125 样品在 1250℃煅烧后粉体虽以 W 相为主,但是通过 SEM 观察发现,C-125 的晶粒并未长成六角片状,而 C-130 在 1300℃煅烧后粉体晶粒已长成为完整的六角片状,短轴为六角晶轴,片状面为从优平面。而经过 1350℃煅烧后,XRD 分析可

85

知粉体已发生转相,且 SEM 观察表明样品出现烧结现象。因此,粉体煅烧温度在 1250℃～1300℃之间比较合适。

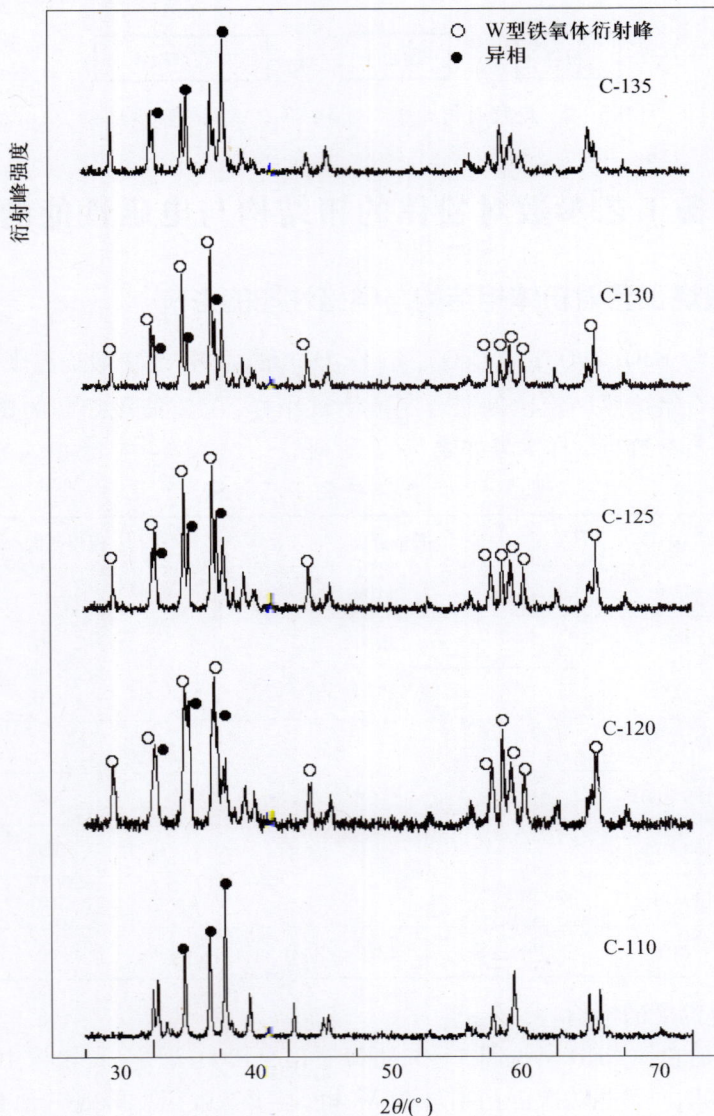

图 5-3 不同煅烧温度粉体的 XRD

保温时间为 60min 的情况下,粉体的磁谱见图 5-4,可以看出,C-120、C-125、C-130 粉体的 μ' 随着频率提高而降低,这符合 Sneok 关系式[29]:

$$f_r(\mu' - 1) = \frac{\gamma M_s}{4\pi} \sqrt{\frac{H_{A\theta}}{H_{A\varphi}}} \qquad (5-11)$$

式中:f_r为截止频率亦即吸收剂的自然共振频率。由 Sneok 关系式可知,在截止频率以上,材料的 μ' 会迅速下降。总体上比较各个样品,μ' 和 μ'' 随着煅烧温度的提高而提高,μ' 在 1300℃时达到最大值,μ'' 在 1250℃达到最大值,但是继续提高温度到 1350℃煅烧后,μ' 和 μ'' 迅速下降。图 5-4(c)为 $|\tilde{\mu}|$ 随频率的变化曲线,由图中看出,煅烧温度为 1300℃时粉体 $|\tilde{\mu}|$ 大于其他样品,综合比较,以 C-130-60 性能最好。

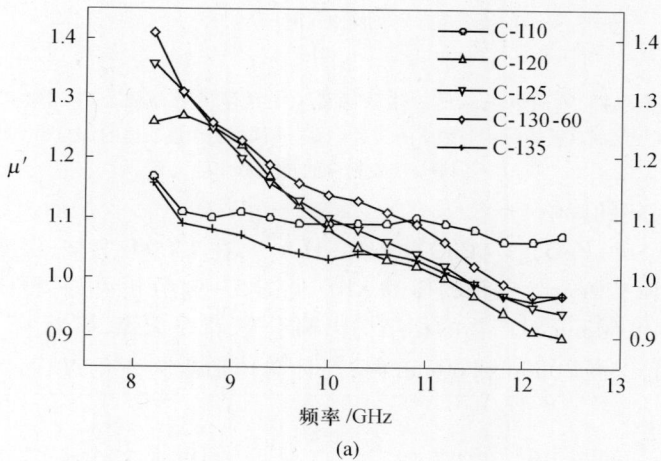

(a)

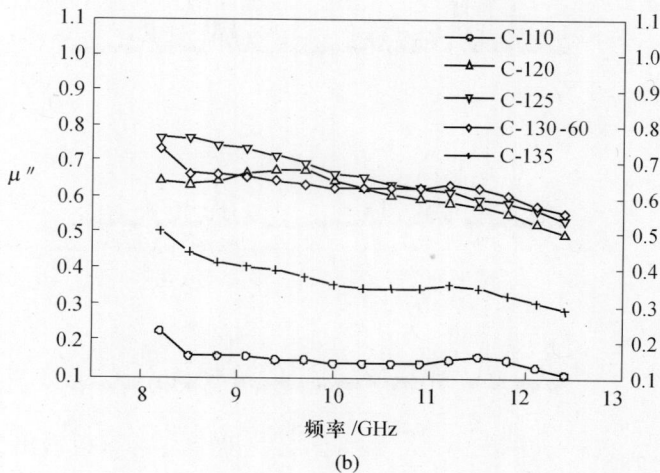

(b)

87

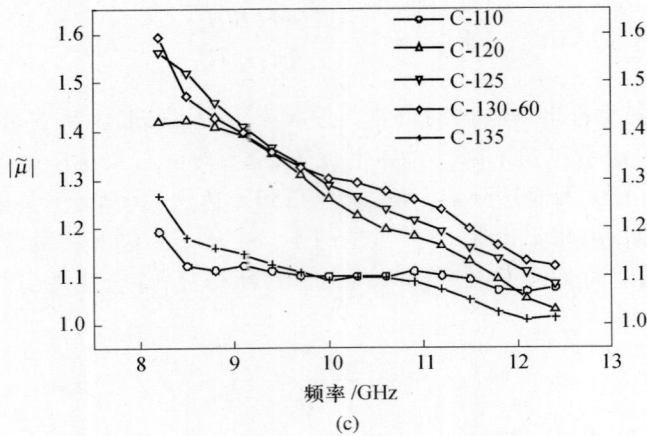

(c)

图 5.4 不同煅烧温度粉体的磁谱（铁氧体质量分数为 78.5%）

（a）不同煅烧温度粉体的 μ' 与频率的关系；（b）不同煅烧温度粉体的 μ'' 与频率的关系；

（c）不同煅烧温度粉体的 $|\widetilde{\mu}|$ 与频率的关系。

2. 保温时间的影响

对于组分 $SrO(ZnO)_{0.75}(CoO)_{1.25}(Fe_2O_3)_{7.5}$，在 1300℃ 煅烧，保温时间分别为 20min、60min 和 120min。三种粉体的 XRD 见图 5 – 5，分析可知，粉体煅烧时保温时间在 20min 和 60min 对产物的相结构影响不大，都是以 W 相为主。对粉体进行 SEM 观察表明，保温 20min 和 60min 时，粉体总体形貌为六角片状，保温 20min 时

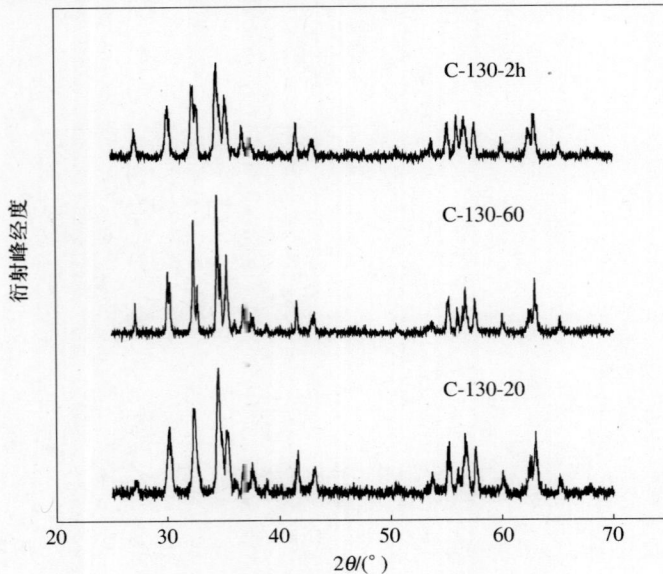

图 5 – 5　不同保温时间粉体的 XRD

晶粒大小不一,部分晶粒还比较小,60min时几乎所有的晶粒都已发育成规整的六角片状晶粒,晶粒大小也比较均匀,约为 $20\mu m$。延长时间至 120min 后颗粒已生长成块状,继续延长保温时间后,颗粒长大明显,粒度达到约 $50\mu m$,且颗粒相互粘结严重。测试所得粉体电磁参数如图 5-6 所示,三种粉体的 μ' 变化不大,保温时间从 20min 增加到 60min 时粉体的 μ'' 在 9GHz 以上变化不大,但在 9GHz 以下有明显提高,保温 120min 后有所下降。因此控制一定的保温时间有助于得到规整的六角片状颗粒,从而获得较好的性能。

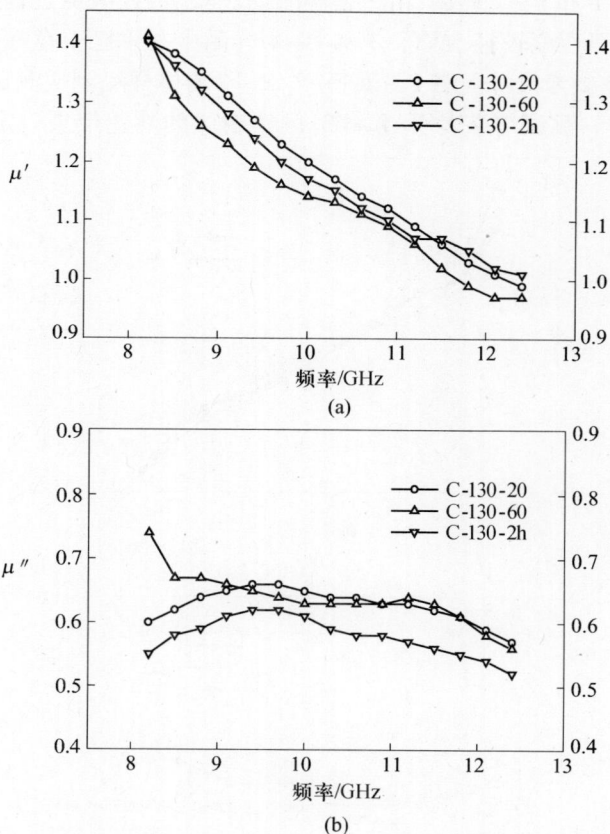

图 5-6 不同煅烧时间样品的磁参数(铁氧体质量分数为 78.5%)
(a)不同保温时间粉体 μ' 与频率的关系;(b)不同保温时间粉体 μ'' 与频率的关系。

5.4.2 粉碎工艺对粉体相结构与电磁性能的影响

对煅烧温度的研究表明,W 相在 1250℃~1300℃ 生成,由于煅烧温度较高,制得的粉体会出现少量团聚,煅烧之后还需用 GJ-Ⅱ型密封式化验制样粉碎机粉碎。对上述 C-130-60 粉体在经过煅烧后粉碎工艺和试样编号见表 5-3。

表 5-3　煅烧粉体的粉碎时间和编号

试 验 编 号	粉碎时间/s
p-1	5
P-2	15
P-3	60
P-4	120

对不同粉碎时间的粉体进行 SEM 形貌观察可知,随着粉碎时间增加,粉体粒度减小,对于 P-1 和 P-2 样品,由于粉碎时间比较短,在煅烧过程中形成的规整的六角片状受破坏程度较轻,而 P-3 和 P-4 样品中几乎已不存在六角片状的形貌,粒度减小到亚微米尺寸。将 P-2,P-3,P-4 粉体样品制成测试小样,测得电磁参数见图 5-7。测试结果表明,粉碎时间给粉体的性能带来一定影响,磁导率

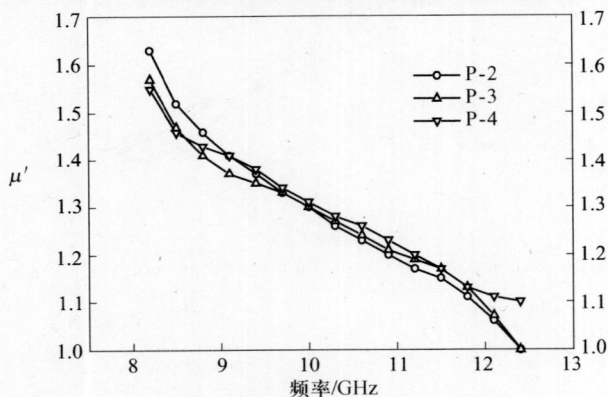

(a)

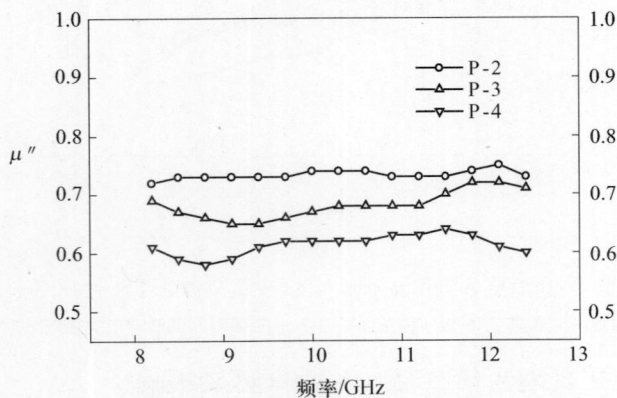

(b)

图 5-7　不同粉碎时间粉体的磁谱(铁氧体质量分数为 75%)
(a) 不同粉碎时间粉体 μ' 与频率的关系;(b) 不同粉碎时间粉体 μ'' 与频率的关系。

随着粉碎时间的延长而下降,粉体的自然共振频率移向高端。Nedkov 的研究也表明[25],随着粒度的降低,自然共振频率提高,最大吸收降低。由于粉碎过程使用的 GJ－Ⅱ型密封式化验制样粉碎机能量较高,粉碎时间延长后,粉碎机不仅继续粉碎颗粒,而且会使颗粒产生内应力。图 5－8 为试样的 XRD 谱,由图中可以看出,粉碎时间增加后衍射峰的位置移动,表明粉体的晶格常数发生了变化。

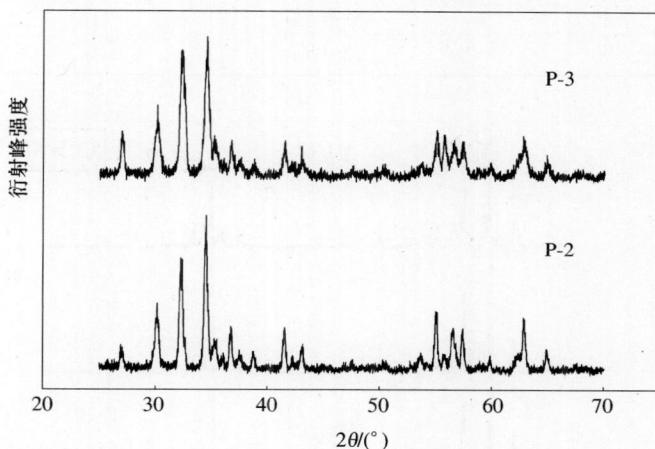

图 5－8　粉碎时间对粉体 X 射线衍射峰位置的影响

　　此外由于粉体粒度的变化,制备测试小样时,粉体与石蜡混合后的复合材料在石蜡熔融状态下流动性有所不同,这对测试小样的均匀性会有影响,在 85℃测试复合材料的黏度如表 5－4 所列,可见随粒度的减小,黏度急剧增加,对测试小样内部结构分析发现样品中空洞较多,这也会造成参数测试中出现一定偏差。同时这也说明如果粉体粒度过细会使其与黏结剂混合时的填充性变差,从而影响实际应用效果。

表 5－4　85℃时测试小样黏度

测试小样编号	粉体粒度/μm	黏度/mPa·s
P－2	约 20	108
P－3	1～5	640
P－4	0.1～1	1030

5.4.3　热处理工艺对粉体相结构与电磁性能的影响

　　经过高温煅烧后粉体经过粉碎处理,这不可避免地会给粉体带来一定内应力,对粉体的电磁参数产生不利影响,为缓和应力,在粉体经过粉碎后对其再进行高温处理,所采用的热处理工艺及试样编号见表 5－5。粉体热处理后进行 XRD 分析,结果见图 5 –9。

表 5 – 5　粉体热处理工艺

试样编号	温度/℃	时间/min
H – 09	900	
H – 10	1000	60
H – 11	1100	
H – 12	1200	

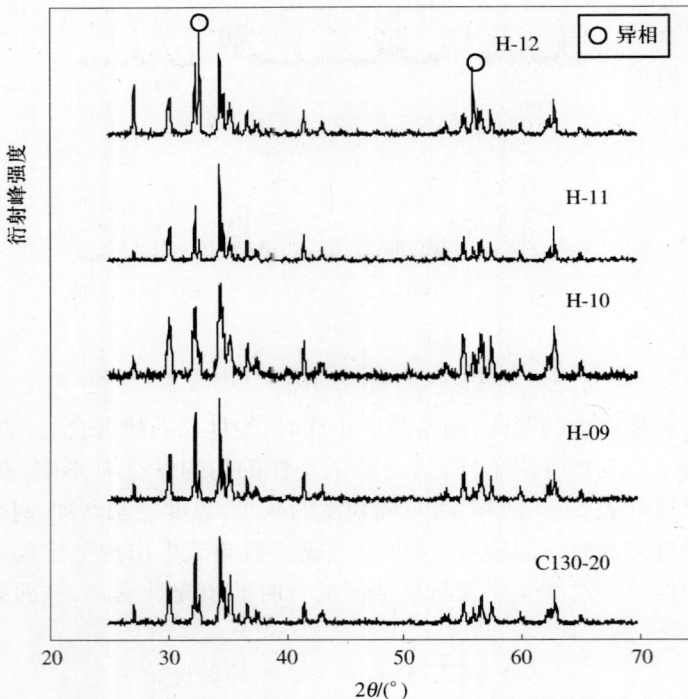

图 5 – 9　不同热处理工艺粉体 XRD 谱

　　热处理后粉体的磁谱见图 5 – 10,由磁谱看出,与未经过热处理的 C – 130 样品比较,经热处理后四个样品的电磁特性均有提高,且在 1100℃以下时,随着热处理温度的提高,试样的磁导率逐渐上升,在 1100℃达到最大值。对粉体进行热处理的初始目的在于消除粉碎过程造成的应力,但热处理后 H – 09、H – 10、H – 11样品的 XRD 谱中的强衍射峰并未明显变化,表明粉体的晶体结构没有发生明显变化,结构骨架仍是六方铁氧体晶格,但相对强度有所变化。另外在热处理的过程中,即使晶体结构不发生大的变化,位于晶格空位中的 Zn^{2+}、Co^{2+} 和 Fe^{2+} 的位置也有可能变化调整,从而影响粉体的磁性能。对于热处理导致磁导率大幅度提高的

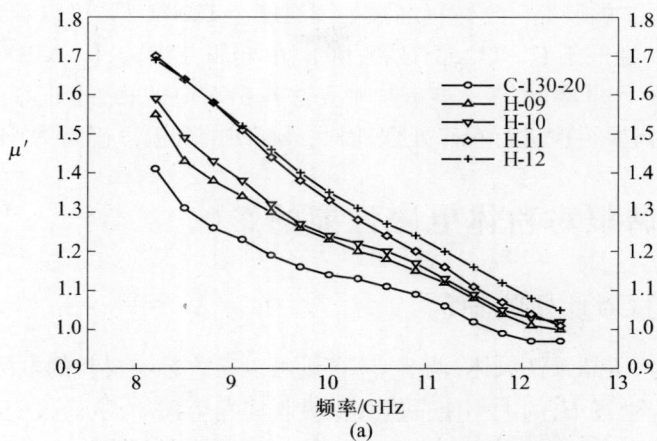

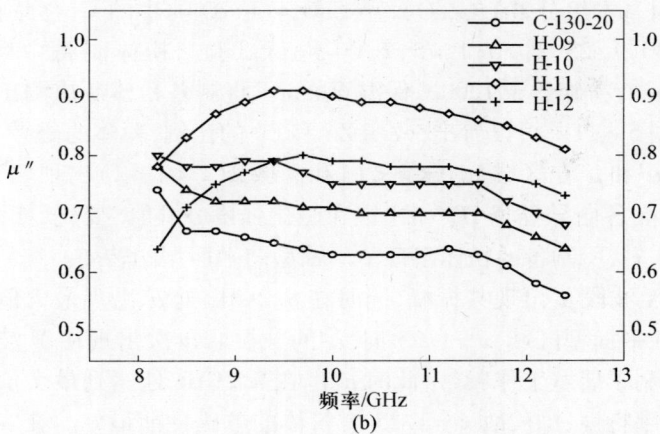

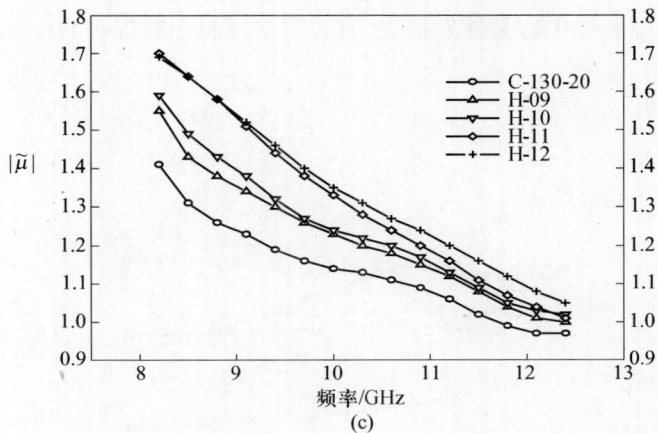

图 5 − 10　不同热处理工艺粉体磁谱（铁氧体质量分数为 78.5%）

（a）不同热处理工艺粉体 μ' 与频率的关系；（b）不同热处理工艺粉体 μ'' 与频率的关系；

（c）不同热处理工艺粉体 $|\tilde{\mu}|$ 对频率的关系。

原因尚需做进一步的研究。继续提高热处理温度至 1200℃后，可以看到 H – 12 试样的 μ' 的频率特性低于 H – 11，μ'' 有所下降，$|\bar{\mu}|$ 也低于 H – 11。XRD 谱表明 H – 12 试样中第二相含量增加，在标准卡片中无法找出对应的相，此外 H – 12 样品存在硬团聚现象，需要再次进行粉碎处理，因此最佳热处理温度确定为 1100℃。

5.5 成分调整对粉体电磁性能的影响

5.5.1 Zn 和 Co 比例的确定

对于 W 型六角晶系铁氧体，调节 Co 含量可以显著影响材料的电磁参数，通过改变磁晶各向异性场 H_A 的大小使自然共振吸收峰发生移动，从而改变吸收剂的适用频率范围。对基本组分 $BaO(ZnO)_{2-x}(CoO)_x(Fe_2O_3)_8$ 中的 x 值分别取 0，0.20，0.45，0.65，1.00，1.25，1.50，1.75，2.00 进行试验。粉体制备中煅烧工艺为 1300℃保温 20min，粉碎后于 1200℃ 保温 60min。将制备粉体制成测试小样，测得的电磁参数见图 5 – 11。可以看出，改变 Zn 和 Co 的比例，粉体的磁导率出现两个特征变化区域，μ' 和 μ'' 在区域 1（$0 < x < 1$）和区域 2（$1 < x < 2$）出现两个峰值。分析认为，由于磁晶各向异性场 H_A 和比饱和磁化强度 σ_s 随 x 变化，如图 5 – 12 所示，在 $x = 1.0$ 左右，所制备的粉体出现了单轴型向平面型的转变。在单轴型区域，$x = 0.55$ 时，在 X 波段 μ'' 出现共振峰，同时在 8.2GHz 处 μ' 出现最大值，且随频率上升而下降。在平面型区域，$x = 1.25$ 时，μ'' 的共振峰再次出现在 X 波段，而且共振峰非常宽，有利于展宽工作频带，此时 μ' 也在 8.2GHz 处达到最大值，并随频率上升而下降，频率特性良好，故 $x = 1.25$ 时粉体的电磁性能最好。在实际应用中，考虑到 Co 在高温煅烧中容易挥发损失，有时可将原料中略提高其配比。

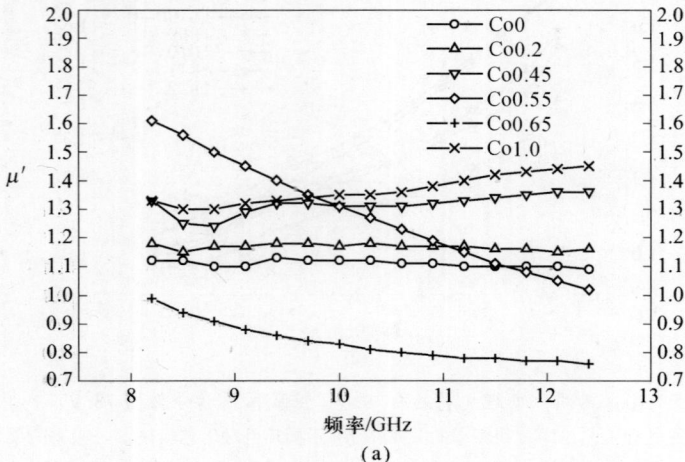

(a)

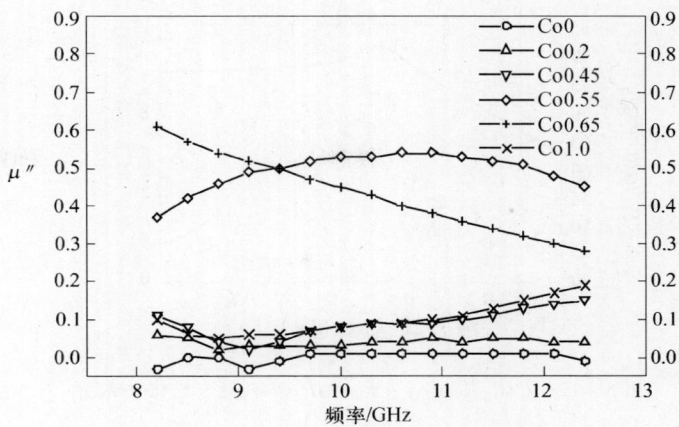

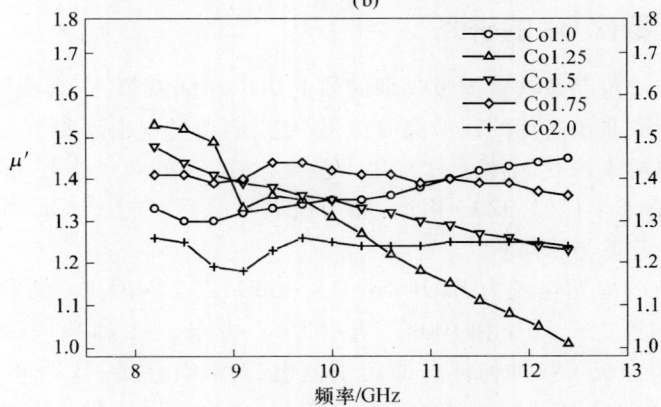

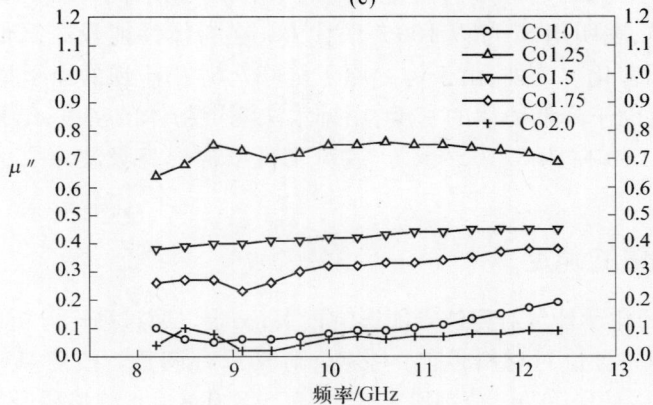

图 5 – 11 不同 ZnCo 比例粉体的磁谱(铁氧体质量含量为 78.5%)

(a)区域 1 粉体的 μ' 与频率的关系;(b)区域 1 粉体的 μ'' 与频率的关系;

(c)区域 2 粉体的 μ' 与频率的关系;(d)区域 2 粉体的 μ'' 与频率的关系。

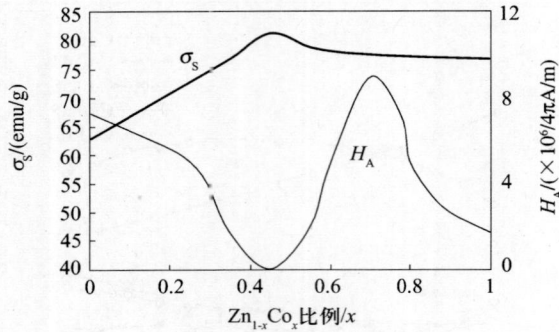

图 5-12 $(Zn_{1-x}Co_x)_2-W$ 的 H_A 和 σ_S 随 x 变化关系

5.5.2 以 Sr 取代 Ba 的研究

目前大部分六角晶系铁氧体吸收剂的研究集中在钡铁氧体,合成钡铁氧体所需的可溶性钡盐或非水溶性的钡盐都有较强毒性,制备过程中需要小心防护,因此研究使用无毒原料来取代钡离子具有很大意义。钡、锶的离子半径分别为1.43Å和1.27Å,与氧离子半径(1.32Å)相近,加入铁氧体后不可能嵌入氧离子间隙中,而是与氧离子一起参与密堆积。

取代前粉体的原始组成为 $BaO(ZnO)_{0.75}(CoO)_{1.25}(Fe_2O_3)_8$,试验中 Sr 的摩尔取代分量分别为0%、50%和100%,表示为 Sr-0、Sr-1 和 Sr-2。用同样的凝胶固相反应法合成了三种粉体并测定了其电磁谱,如图5-13所示。可以看到,当摩尔取代量为50%时,粉体性能略有差异,而摩尔取代量为100%时,粉体性能无明显差异,表明用 Sr 可以100%取代 Ba,在粉体性能没有降低的情况下实现了原料的无害化。此外,由于锶的原子量(87.6)小于钡的原子量(137.3),用锶取代钡还有助于降低粉体的密度,用排水法测试粉体的密度,结果表明粉体的密度由 $5.26g/cm^3$ 降为 $5.10g/cm^3$。这对飞机结构隐身吸波涂层的轻量化有重要的意义。

5.5.3 Fe 含量的确定

考虑到 Fe 的化学计量对粉体性能影响很大,又难以通过理论分析确定其适当的含量,为考察 Fe 含量对材料性能的影响,对其进行调整。按照基础成分 $BaO(ZnO)_{0.75}(CoO)_{1.32}(Fe_2O_3)_x$,分别取 $x=7.1,7.5,8.0,8.5$。调整后所得粉体的复磁导率如图5-14所示,由图中可以看到,Fe7.5 试样的 μ' 最高,增加或减少铁含量均会使 μ' 降低,而 μ'' 是 Fe8.0 试样最高,增加或减少铁含量 μ'' 都降低,因此,实际中 Fe_2O_3 含量可在 $7.5\sim8.0$ 之间选择。

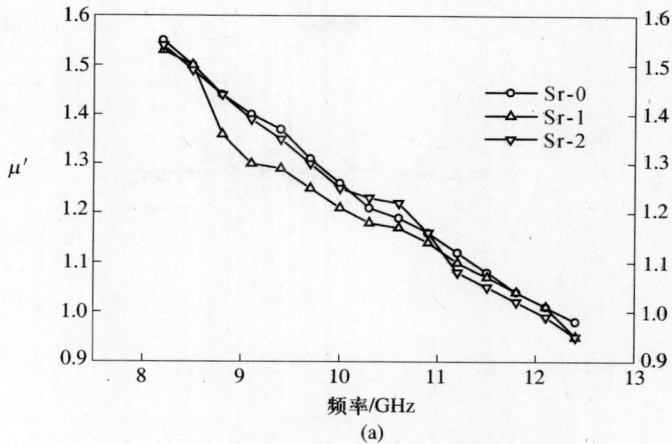

(a)

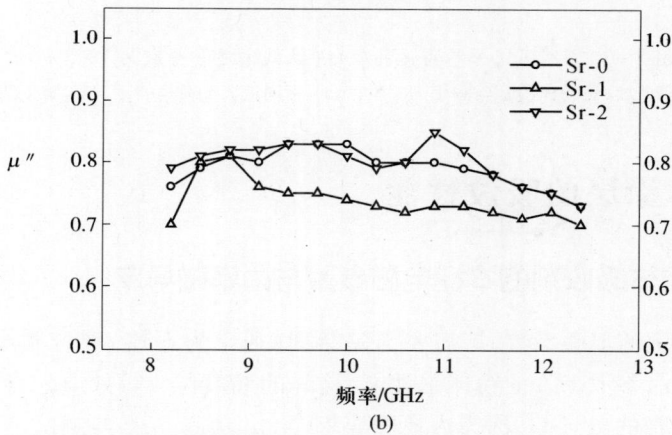

(b)

图 5 – 13　不同锶取代量粉体的磁谱(铁氧体质量分数为 78.5%)

(a) 不同锶取代量粉体的 μ' 与频率的关系；(b) 不同锶取代量粉体的 μ'' 与频率的关系。

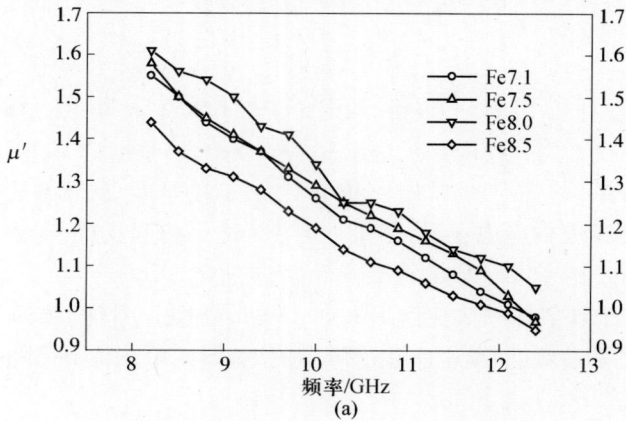

(a)

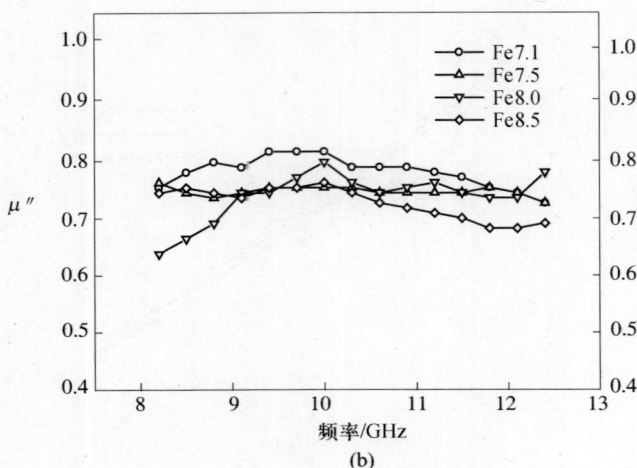

图 5-14 不同铁含量粉体的磁谱(铁氧体质量分数为 78.5%)

(a)不同铁含量粉体的 μ' 与频率的关系;(b)不同铁含量粉体的 μ'' 与频率的关系。

5.6 粉体涂层的吸波性能

5.6.1 铁氧体吸收剂的本征电磁参量与内禀磁导率

测试吸收剂的电磁参数时,需要与黏结剂(通常为石蜡)混合制成测试小样,通过测试该样品参数来表征粉体磁性能,这时的参数称为等效电磁参量,用 $\tilde{\mu}_e$ 表示。吸收剂自身的磁导率,称为内禀磁导率,用 $\tilde{\mu}_r$ 表示。$\tilde{\mu}_r$ 与测试小样中吸收剂的体积分数有关,根据 Bruggeman 等效介质理论,有下述关系式:

$$q\,\frac{\tilde{\mu}_i - \tilde{\mu}_e}{\tilde{\mu}_i + 2\tilde{\mu}_e} + (1 - q)\,\frac{\tilde{\mu}_m - \tilde{\mu}_e}{\tilde{\mu}_m + 2\tilde{\mu}_e} = 0 \qquad (5-12)$$

式中:$\tilde{\mu}_m$ 为黏结剂的磁导率。本文中采用石蜡作黏结剂,石蜡的密度为 $0.91\mathrm{g/cm^3}$,$\tilde{\mu}_m$ 为 1。用凝胶固相反应法制备了 $SrO(ZnO)_{0.75}(CoO)_{1.32}(Fe_2O_3)_{7.5}$ 铁氧体吸收剂粉体,粉体与石蜡按照重量比 3:1 的比例混合制成测试小样,在 $2\mathrm{GHz} \sim 18\mathrm{GHz}$ 测试等效电磁参量,结果见图 5-15。按照式(5-12),计算出本文所研制的吸收剂产品在 X 波段的内禀磁导率,见图 5-16。

将测试小样中铁氧体粉体比例提高到 85% 时,测试小样的等效电磁参量如图 5-17 所示,可见随着吸收剂比例的提高,测得的等效电磁参量也随之提高,同时共振吸收峰向低端移动。

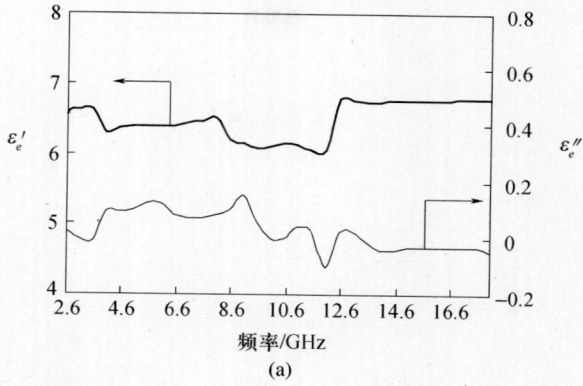

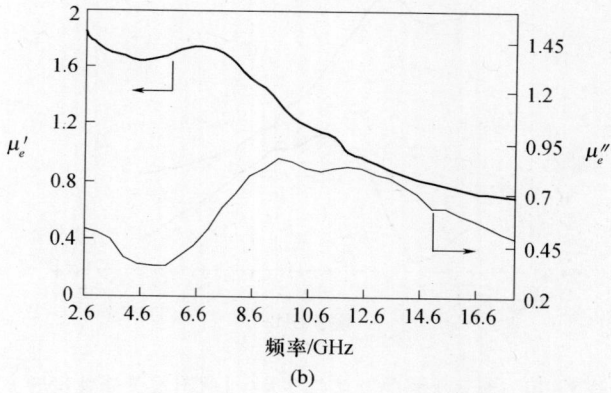

图 5 − 15　粉体等效电磁参量(质量分数为 75%)
(a) 粉体的电谱；(b) 粉体的磁谱。

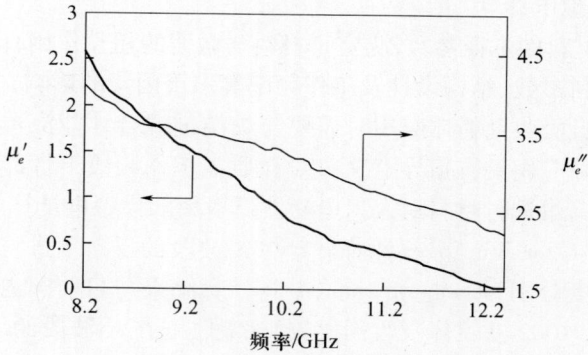

图 5 − 16　吸收剂粉体的内禀磁导率

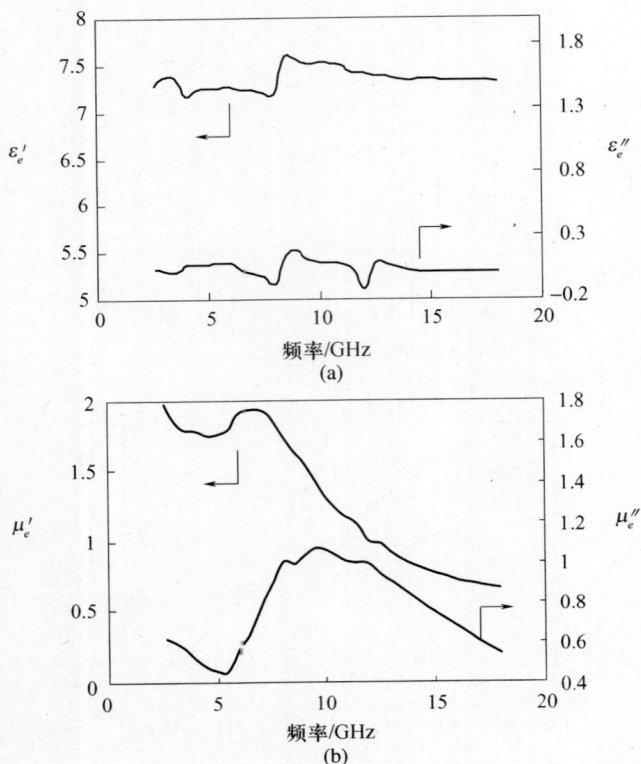

图 5 - 17 测试小样等效电磁参量(吸收剂质量分数 85%)
(a) 粉体的电谱;(b) 粉体的磁谱。

5.6.2 吸收剂模拟电计算和单层吸收板测试

1. 吸收剂模拟电计算

$\tilde{\varepsilon}$ 和 $\tilde{\mu}$ 均为材料的本征参数,决定了材料与微波的相互作用,但是介质对微波的吸收能力受材料参数、结构设计及工作频率等多重因素的影响,非线性地依赖材料本征参数。而且吸收剂粉体应用时需要与黏结剂混合才能涂覆,因此材料的等效电磁参量对实际应用具有指导意义。对介质在工作频段下性能的初步评价,需要根据等效电磁参量进行材料对入射电磁波反射率的模拟电计算。根据等效电磁参数,采用 DSJ 1.0 for Win 9x 软件对材料在 X 波段的反射率进行了模拟计算,计算中设定涂层厚度分别为 1mm 和 2mm,并将计算结果与目前国内较好的,由电子科技大学生产的 91002 铁氧体吸收剂比较,该吸收剂在 X 波段的等效电磁参数如图 5 - 18 所示。电计算结果如图 5 - 19 所示,图中 1# 为该吸收剂反射率曲线,2# 为本文研制的吸收剂的反射率曲线,电计算的结果表明,本文研制的吸收剂粉体的吸波性能好于该吸收剂。

100

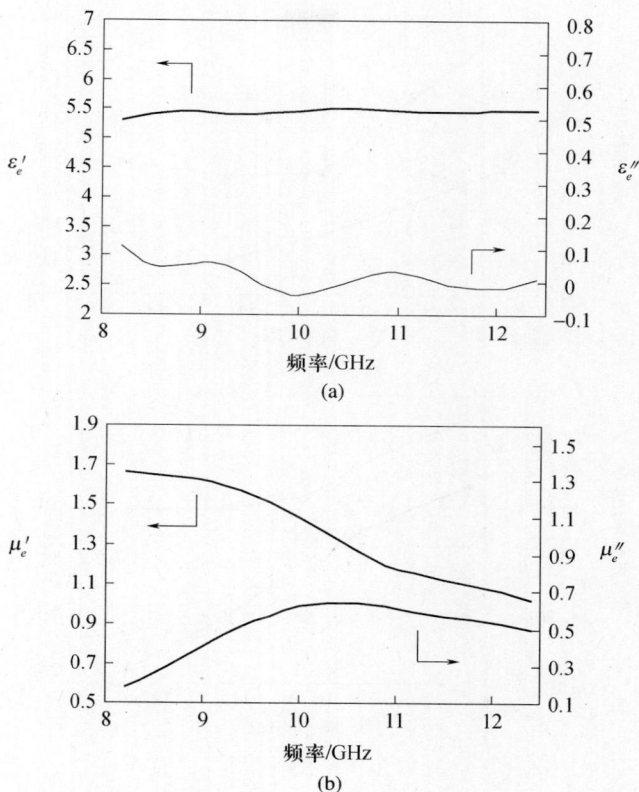

图 5 - 18　91002 等效电磁参数(吸收剂质量含量为 75%)

(a) 91002 铁氧体电谱; (b) 91002 铁氧体磁谱。

设定涂层厚度 2mm, 按照吸收剂质量分数为 85% 时的等效电磁参量(见图 5 - 17), 在 2GHz ~ 18GHz 波段进行模拟计算, 结果见图 5 - 20, 由图中反射率曲线可见, 本文涂层最大吸收峰出现在频段中部, 反射率小于 - 10dB 的带宽达到 9.5GHz, 最高反射率达到 - 26.16dB。

2. 单层吸收板测试结果

利用本文研制的吸收剂粉体, 按照 92% 的质量分数与橡胶黏结剂混合制备吸波涂层, 涂覆于金属表面, 制作了一块单层吸收板, 涂层厚度为 1.5mm, 面密度为 4.77kg/m^2, 同时利用 91002 粉体制作一块相同面密度的单层吸收板, 厚度为 1.75mm, 分别于室温和 150℃ 进行反射率的实际对比测试。

测试结果见图 5 - 21, 图中曲线 1$^\#$ 和 2$^\#$ 分别为 91002 吸收剂和本文研制的吸收剂的反射率曲线。如图 5 - 21 所示, 室温时, 在 8GHz ~ 18GHz 波段, 91002 吸收剂涂层反射率低于 - 10dB 的带宽为 2GHz, 最大吸收为 - 11.3dB, 而本文研制的吸收剂涂层低于 - 10dB 的带宽为 10GHz, 最大吸收为 - 14.8dB。在 150℃ 时, 91002

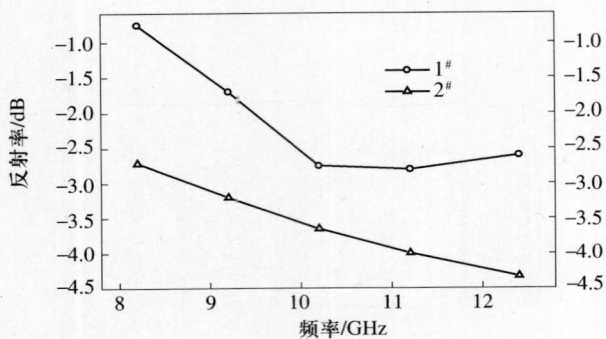

(a)

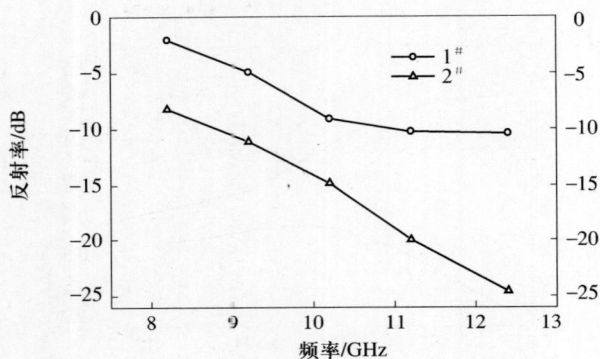

(b)

图 5 – 19　吸波涂层反射率模拟计算结果

（a）涂层厚度为 1mm 时的反射率；（b）涂层厚度为 2mm 时的反射率。

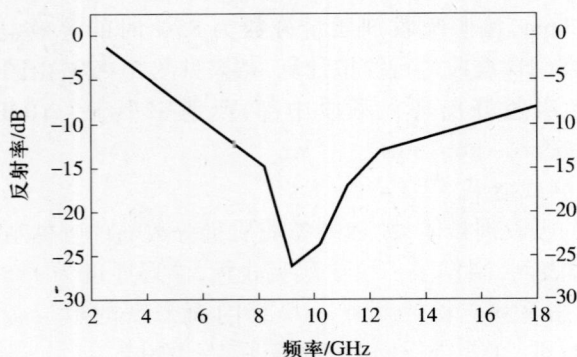

图 5 – 20　电计算吸收剂涂层反射率曲线

吸收剂对电磁波已经基本上没有吸收，而本文研制的吸收剂涂层对电磁波还有一定的吸收。对比可知，本文研制的铁氧体粉体的吸波性能优于 91002 吸收剂。

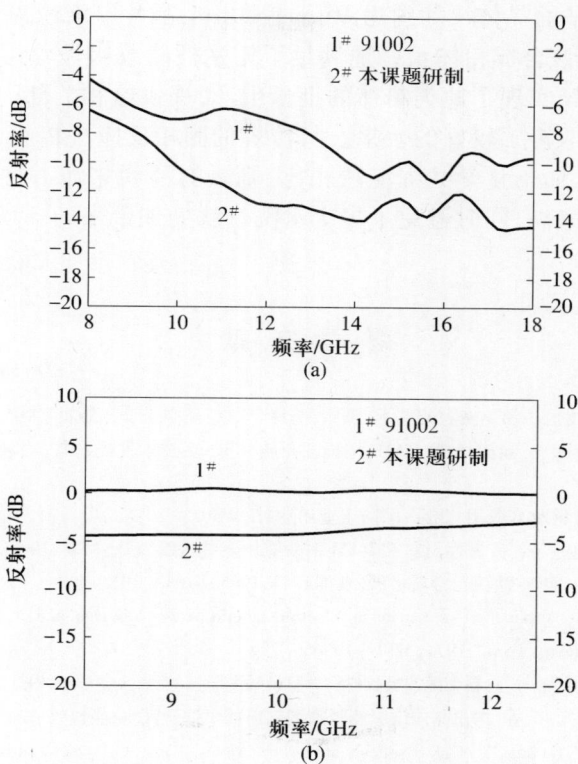

图 5 – 21　室温和 150℃ 时单层吸收板反射率曲线
（a）室温单层吸收板反射率曲线；（b）150℃时单层吸收板反射率曲线。

　　用凝胶固相反应法合成的 W 型平面六角结构铁氧体粉体（未经研磨）形貌如图5 – 22所示。可以看出，所研制的铁氧体粉体呈完整的平面六角晶体结构，其晶

图 5 – 22　所研制的 W 型平面六角结构铁氧体形貌

体发育非常完整,平面晶体尺寸约为 $10\mu m \sim 20\mu m$,晶片厚度约为 $1\mu m \sim 2\mu m$,基本无团聚体存在。该合成粉体很好地满足了雷达波隐身吸波涂层材料的应用要求。目前,我们已经实现了此类粉体的批量生产,提供给相关部门进行应用研究并得到实际应用,取得了较好的效果。与传统的固相反应法相比,所合成的粉体质量好,性能稳定,而与化学共沉淀法相比,则具有原料来源方便、成本低,而且工艺简单,生产效率高,同时避免了多次水洗过滤处理带来的环境污染等问题。

参 考 文 献

[1] (美)琼斯 J. 隐身技术—黑色魔力的艺术. 洪旗,等译. 北京:航空工业出版社,1991.

[2] 曾祥云,马铁军,李家俊. 吸波材料(RAM)用损耗介质及 RAM 技术发展趋势. 材料导报,1997,11(3):57-60.

[3] 王会宗,等. 磁性材料及其应用. 北京:国防工业出版社,1989.

[4] 邓龙江,谢建良,梁迪飞,等. 磁性材料在 RAM 中的应用及其进展. 功能材料,1990,30(2):118-121.

[5] 李国栋. 1993~1994 年磁性功能材料进展. 功能材料,1995,26(5):385-388.

[6] Natio Y, Suetake K. Application of Ferrite to Electromagnetic Wave Absorber and its Characteristics. IEEE Trans. Microwave Theory Tech. ,1971,MTT-19:65-72.

[7] 王相元,胡国有,陆怀先,等. 涂料型微波吸收材料计算机辅助设计. 南京大学学报,1988,21(4):668-675.

[8] 赵振声,张秀成,冯则坤,等. 六角晶体铁氧体吸收剂磁损耗机理研究. 功能材料,1995,26(5):401-404.

[9] Fukui T, Oobuchi T, Ikuhara Y et al. Synthesis of (La, Sr) MnO$_3$ - YSZ Composite Particles by Spray Pyrolysis. J. Am. Ceram. Soc. ,1997,80(1):261-263.

[10] Viau G, Fievet F, Toneguzzo P et al. Size Dependence of Microwave Permeability of Spherical Ferromagnetic Particles. J. Appl. Phys. ,1997,81(6):2749-2754.

[11] Matsumoto M, Miyata Y. Thin Electromagnetic Wave Absorber for Quasi-Microwave Band Containing Aligned Thin Magnetic Metal Particles. IEEE. Trans. Magn. ,1997,33(6):4459-4464.

[12] 吴明忠. 雷达吸波材料的现状和发展趋势. 磁性材料及器件,1997,28(2):26-30.

[13] Kim S S, Jo S B, Gueon K I et al. Complex Permeability and Permittivity and Microwave Absorption of Ferrite-Tubber Composite in X-band Frequencies. IEEE. Trans. Magn. ,1991,27(6):5462-5464.

[14] 都有为. 铁氧体. 南京:江苏科学技术出版社,1996.

[15] 张有纲,黄永杰,罗迪民. 磁性材料. 成都:成都电讯工程学院出版社,1988.

[16] 廖绍斌. 铁磁学(下册). 北京:科学出版社,1998.

[17] 廖绍斌,尹光俊,周丽年. 微波吸收材料电磁参数的控制. 宇航材料工艺,1989,4-5:39-44.

[18] Musal H M, Hahn H T. Thin-Layer Electromagnetic Absorber Design. IEEE. Trans. Magn. ,1989,25(5):3851-3853.

[19] Shin J Y, Oh J H. The Microwave Absorbing Phenomena of Ferrite Microwave Absorbers. IEEE. Trans. Magn. ,1993,29(6):3437-3439.

[20] Kim S S, Han D H, Cho S B. Microwave Absorbing Properties of Sintered Ni-Zn Ferrite. IEEE. Trans. Magn. ,1994,30(6):4554-4556.

[21] CHO S B, KANG D H, OH J H. Relation Between Magnetic Properties and Microwave-Abssobing Characteris-

tics of NiZnCo Ferrite Composites. J. Mater. Sci. ,1996,31:4719 – 4722.

[22] 过璧君,邓龙江. X 波段六角晶系铁氧体吸收剂. 电子科技大学学报,1992,21(2):158 – 161.

[23] 过璧君,冯则坤,邓龙江. 磁性薄膜与磁性粉体. 合肥:电子科技大学出版社,1994.

[24] 张永祥,丁荣林,李韬,等. 六角型铁氧体吸波材料的研究. 硅酸盐学报,1998,26(3):275 – 280.

[25] Nedkov I,Petkov A,Karpov V. Microwave Absorption in Sc-and CoTi – Substituted Ba Hexaferrite Powders. IEEE. Trans. Magn. ,1990,26(5):1483 – 1484.

[26] Kwon H J,Shin J Y,Oh J H. The Microwave Absorbing and Resonance Phenomena of Y-Type Hexagonal Ferrite Microwave Absorbers. J. Appl. Phys. ,1994,75(10):6109 – 6111.

[27] 李斌太,陈大明,赵家培,等. 化学共沉淀法制备 W 型平面六角铁氧体,现代技术陶瓷,1998,19(3), 150 – 152.

[28] 李斌太. 凝胶固相反应合成多组元复合功能陶瓷粉体技术和应用. 北京航空材料研究院硕士学位论文,2000. 1.

[29] Dawson W J. Hydrothermal Synthesis of Advanced Ceramic Powders. Am. Ceram. Soc. Bull. ,1988,67(10): 1673 – 1678.

第6章　氧化钇部分稳定氧化锆陶瓷粉体的合成与应用

6.1　氧化钇部分稳定氧化锆陶瓷粉体及其现有生产技术

6.1.1　氧化锆陶瓷

氧化锆(ZrO_2)陶瓷有三种物相结构,即立方氧化锆(c)、四方氧化锆(t)和单斜氧化锆(m),分别属于高温(2370℃以上)、中温(1170℃ ~ 2370℃)、低温(1170℃以下)稳定相态。但加入与 Zr 离子半径接近的元素,如向 ZrO_2 中加入一定量 Y_2O_3、CeO_2、MgO、CaO 等组分后,其 c 相和 t 相也可保留至室温。20 世纪 70年代,Garvie 教授[1]发现了氧化锆陶瓷的相变增韧机理,即室温下存在的 t 相氧化锆受到外力作用时,裂纹尖端在拉应力条件下会发生 t→m 相变,伴随着 5% 左右的体积膨胀,这种应力诱发相变可有效化解和松弛裂纹尖端的应力集中,使其性能尤其是断裂韧性大幅度提高,有效地解决了陶瓷的脆性问题。因此,部分稳定氧化锆陶瓷(通常称为增韧的氧化锆多晶陶瓷,即 TZP)因其良好的耐高温、抗氧化、耐磨损、耐腐蚀,特别是具有一般陶瓷所缺乏的优异强韧性综合性能,被誉为"陶瓷钢",在多种结构陶瓷和功能陶瓷中获得了极其广泛的应用。如全陶瓷轴承,陶瓷柱塞,耐腐蚀耐磨阀门,拉丝模,光纤插芯和套筒,陶瓷移印墨杯,纺织导线轮,机加工陶瓷刀具、块规、高耐磨瓷球、瓷衬,日用陶瓷餐刀、剪刀、手术刀、无磁螺丝刀,手表外壳、表带、外科移植牙冠、人工骨,超高温空气炉加热体,汽车尾气燃烧氧传感器,以及高温氧化物燃料电池电介质薄膜,热障涂层等,已经成为仅次于氧化铝陶瓷、用量处于第二位的陶瓷材料。

6.1.2　对氧化锆陶瓷粉体要求

高品质的氧化锆粉体是制备高性能氧化锆陶瓷和含锆功能陶瓷(如锆钛酸铅陶瓷)的前提,从目前的研究结果看,尽管有多种元素都可以使氧化锆在室温下以 t 相或 c 相形式稳定存在,但 3mol% 氧化钇部分稳定的 t 相氧化锆(3Y – TZP)高纯超细粉体仍是结构和功能陶瓷目前使用最多的、效果也很好的原料。综合考虑陶瓷坯体成型、烧结、后加工等工艺要求和使所制备陶瓷有理想的性能,通常要求粉体纯度高、杂质少,粒径细而均匀(一般希望为亚微米级),比表面积较小(便于成型),物相结构符合要求(t 相或 c 相),烧结活性高(低于 1500℃ 烧结避免晶粒长大)等。目前国产粉体的质量相对还较差,不得不从国外高价进口高品质的产品,例如光纤连接器用氧化锆插芯和套筒,因坯体成型技术的特殊要求,所用低比表面积高烧结活性高纯超细氧化锆粉体几乎全部从日本高价进口。国内现有的制备氧化锆粉体技术,或因难以全面满足上述指标要求,或因成本过高,或因环境污染问题严重,限制了我国氧化锆陶瓷产业迅速发展的需要。因此,开发一种新的低成本工业化生产低比表面积高烧结活性高纯超细氧化锆粉体的新技术,必将产生重大的经济效益和社会效益。

6.1.3 氧化锆陶瓷粉体现有生产技术

1. 电熔法

氧化锆粉体的制备技术近年来已得到很大的发展,新工艺、新装备和新的专利技术不断涌现。最初氧化锆粉体采用电熔法生产,该工艺以硅酸锆矿砂或脱硅锆为主原料,再加入一定稳定剂(多用氧化钙,也有用氧化钇),在电弧炉中加热至2800℃ 左右使其熔融,并加入焦碳造成还原气氛,将 Si 还原成气体挥发出来,Si 气体在空气中氧化成氧化硅(硅微粉),收集后单独处理,而将炉内氧化锆熔体以浇注或吹空心球法冷却制得固体氧化锆,称为"电熔锆",进一步破碎后得到氧化锆粉体。从工艺过程可知,该法生产氧化锆粉体耗电量大(8000 度/吨),纯度低、原晶尺寸大,无法满足高技术陶瓷对高纯超细粉体的要求,但比较适合于氧化锆质耐火材料使用。

2. 化学共沉淀法

目前常用的高纯超细氧化锆粉体制备技术主要是化学共沉淀法。该技术用提纯后的化工产品氧氯化锆和硝酸钇或氯化钇为原料,溶于去离子水中,再加入氨水、尿素等沉淀剂(或反加入)形成氢氧化锆和氢氧化钇的共沉淀物,在压滤机中经多次过滤、清洗,干燥后于 1000℃ 左右高温煅烧,完成粉体晶化过程,进一步粉碎后得到高纯超细氧化锆粉体。该技术对设备要求相对简单,在实验室和工业化生产中均比较容易实现,我国中科院上海硅酸盐研究所、清华大学等单位已对该工艺做过大量的试验研究和改进,使其得到了广泛的应用,目前国内绝大多数厂家均采用此种工艺工业化生产高纯超细氧化锆粉体。

图 6-1 是我们分析的国内某企业用化学共沉淀法生产的 3%(摩尔分数)Y_2O_3-ZrO_2 粉体形貌。可以看出,此工艺所得粉体结晶度不高,絮状团聚现象较严重,比表面积大,手感非常膨松、松装密度很低。另一方面,化学共沉淀工艺中需多次过滤、清洗以去除氯离子,这使得该工艺过程繁杂,制造成本高,耗水量很大,据统计每生产 1t 粉体需耗水上百吨,其废水排放易造成环境污染,这也是目前用化学共沉淀法生产氧化锆粉体的厂家面临的主要难题之一。

图 6-1　国内某企业用化学共沉淀法生产的 3%(摩尔分数)$Y_2O_3 - ZrO_2$粉体形貌

3. 水热法

水热法是日本在 20 世纪 80 年代发明的一种制备纳米晶陶瓷粉体的新技术,现已成功地应用于高品质氧化锆粉体的合成。该工艺仍以氧氯化锆和硝酸钇或氯化钇为原料,用氨水等沉淀剂形成氢氧化锆后放入反应釜中,在 200℃ 左右和几十个大气压条件下,经一定时间反应可以直接得到颗粒发育良好的氧化锆纳米晶颗粒,无需再次高温煅烧合成。然后加入合适的分散剂,经离心过滤机多次过滤清洗去除氯离子,并以特殊的方式干燥,可获得分散性良好的纳米晶氧化锆粉体。与化学共沉淀法相比,由于水热法氧化锆晶粒发育完整,其氯离子清洗过程相对容易,用水量也少一些。目前日本主要采用此工艺生产高品质纳米级氧化锆粉体,国内山东大学等单位对此作过许多试验研究,一些企业现已采用了这一技术,产品水平已接近国外水平。

图 6-2 是我们分析的由国内和日本某公司用水热法生产的 3%(摩尔分数)

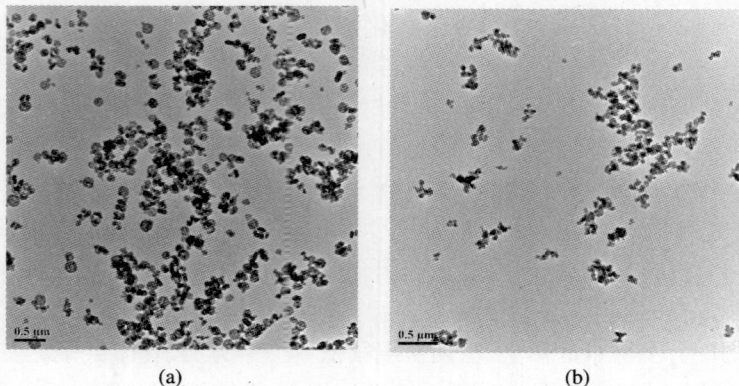

(a)　　　　　　　　　　　　　　(b)

图 6-2　水热法生产的 3%(摩尔分数)$Y_2O_3 - ZrO_2$纳米粉体形貌

(a) 国内某企业粉体;(b) 日本某企业粉体。

Y_2O_3 – ZrO_2 粉体形貌。可以看出,水热法氧化锆粉体具有纳米级尺度、结晶度高、粒晶分布窄等优点,适合于高固相含量料浆配制和注射成型对原料的要求。但由于设备投入大,技术要求高,而过滤、清洗工艺过程仍比较繁杂,同样存在废水污染的问题,且干燥过程保持粉体颗粒不团聚也比较困难,同时该工艺主要适合生产纳米尺度的氧化锆粉体,价格很高,一般氧化锆陶瓷生产厂家难以接受,目前主要应用于光纤连接器用氧化锆插芯、套筒及牙冠等高附加值产品。水热法制备高性能氧化锆粉体技术正在不断发展和改进中,现已发明和使用了许多新的技术,如电解水热法、常压水热法等,主要从减少污染和降低生产成本方面考虑,但工业化生产还不成熟,尚需做进一步的应用技术研究。

6.2　粉体凝胶固相反应合成工艺

针对上述粉体合成制备中的问题,我们用凝胶固相反应法合成复合粉体技术[2],可以获得低比表面积、高烧结活性的氧化钇部分稳定或全稳定氧化锆粉体[3],其技术路线为:

原料(高纯氧化锆、氧化钇或钇盐、去离子水、分散剂、有机单体、交联剂等)→搅拌磨机混磨→料浆→加引发剂→凝胶化→脱水干燥→煅烧合成→干法破碎→湿法细磨→喷雾干燥→成品粉体→检验分析→包装。

6.2.1　原料选择与配比计算

1. 原料选择

由于固相反应合成粉体是靠两种或多种原料接触面通过元素互相扩散完成的,因此粉体的活性越大,其反应进行得越快。在考虑了原料价格和尽量减少环境污染的前提下,我们选择了价格便宜的高纯超细单斜氧化锆粉体(原晶尺寸约 $0.2\mu m$)为主原料,其微观形貌见图 6 – 3。而用草酸钇粉体(Y_2O_3 含量 32%)作为稳定剂原料,其 1000℃ 高温分解后微观形貌见图 6 – 4。利用草酸钇高温分解只产生 CO_2 气以及新形成的 Y_2O_3 活性很高的特点,加快了固相反应过程,可以得到基本无单斜相的氧化锆粉体。当然,采用水溶性硝酸钇和单斜氧化锆粉体为原料,用液—固凝胶反应法其合成效果更好,但煅烧合成时会产生 NO_x 类污染气体,需进行 NO_x 气体的吸收处理。

2. 原料配比计算

首先计算合成 3%(摩尔分数)Y_2O_3 – ZrO_2 粉体所需氧化锆和草酸钇原料的比例:

由于合成粉体中 ZrO_2 和 Y_2O_3 的摩尔比为 97:3,根据表 3 – 1 可知,其相对分子质量分别为 123.22 和 225.81,可计算出其质量比应为

$$97 \times 123.22 : 3 \times 225.81 = 11952.34 : 677.43 = 94.64 : 5.36$$

草酸钇中 Y_2O_3 含量通过 1000℃煅烧后实测得到为 32%，则上述 Y_2O_3 换算为草酸钇的质量分数为

$$5.36 \div 0.32 = 16.75$$

因此，欲生产 100kg 的 3%（摩尔分数）$Y_2O_3 - ZrO_2$ 粉体，需加入 94.64kg 单斜氧化锆和 16.75kg 草酸钇粉体原料。

同样可计算出，要合成 100kg 的 8%（摩尔分数）$Y_2O_3 - ZrO_2$ 粉体所需单斜氧化锆和草酸钇原料用量应分别为 89.76kg 和 44.67kg。

图 6 - 3　单斜相氧化锆原料形貌

图 6 - 4　1000℃高温分解后草酸钇粉体形貌

6.2.2　预混磨工艺

从图 6 - 3 和图 6 - 4 可知，原料氧化锆粉体存在明显的团聚，而草酸钇粉体是比较粗大的。预混磨的目的是使这些原料进一步细化并使其均匀分散，以增加组元间的接触面而缩短反应时间，因此是固相反应合成（部分）稳定氧化锆陶瓷粉体的重要工序。为避免杂质混入和提高研磨效率，选择同材质的 TZP 研磨介质球。在同样选择 3:1 球料比的情况下，磨介球尺寸越小，混磨效率越高。计算可知，同样质量 1 粒 ϕ10mm 的磨球，约等于 8 粒 ϕ5mm 或 37 粒 ϕ3mm 的磨球，因此选择 ϕ5mm 和 ϕ3mm 的磨球，大大提高了研磨效果。另一方面，在保持料浆良好流动性的条件下，尽可能减少水的加入量也有利于增加磨介球与原料粉体的接触机会，提高研磨效率，并提高原料加入量。同时，提高料浆固含量，所得到的凝胶体中草酸钇与氧化锆颗粒间的接触也更为紧密，有利于组元间的互扩散。为此，我们选取了 JA - 281 低相对分子质量有机聚合物分散剂，大大减少了料浆中的含水量。此外，在工业化生产中，选用新的研磨设备搅拌磨机，比传统的滚筒磨机效率高 5 倍以上，从而可缩短混磨时间在 6h 以为即可达到原料细化和均匀分散的目的。

6.2.3　料浆的快速凝胶化与干燥

在工业化生产中，经混磨均匀的料浆温度可升高至 50℃ ~ 60℃，因此无需加入

催化剂或还原剂,而仅通过加入引发剂过硫酸铵溶液即使其可发生凝胶化。与注凝成型工艺过程不同,粉体合成时并无注模过程,为防止组分沉降分层,出料至容器后希望其快速凝胶化。最方便和合理的方案是提高引发剂的用量或浓度,即可达到快速凝胶化的效果。实际上,在加入引发剂搅拌均匀后,控制料浆在 30s ~ 60s 内凝胶化效果比较好,当然,具体引发剂加入量需根据料浆温度通过试验确定。

　　凝胶体需脱水干燥后才能进行煅烧合成,为加快凝胶体的干燥速度,一般将其切割成小块置于通风处自然干燥,或采用吹风、加热等方式干燥。在这一工序,余热利用是降低成本和提高效率的手段之一。

6.2.4　煅烧合成工艺

　　通常用共沉淀法制备氧化钇(部分)稳定氧化锆陶瓷粉体,其煅烧(晶化)温度一般在 1000℃ 以下,因煅烧温度较低,致使粉体原晶发育不够充分,比表面积大,粉体过于膨松,所以使用时其成型性能较差。对于凝胶固相反应合成工艺,将煅烧温度选在 $ZrO_2 - Y_2O_3$ 相图中氧化锆四方相区(1300℃ 左右)以提高反应速率。经高温短时煅烧,由于新分解出的活性较高的氧化钇在此条件下能迅速扩散进入 t 相氧化锆晶格并均匀分布,所获得的粉体原晶充分发育,尺寸却基本没有明显长大,可得到低比表面积高烧结活性的亚微米级超细粉体。图 6-5 为凝胶固相反应法所生产的 3%(摩尔分数)$Y_2O_3 - ZrO_2$ 粉体合成后(未研磨)的扫描电镜微观形貌。可以看出,此时粉体原晶尺寸大约为 $0.2\mu m \sim 0.5\mu m$,有少量团聚但并不严重,完全可通过研磨而分散。

图 6-5　煅烧合成后 3%(摩尔分数)$Y_2O_3 - ZrO_2$ 粉体 SEM 形貌

6.2.5　粉体的研磨处理

　　1300℃ 高温煅烧合成的粉体存在团聚现象,必须进一步研磨处理将此团聚体打开,才能获得分散性良好的粉体。在工业化生产中,使用搅拌磨机(或砂磨机)湿法研磨,可得到较好的效果。取球料比为5:1,研磨不同时间,合成粉体的粒径、粒度分布和比表面积如表6-1所列。显然,随研磨时间延长,粉体粒径不断减小,但超过6h后,粉体粒径变化已不明显。事实上,研磨过程主要是打开粉体颗粒的团聚体,而想将原晶尺寸磨碎几乎是不可能的。因此,粉体的比表面积并不因延长研磨时间而明显变化。图6-6为不同研磨时间粉体的SEM形貌,球磨2h,粉体中还有较多团聚体存在,但至6h后,粉体已获得较好的分散效果(注意,该图采用近期工业化生产产品的SEM照片,放大倍数略有不同),再延长到12h,其变化已不太明显。综合考虑,最终研磨时间定为6h即可获得粒度分布比较理想的粉体。

应该指出,在实际评价陶瓷粉体时,只重视中位径 d_{50} 是不够全面的,还应特别注意粒度分布,即同时注意其 d_{10} 和 d_{90},希望粒度分布尽量窄一些,这对粉体的成型和烧结都非常重要。

表6-1 研磨不同时间合成粉体的粒径和粒度分布

研磨时间/h	$d_{10}/\mu m$	$d_{50}/\mu m$	$d_{90}/\mu m$	比表面积 $/(m^2/g)$
2	0.35	1.05	2.13	7.44
4	0.21	0.57	1.06	7.73
6	0.17	0.46	0.82	7.88
8	0.16	0.42	0.77	7.92
10	0.14	0.40	0.75	8.14
12	0.13	0.38	0.75	8.16

(a)

(b)

(c)

图 6-6 研磨不同时间粉体的 SEM 形貌

(a) 2h; (b) 6h; (c) 12h。

6.3 凝胶固相反应法合成粉体的特点

6.3.1 合成粉体的相结构

3%（摩尔分数）$Y_2O_3 - ZrO_2$ 粉体应该是 t 相结构形式存在,如果含有过多的 m 相,则在烧结升温过程中(约 1170℃)会因突然发生 m→t 相转变产生约 5% 的体积收缩而造成坯体开裂损坏,这一点是众所周知的常识问题,但目前尚未引起人们的足够重视。我们对国内多个企业生产的 3%（摩尔分数）$Y_2O_3 - ZrO_2$ 粉体进行了 XRD 分析,发现许多企业生产的粉体中都有大量的 m 相存在,仅有少数企业

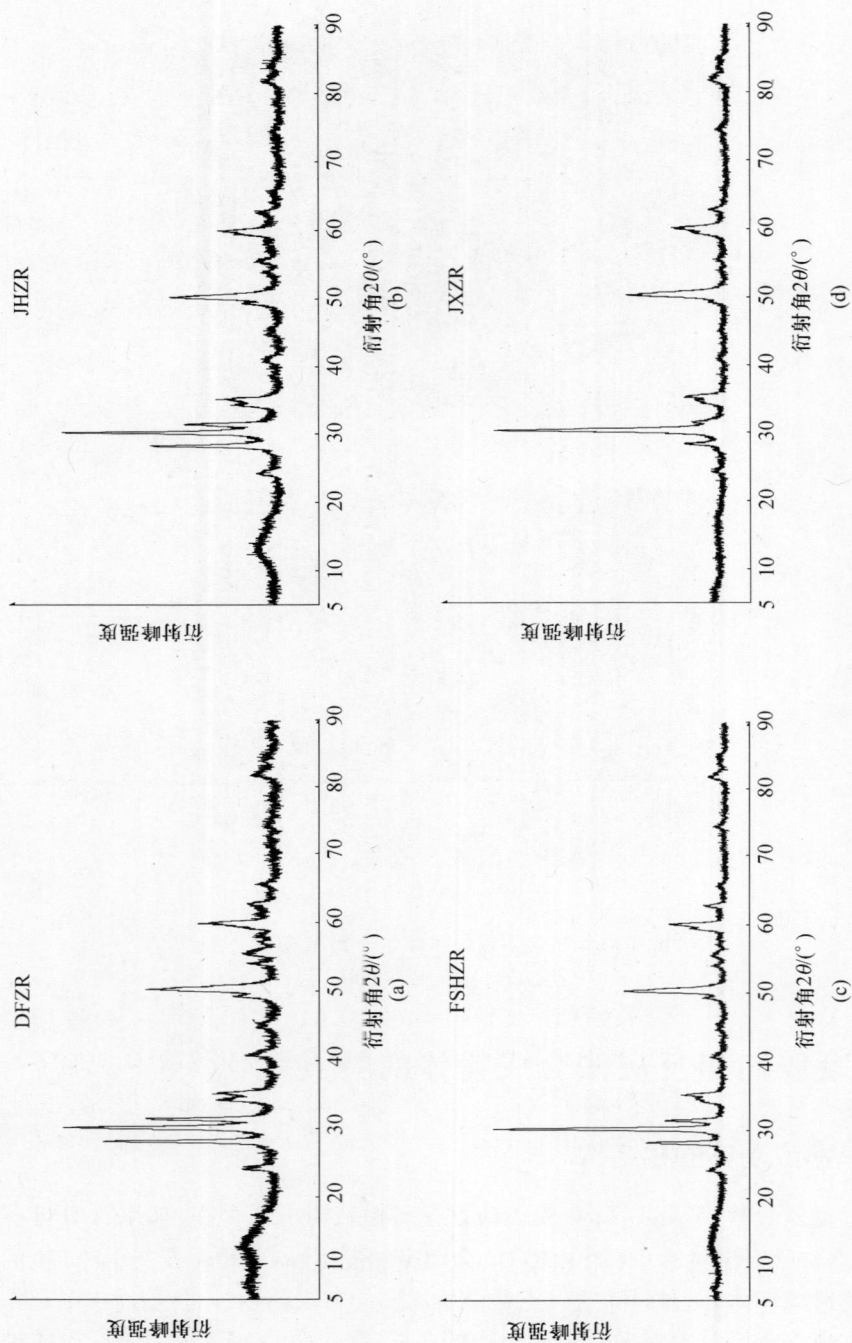

图6-7 国内几家企业3%(摩尔分数)Y$_2$O$_3$-ZrO$_2$粉体的XRD谱

(a) 企业1; (b) 企业2; (c) 企业3; (d) 企业4。

（企业4）的粉体是以 t 相结构为主,如图6-7所示。原因在于 Y_2O_3 未能充分固溶于 ZrO_2 晶格所致。因此在制定3%(摩尔分数)Y_2O_3 - ZrO_2 粉体标准时,就像对 α - Al_2O_3 粉体对其 α 相含量的要求一样,有必要规定其相结构指标,例如要求其 t 相转化率大于95%,而用户在选择粉体原料时,也必须注意其物相结构是否满足要求。

对比用凝胶固相反应法生产的3%(摩尔分数)Y_2O_3 - ZrO_2 粉体,其 XRD 谱见图6-8。显然,由于经过1300℃左右高温煅烧,Y_2O_3 已充分固溶于 ZrO_2 晶格,所得粉体已基本形成 t 相结构。

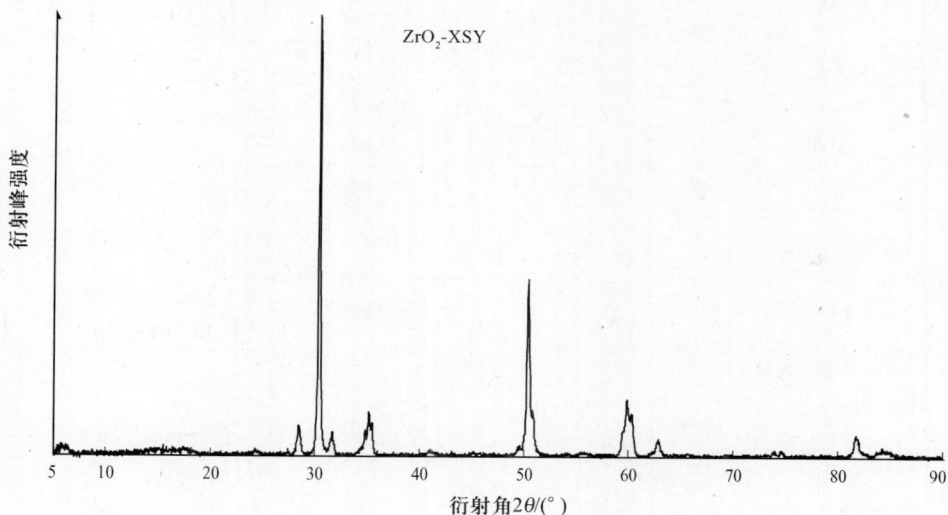

图6-8　凝胶固相反应法合成的3%(摩尔分数)Y_2O_3 - ZrO_2 粉体的 XRD 谱

6.3.2　合成粉体性能指标

以廉价的 m 相高纯氧化锆和草酸钇粉体为原料,采用水基料浆凝胶固相反应法合成工艺技术,制备低比表面积高烧结活性的高纯超细氧化锆粉体,克服了一般固相反应法合成粉体时原料偏析及反应速度慢等问题,又避免了化学共沉淀法或水热法因多次过滤清洗带来的工艺繁杂、大量耗水、易造成环境污染等问题,具有设备投资费用少、生产工艺简化、生产成本低、基本无环境污染、产品质量好等优势。该工艺技术已在山东淄博启明星新材料有限公司推广应用,并得到国家科技部科技型中小企业技术创新基金项目的支持,形成了工业化批量生产能力,获得很好的应用效果。低比表面积高烧结活性的高纯超细氧化锆粉体与目前国内市场已有产品相比,具有粉体原晶发育完整、粒径尺寸分布窄、比表面积低、烧结活性高、可适用于水基料浆注凝成型、干压成型、等静压成型、滚制成型(球)等多种工艺,同时具有价格低的优势,产品性能达到国内外同类产品先进水平,见表 6 - 2。

表 6 - 2　氧化锆粉体产品性能对比

粉 体 性 能	凝胶固相反应 合成粉体标准	国内行业标准 (ZLH1)	国外某公司标准 (日本 TOSOH)
化学成分/%(质量分数)			
$ZrO_2 + HfO_2 + Y_2O_3$	>99.5	>99	
Y_2O_3	5.4 ± 0.2(Y－PSZ) 13.5 ± 0.2(YSZ)	5.2~5.6	TZ－3Y－E:5.25 ± 0.2 TZ－8Y－S:13.5 ± 0.2
SiO_2	<0.02	—	<0.02
Fe_2O_3	<0.01	≤0.01	<0.01
Na_2O	<0.01	≤0.01	<0.04
Cl^-	<0.05	≤0.05	—
颗粒尺寸/μm	$d_{50} < 0.5$ $d_{90} < 1.0$	$d_{50} < 1.0$	
比表面积/(m²/g)	8 ± 2	6~12	TZ－3Y－E:16 ± 3 TZ－8YS:7 ± 2
灼烧减量/%(质量)	<0.5	<0.5	
残水含量/%(质量)	<0.5	<1.0	
致密化烧结温度/℃	1400~1500	1450	1350~1500
烧结体密度/(g/cm³)	≥6.0	≥5.97	TZ－3Y－E:6.05 TZ－8YS:5.90

关于合成粉体的成型性及烧结性等特点,可通过下面直接滚制法生产研磨小球和注凝法生产日用陶瓷刀的具体应用内容予以详细介绍。

6.4　合成粉体直接滚制法生产 TZP 小球

6.4.1　氧化锆陶瓷研磨介质小球

氧化锆陶瓷磨球是氧化锆材料中一类用量很大、应用面很广的产品,除了在氧化锆、硅酸锆类陶瓷粉体研磨中大量使用外,在其他电子陶瓷粉料,磁性材料粉料、高技术结构和功能陶瓷粉料、日用陶瓷色料和釉料,化工和各类涂料,机械抛光用粉料,医药和食品粉剂的超细研磨中也发挥了极为重要的作用。通常,高质量的TZP 微晶氧化锆磨球多采用 3%(摩尔分数)Y_2O_3－ZrO_2 超细粉体为原料成型后经高温烧结致密化,然后通过自磨或添加超细研磨粉料抛光得到 TZP 球,球粒尺寸根据使用要求不同,包括了从 $\phi 0.1mm$ 以上各种级别。与大量使用的氧化铝陶瓷磨球相比,氧化锆陶瓷密度可达 6.0g/cm³ 左右,因此冲击力大,在同样条件下,可减少所需的研磨时间,提高研磨效率;其次,氧化锆陶瓷与氧化铝陶瓷的硬度相近,约为 12GPa～14GPa,但强度高达 800MPa～1000MPa,断裂韧性可达 $10MPa \cdot m^{1/2}$ 以上,均为氧化铝陶瓷的 2 倍～3 倍。因此其磨耗很低,压碎强度很高,可以显著减少被研磨物料中杂质引入,同时在一些特殊的超细粉体研磨设备如搅拌磨机、砂磨机、高速振动磨机等新型设备中,不易破碎的高强高韧微晶氧化锆陶瓷磨球已成为唯一可用的产品,尽管微晶氧化锆磨球价格高,但由于其磨耗极低,对被研磨物料的研磨和分散效果好,无需时常补加料,因此综合使用成本仍相对较低。其使用领域不断扩大,正在逐渐代替氧化铝、硅酸锆、玛瑙等研磨介质球。

最近正在制定的微晶氧化锆研磨介质小球的建材行业标准,规定其性能指标如表 6-3 和表 6-4 所列。

表 6-3　氧化锆研磨介质小球外观质量

序号	项目	缺陷程度	要　求
1	裂纹	重缺陷	不允许
2	崩瓷	重缺陷	不允许
3	颜色	轻缺陷	白色或乳白色,均匀无杂色
3	斑点	轻缺陷	100 个球中最多允许有 1 个球存在最大尺寸 <0.2mm 的斑点

表 6-4　氧化锆研磨介质小球技术指标

化学成分/%(质量分数)	$ZrO_2(HfO_2) + Y_2O_3 \geqslant 99.6$
表面粗糙度/μm	$Ra \leqslant 0.2$
体积密度/(g/cm³)	$\geqslant 5.95$
球形度/%	$\geqslant 95$
尺寸误差/%	$\leqslant 5$
晶粒度/μm	< 1.0
维氏硬度/GPa	$HV(0.5kgf) \geqslant 12$
压碎强度/kN	$>1.5(\phi 2mm 球)$ $>3(\phi 3mm 球)$ $>12(\phi 6mm 球)$ $>50(\phi 10mm 球)$
自磨耗率/(g/kg·h)	$\leqslant 0.10$
注:自磨耗率指在行星磨中转速为 300r/min 条件下的水中磨损量	

117

6.4.2　氧化锆陶瓷研磨介质小球的制备方法

1. 等静成型法

对于大尺寸磨球，多采用冷等静压成型工艺，即先将粉体料浆喷雾造粒，然后装入特殊设计的硬橡胶模袋中进行冷等静处理获得球坯。该工艺所得坯体致密度高，烧结成瓷材质好，密度高。但由于模具限制，其球坯圆度不好，表面形成的棱边需进一步打磨处理，同时，该工艺设备投资费用大，生产成本高，不适合于生产直径小于 $\phi 10\,mm$ 的小球。

2. 泥段成型法

国内生产氧化锆小球也有采用泥段滚制成型工艺，即先将粉体与水、黏结剂、增塑剂、润滑剂等加入练泥机混合练制成泥，经陈腐形成塑性泥料，放入挤泥机挤制成泥条，并切成长度与直径尺寸相当的泥段，再放入滚球机滚制成球坯。该工艺只要控制好挤泥机模头口径和切段长短，就可以获得一致性较好的泥段，滚制的球坯圆度也容易保证。但由于塑性泥料含水量和添加物较多，使球坯密度相对较低，需提高烧结温度才能获得较致密瓷体，导致晶粒尺寸长大，难以获得微晶耐磨的效果。

3. 胶态液滴成型法

杨金龙等人[4]利用注凝技术原理，发明了一种胶态液滴成型法制备陶瓷微珠技术。该技术首先配制含有单体和交联剂的高固相陶瓷水基料浆，加入引发剂搅拌均匀后，滴入加热的油性介质中，利用两液相之间的表面张力，使料浆液滴成为球形。液滴下降过程中，受到的重力、浮力和粘滞力达到平衡时，变为匀速缓慢下沉，从而在加热的油性介质中凝胶固化成球。该法成型的球坯致密均匀，有较高强度，在球坯阶段即可进行研磨整型加工。据称，他们利用这一技术已可批量生产直径为 0.2mm ~ 1.2mm 的圆珠笔芯用氧化锆球珠。

4. 直接滚制成型法

粉体直接滚制法使用简单廉介的旋转滚球机，先加入预制的球坯晶种，然后边旋转喷水雾边添加陶瓷粉体，粉体不断粘附于晶种表面逐渐长大，最终得到所需尺寸的球坯。滚制成型法制备陶瓷小球技术在氧化铝陶瓷中已获得了比较广泛的应用，可以滚制直径为几毫米至几一毫米的球坯[5]。该技术具有设备投资费用少、生产工艺简化、生产效率高、产品质量好的优势，是一种适合于规模化大生产的工艺技术。但目前用该工艺生产氧化锆球却鲜有报道，说明其有一定难度。

6.4.3　直接滚制法生产 TZP 小球[6]

直接滚制法制备 TZP 小球的工艺过程如下：

预制晶种→加入滚球机滚动→喷水雾→添加粉料……→滚动长大至预定尺寸

118

→球坯滚动表面抛光→干燥→球坯→装匣苯→烧结→球磨自抛光→清洗→干燥→产品→检验→包装。

1. 滚制成型氧化锆陶瓷球坯对粉体特性的要求

分别选用凝胶固相反应法和化学共沉淀法生产的两种3%(摩尔分数)$Y_2O_3-ZrO_2$陶瓷粉体为原料,用滚制成型法制备氧化锆陶瓷磨球坯体。首先向滚球机中加入预制晶种,控制滚球机倾角与转速,定时间隔喷射含0.3%(质量分数)PVA黏结剂的水雾并添加粉料,使晶种逐渐滚动长大成预定尺寸的球坯。

结果表明,用凝胶固相合成法生产的氧化锆陶瓷粉体,可获得圆度好、大小均匀的球坯,经测定其体积密度达到3.82g/cm³。而用共沉淀法生产的氧化锆陶瓷粉体,在球坯滚制过程中向晶种上粘粉困难,需喷较多水雾,但又容易结团,造成球坯尺寸大小不均匀,密度仅达到3.27g/cm³,而且容易破碎,破碎断口明显有分层现象。

分析认为,以往认为氧化锆球难以滚制成型,其主要原因是对粉体的要求不清所致。由于目前国内市场主要销售的是共沉淀法制备的氧化锆粉体,其煅烧合成温度较低,原晶尺寸极细,粉体过于膨松,比表面积很大,发育不够充分,存在明显团聚情况,因此不适合于滚制成型法制备陶瓷球坯。而凝胶固相反应法合成的氧化锆粉体是分散性良好的等轴球状亚微米级颗粒,其颗粒均匀细小,晶体发育完整,比表面积小,因此用水量少,堆集紧密,滚制成球则没有什么困难。

2. 烧结温度对氧化锆陶瓷球性能的影响

采用凝胶固相反应法合成的粉体滚制成型法制得的两种尺寸球坯体,将其分成三组装匣钵烧结,按如下烧结工艺制度烧成:

室温至1000℃,升温速率为100℃/h;1000℃至烧成温度,升温速率为50℃/h;三组试样的烧成温度分别定为1450℃、1500℃、1550℃,保温2h后随炉冷却,得到两种尺寸的氧化锆陶瓷磨球。

测定了磨球的体积密度和在快速研磨机(振磨机)的自磨损率与烧成温度的关系,同时测定了自磨损率最低的1500℃烧结陶瓷磨球的压碎强度,结果如表6-5所列。

表6-5 氧化锆陶瓷磨球的性能与烧结温度的关系

平均直径/mm	烧结温度/℃	体积密度/(g/cm³)	自磨损率/(g/kg·h)	压碎强度(N)
φ2.75	1450	5.90	1.36	—
	1500	5.97	1.02	3195
	1550	6.03	1.44	—
φ6.36	1450	5.91	2.54	—
	1450	5.97	2.50	13495
	1550	6.04	2.68	—

可以清楚地看到,滚制成型球坯有较好的烧结性,在1500℃烧结后即达到约97%的相对密度(理论密度按6.10g/cm³计算)。随着烧结温度的提高,氧化锆磨球的体积密度逐渐增大,在1550℃烧结后达到约99%的相对密度。证明滚制成型法可以制得高致密度的氧化锆磨球。1500℃烧结的ϕ2.75mm磨球的自磨损率仅为1.02g/kg·h,而且其平均压碎强度达到3195N,已超过ϕ3.0mm磨球压碎强度大于3000N的规定。

在本试验条件下,磨球的自磨损率并不完全取决于其体积密度的高低,而是以1500℃烧结后的氧化锆陶瓷磨球最低,且对于两种尺寸的磨球规律是一致的。分析认为,1450℃烧结后尚有少量微气孔,致密化程度较低,故其耐磨性不如1500℃烧结者,说明瓷体密度是影响磨球自磨损率的重要因素之一;而1550℃烧结后,晶粒尺寸有异常长大现象,其自磨损率明显增大,以致超过1450℃烧结者,说明晶粒尺寸对磨球自磨损率的影响更大;1500℃烧结后,瓷体在具有较高致密度的同时并保持了均匀细小的晶粒,故获得了最低的自磨损率。因此,对于氧化锆研磨介质球而言,更需强调其微晶结构的重要性。另一值得注意的问题是,在本试验中,较大尺寸磨球的自磨损率明显高于较小尺寸的磨球,这与一般在滚筒磨机进行自磨损试验中观察到的结果不一致。一般认为,同质量的小尺寸磨球因其球粒数量多,接触磨损点多,因此自磨损率高。但本试验在快速研磨机进行,由于强烈的振动冲击条件,磨球尺寸越大,磨球之间所产生的冲击力也越大,此时磨球表面的摩擦磨损机理可能已发生了变化,对此可做进一步的研究。

利用凝胶固相反应法合成的3%(摩尔分数)Y_2O_3 - ZrO_2陶瓷粉体为原料,山东合创明业精细陶瓷有限公司用滚制成型法已能批量生产0.2mm ~ 8.0mm的氧化锆陶瓷研磨介质球,取得了较好的效果。

6.5　水基注凝法生产日用氧化锆陶瓷刀

6.5.1　高品质日用氧化锆陶瓷刀

氧化锆陶瓷刀首先由日本京瓷研制成功并投放市场,一经问世就受到人们的喜爱和追棒,是近年来开发出的高科技产品。氧化锆陶瓷刀独具玉石般丰润亮泽,时尚典雅,号称"贵族刀";其刀刃锋利无比,耐磨性比钢刀高几十倍,堪称"永不磨损";氧化锆陶瓷化学稳定性极高,耐酸碱腐蚀,易清洗不生锈,切物无异味,是典型的"绿色环保产品"。目前在日本、美国及欧洲发达国家已得到广泛应用,国内也已有多家企业工业化生产氧化锆陶瓷刀,大量出口并作为贵重礼品互相馈赠。

氧化锆陶瓷刀通常以3%(摩尔分数)Y_2O_3 - ZrO_2粉体为原料,经成型、烧结生产陶瓷刀坯,再经金刚石砂轮机和抛光机精密加工而成。最近正在制定的氧化锆日用陶瓷刀材料的理化性能要求如表6-6所列。显然,这些指标只是一些最低要求,对于TZP陶瓷来说是容易达到的。但是,根据作者经验,对于陶瓷刀而言,除要求材质具有体积密度高、强度和韧性高、加工精度高等特点外,还要特别注意将材质的晶粒尺寸和内在缺陷控制在亚微米级的水平,以保证刀刃的锋利度和耐磨性要求。另一方面,还要求其相结构稳定,尽可能多以 t 相存在,使其不易"老化"和保持足够的相变增韧能力,才能达到不易崩豁损坏的目的。

表6-6 氧化锆陶瓷刀材料的理化性能

性　能	指　标
组成/%（质量分数）	$ZrO_2(HfO_2) + Y_2O_3 \geqslant 99.5$
体积密度/（g/cm³）	$\geqslant 5.95$
抗弯强度/MPa	$\geqslant 800$
断裂韧性/MPa·m^{1/2}	$\geqslant 8$
维氏硬度/GPa	$\geqslant 11$

由于部分稳定的 TZP 陶瓷优异的力学性能源于变形时发生 t→m 相转变而引起的相变增韧特性,因此,粉体原料、成型工艺、特别是烧结制度对 TZP 陶瓷的相结构及其稳定性有着至关重要的影响。目前,国内外大多数企业都是以化学共沉淀法生产的3%（摩尔分数）Y_2O_3-ZrO_2造粒粉体为原料,采用干压成型法生产氧化锆陶瓷刀坯。干压成型法机械化程度较高,因而工艺成本低,生产效率高,但坯体密度低,结构不均匀,烧结时收缩率过大,容易变形开裂,产品质量较差。为此,对于尺寸较大的刀坯,常再辅以冷等静压工艺提高坯体密度和结构均匀性,以解决上述问题。但这样无疑会提高设备和工艺成本,并大大降低生产效率。同时,做为干法成型,即使经过冷等静压,陶瓷坯体气孔分布一般在不同程度上仍会表现为多峰分布,坯体中难免存在较大的气孔缺陷,影响陶瓷刀的质量。

6.5.2　水基料浆注凝成型法生产氧化锆陶瓷刀

水基料浆注凝法可以将坯体中的气孔缺陷降低至晶粒尺寸水平,是一种生产高质量氧化锆陶瓷刀的理想工艺。但现有化学共沉淀法生产的3%（摩尔分数）Y_2O_3-ZrO_2粉体因其原晶尺寸极细,发育不够充分,粉体过于膨松,比表面积很大,配制高固相含量陶瓷料浆非常困难。

以本章所述用凝胶固相反应法生产的低比表面积亚微米级3%（摩尔分数）Y_2O_3-ZrO_2超细粉体,可以配制出高固相含量和良好流动性的水基陶瓷料浆,适用于注凝成型法生产氧化锆陶瓷刀坯。其工艺过程为:

原料(陶瓷粉体、去离子水、分散剂、pH 值调节剂、有机单体、交联剂等)→球磨机混磨→料浆→过滤及真空搅拌除气→加催化剂和引发剂→浇注入模具→凝胶固化→脱模后冲切或裁剪成型→脱水干燥→烧除有机物与烧结致密化→刀坯→粗磨平面→细磨平面(抛光)→磨外形→粗磨开大刃→精磨开小刃→装柄→成品刀→检验→包装。

1. 水基料浆配制

按照1kg粉体原料中加入110ml去离子水、18g JA-281分散剂、25g丙烯酰胺有机单体、1.25g亚甲基双丙烯酰胺交联剂的配比,用氨水或四甲基氢氧化铵调整料浆pH值为9~10,并加入少量丙三醇增塑剂。取球料比为2∶1,经多次分批加料,在滚筒球磨机中总共混磨18h。此时获得的料浆流动性很好,经涂4杯测定仅为30s左右。而用一般市售的化学共沉淀法粉体,要达到同样的流动性则加水量需超过200ml。

2. 除气

用100目~200目筛网或筛网布堵住球磨机出料口,在出料过程中先经过一次筛网过滤除气,同时滤去研磨过程中混入料浆中的粗颗粒杂质,然后置于真空搅拌除气装置中,以-0.09Pa真空度条件下搅拌除气1h左右。

3. 浇注与凝胶固化

边搅拌边向料浆中滴加适量的50%浓度四甲基乙二胺催化剂,3%浓度过硫酸铵水溶液引发剂,搅拌均匀后浇注进用平板玻璃组合成的有一定厚度间隙的模具中(参阅图7-4),约10min后凝胶化。

4. 成型与脱水干燥

脱模取出坯片并冲切或裁剪成图纸刀坯形状(需预留烧结收缩量),同时裁切成若干50mm×70mm的长方片用于制备性能测试试样,置于平整石膏平板上,于烧结炉旁利用余热提高干燥速率。

5. 烧除有机物和烧结致密化

将干燥后的坯片放在刚玉—莫来石承烧板上于箱式电炉中烧除有机物与烧结致密化一次完成。具体烧结工艺为:从室温以80℃/h升温至600℃,保温2h,彻底烧除有机物,然后以100℃/h升温至1000℃,再以80℃/h升温至规定烧结温度,保温2h后随炉冷却。

烧除有机物和烧结致密化可一次进行,也可以分两次完成,可根据设备条件选择。有机物烧除主要在200℃~600℃控制升温速率要慢,而烧结致密化则主要在1000℃以上控制升温速率。

6.5.3 影响氧化锆陶瓷微观结构的因素

1. 烧结温度对陶瓷晶粒尺寸的影响

图6-9为不同温度烧结后陶瓷体表面和断口的SEM形貌。可以看出,

1380℃与1400℃烧结后,陶瓷晶粒尺寸非常细小但不均匀,基本保留着原始粉体的形貌,其发育还不够充分,局部区域晶界显得模糊不清;1450℃烧结后,晶粒细小而均匀,约为 0.5μm,其晶粒发育完整,原始粉体中极细颗粒已不存在;1500℃烧结后,晶粒平均尺寸有所长大,并出现部分晶粒异常长大现象;而1600℃烧结后其微观形貌则完全不同,已发生了晶粒尺寸的急剧长大,平均达到了 2μm 以上。同时,从试样断口形貌看,其表面晶粒与内部晶粒尺寸一致(注意图中1600℃试样断口和表面标尺不同),且材质内部没有超过其晶粒尺度的气孔缺陷。

(a)

(b)

(c)

(d)

(e)

(f)

(g)

(h)

(i)

(j)

图 6-9　不同温度烧结 2h 氧化锆陶瓷表面和断口形貌

（a）1380℃，表面；（b）1380℃，断口；（c）1400℃，表面；（d）1400℃，断口；

（e）1450℃，表面；（f）1450℃，断口；（g）1500℃，表面；（h）1500℃，断口；

（i）1600℃，表面；（j）1600℃，断口。

2. 烧结温度对陶瓷相结构的影响

图 6-10 为不同温度烧结后试样的 XRD 图谱，可以看出，在 1380℃～1500℃很宽的烧结温度条件下，其物相结构全部为 $t-ZrO_2$（由于 $c-ZrO_2$ 与 $t-ZrO_2$ 衍射峰有重叠，不排除其中有部分 $c-ZrO_2$ 存在）；而 1600℃烧结 $m-ZrO_2$ 含量急剧增多，数量已超过 $t-ZrO_2$ 的含量。做为一种典型的固相烧结过程，在 1600℃高温条件下 3%（摩尔分数）$Y_2O_3-ZrO_2$ 粉体不会发生组分挥发，而只会使稳定剂 Y_2O_3 与 ZrO_2 更加均匀固溶。因此，$m-ZrO_2$ 含量急剧增多的原因只能是与其晶粒的长大密切相关。对于氧化锆陶瓷来讲，$m-ZrO_2$ 晶粒的表面自由能最大，$t-ZrO_2$ 次之，$c-ZrO_2$ 最小。存在一个临界晶粒尺寸 d_c，只有 $d < d_c$ 的晶粒才能在室温以 $t-ZrO_2$ 保留下来[7]。也就是说，晶粒越细，室温下 $t-ZrO_2$ 越容易保留，甚至极细晶粒会以 $c-ZrO_2$ 存在。而当温度超过 1500℃，出现了局部晶粒异常长大现象，特别是

124

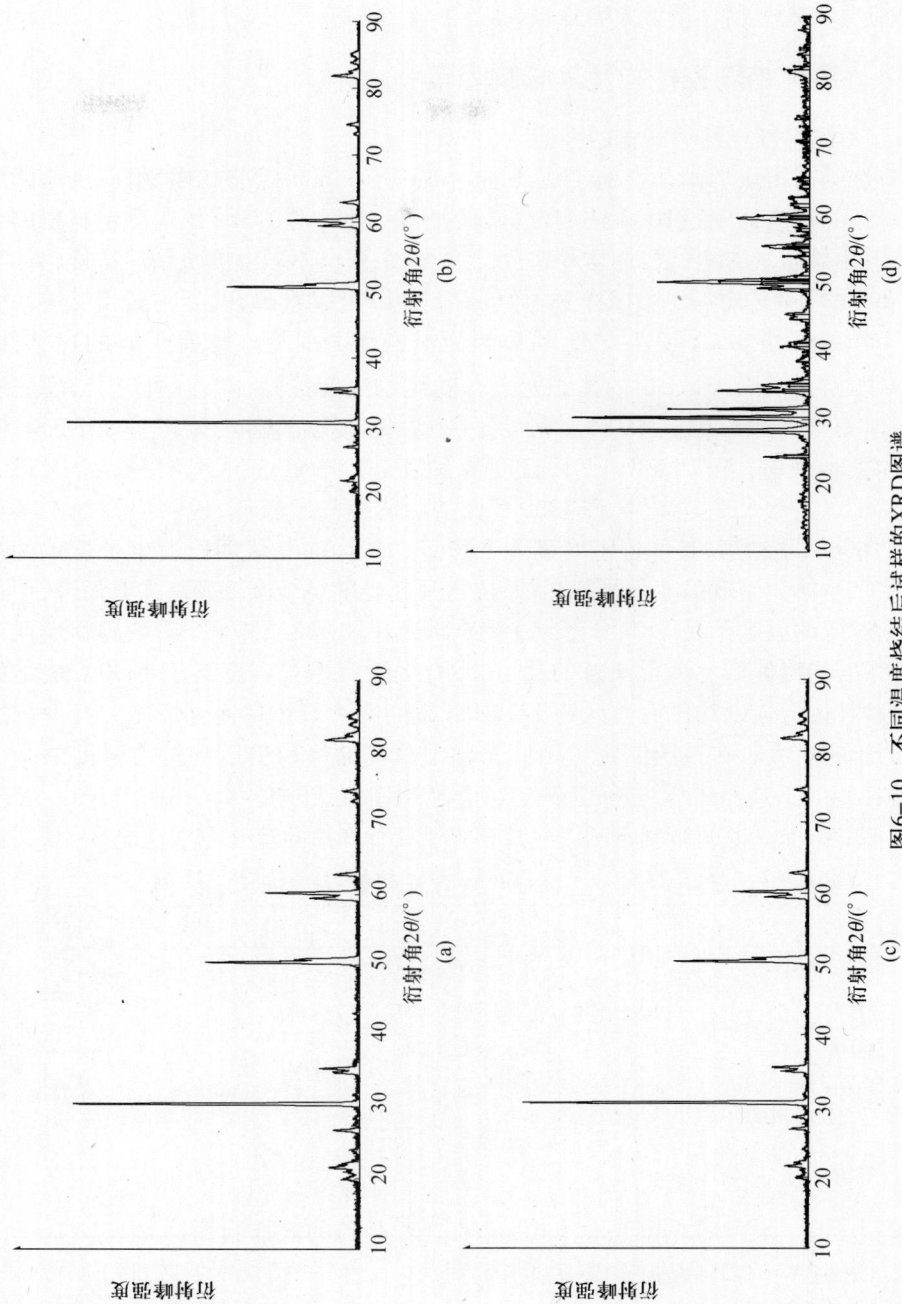

图6-10 不同温度烧结后试样的XRD图谱

(a) 1380℃,2h; (b) 1400℃,2h; (c) 1500℃,2h; (d) 1600℃,2h。

125

1600℃烧结后,其平均晶粒已达2μm以上,则室温时t－ZrO$_2$相结构已不能稳定存在,致使m－ZrO$_2$相含量大大增加。

6.5.4 氧化锆陶瓷性能及其影响因素

1. 不同温度烧结后陶瓷的性能

将烧结后试块切割并磨加工成 3mm×4mm×35mm 标准试样,用三点弯曲法测定材料的抗弯强度;用压痕法测定材料的断裂韧性;用 0.5kg 压头测定材料的维氏硬度;用排水法测定试样的体积密度。表 6－7 列出不同温度烧结后试样的体积密度和力学性能(均为 5 个试样平均值)实测值。可以看出,以凝胶固相反应法合成的3%(摩尔分数)Y$_2$O$_3$－ZrO$_2$粉体为原料的注凝成型坯体有很好的烧结性,1380℃即得到了 6.03g/cm^3 的体积密度。随烧结温度提高,陶瓷的体积密度先升后降,1400℃达到 6.04g/cm^3 最高密度,进一步提高烧结温度,体积密度反而有所下降。总体来看,至 1550℃ 以下温度烧结,其下降幅度并不明显,都达到了 6.0g/cm^3 以上的水平。当然,在 1330℃烧结后体积密度较低,说明成瓷尚不够充分;而 1600℃烧结后,其体积密度显著下降至 5.92g/cm^3,说明已发生了严重的过烧现象。与体积密度的变化规律相似,抗弯强度也随烧结温度升高先升后降,但最高强度对应的温度不是 1400℃而是 1450℃,达到了 938.6MPa。烧结温度较低或较高,强度均略偏低。值得注意的是,1600℃烧结后尽管密度高于 1330℃烧结的试样,但其抗弯强度却比后者低约 131MPa,说明 Y－TZP 陶瓷过烧比欠烧对抗弯强度的影响更大。在系统测定了不同条件下试样的体积密度和抗弯强度的基础上,选取 1450℃烧结试样,进一步测定了其断裂韧性和硬度:K_{IC} = 10.4MPa·m$^{1/2}$,HV 为 12.5GPa。说明所制备的 Y－TZP 陶瓷具有理想的综合力学性能。

表 6－7 烧结温度对 Y－TZP 陶瓷体积密度和抗弯强度的影响

烧结温度/℃	体积密度/(g/cm^3)	抗弯强度/MPa	断裂韧性/MPa·m$^{1/2}$	HV/GPa
1330	5.85	655.5±88.3	—	—
1380	6.03	796.6±81.3	—	—
1400	6.04	850.9±86.1	—	—
1450	6.03	938.6±64.4	10.4	12.5
1500	6.01	813.4±37.0	—	—
1550	6.00	718.0±78.2	—	—
1600	5.92	524.6±66.7	—	—

2. 影响 Y－TZP 陶瓷体积密度的因素

烧结后陶瓷体是由晶粒相、晶界相和气相三部分组成。晶粒相中原子按一定晶体结构规则排列,体积密度最高;晶界相通常是杂质富集的区域,同时原子不规则排列,体积密度稍低;气相是坯体烧结时未能彻底排出陶瓷坯体的孔洞,当然体积密度最低。对于细晶 TZP 陶瓷,杂质很少,其晶界处不含玻璃相,晶界处不规则排列的原子数量也很少[8],故陶瓷材料最终的体积密度应取决于其坯体中气孔排出陶瓷体的程度。但应注意的是,氧化锆陶瓷烧结后具有不同的晶体结构,其本身密度不同,$c-ZrO_2$、$t-ZrO_2$、$m-ZrO_2$ 的密度分别为 6.27 g/cm³、6.10 g/cm³、5.65g/cm³。这样,烧结后陶瓷获得何种晶体结构将对其体积密度产生重要影响。我们采用了高烧结活性亚微米级超细粉体及注凝湿法成型工艺,获得了结构均匀、单气孔分布的高体积密度坯体(干燥后体积分数约为 56%)。从烧结体表面和断口形貌看,在 1380℃ 以上温度烧结后均可获得非常致密的烧结体,极少发现有气孔存在。至 1400℃ 烧结得到了最高体积密度 6.04 g/cm³,但此时由于存在极细的晶粒,不能排除有部分 $c-ZrO_2$ 的存在及其对提高体积密度的贡献。1450℃ 烧结后,晶粒发育完整,大小均匀,其体积密度略微降低可能是由于 $c-ZrO_2$ 减少或消除所致。而 1500℃ 以上,特别至 1600℃ 烧结后,体积密度的显著下降则归因于晶粒尺寸异常长大,$m-ZrO_2$ 大量出现所造成。因此,对于 TZP 陶瓷来讲,过烧造成体积密度降低的原因主要是其物相结构变化的结果。

3. 影响陶瓷力学性能的因素

众所周知,氧化锆陶瓷特有的相变增韧机制在于部分稳定氧化锆陶瓷在拉应力作用下,其裂纹尖端应变区有可能发生亚稳态 $t-ZrO_2$ 相向稳定 $m-ZrO_2$ 相的转变,即 $t \rightarrow m$ 相变,该过程需要吸收相变能。同时这一相变伴随着约 5% 的体积膨胀,会对裂纹产生压应力,有效降低裂纹尖端的应力强度因子,起到了愈合微裂纹或增加裂纹扩展阻力的作用。因此,原则上讲,室温下 t 相越多,对提高材料的韧性越有利。但是,已有大量的研究表明,并非所有在室温存在的 $t-ZrO_2$ 都能转变为 $m-ZrO_2$,其稳定性受到稳定剂含量和晶粒尺寸的影响。在本研究条件下,稳定剂 Y_2O_3 摩尔分数已确定为 3%,则影响其稳定性的决定因素就是晶粒尺寸大小。晶粒越细小,$t-ZrO_2$ 越容易在室温存在,但在同样应力作用下也越不容易发生 $t \rightarrow m$ 相变。研究[9]指出,在承载时当裂纹的尖端应力场最高值一定的情况下,应力诱发 $t \rightarrow m$ 相变存在一个临界晶粒直径 d_1。这样,只有 $d > d_1$ 的晶粒才会发生应力诱发相变,即这部分晶粒才会对相变韧化有贡献。

采用不同烧结温度来控制氧化锆陶瓷的晶粒尺寸,从而也就控制了室温下陶瓷中的 $t-ZrO_2$ 相含量及其稳定性。当温度低于 1500℃ 时,由于晶粒尺寸未明显长大,因而在室温下均可以 $t-ZrO_2$ 相结构存在,但烧结温度较低时($\leqslant 1400$℃),虽然致密化过程已完成,体积密度已超过 6g/cm³,但晶粒细小,存在许多小于 d_1 尺寸、非常稳定的极小晶粒,以致在变形时也不能发生 $t \rightarrow m$ 相变,故而 1380℃ 和 1400℃ 烧结试样的强度未能达到峰值;而当温度超过 1500℃,出现了局部晶粒异常长大现象,特别是 1600℃ 烧结后平均晶粒已达 $2\mu m$ 以上,则室温时 $t-ZrO_2$ 相结

127

构已不能稳定存在,$m-ZrO_2$ 相含量已大大增加,这些 $m-ZrO_2$ 相不能起到相变增韧的作用,加之晶粒粗大,则材料性能明显下降;显然,1450℃烧结试样,室温时保留了大量的晶粒尺寸大于 d_1 的 $t-ZrO_2$ 相,在变形时可以通过 $t→m$ 相变超到增韧作用,从而得到了最佳的力学性能。

6.5.5　氧化锆陶瓷刀的锋利度和耐磨性

　　氧化锆陶瓷之所以可用来制成各种日用刀,除因其具有很高的强度、硬度、韧性等综合性能特点外,材质的微晶结构也是其不可缺少的性质。与金属材料不同,陶瓷材料的晶界通常是杂质富集的区域,同时原子排列不规则,因此强度较低,从图 6-10 所示氧化锆陶瓷的断口扫描照片可以看到,其断口均为沿晶断裂。在用金刚石砂轮研磨加工刀刃和刀刃使用过程中,其磨损主要是沿晶界剥落。这样,氧化锆陶瓷刀刃经过研磨后可以达到的锋利度以及在使用过程中的耐磨性就直接与晶粒度有关。由于氧化锆陶瓷保持了亚微米级尺度的晶粒,加之其高硬度特性,也就保证了其锋利度和耐磨性可以远高于金属,因为金属材料通常晶粒度在几十微米。

　　利用凝胶固相反应法合成的3%(摩尔分数)$Y_2O_3-ZrO_2$ 陶瓷粉体为原料,淄博博航电子陶瓷有限责任公司和山东合创明业精细陶瓷有限公司用注凝成型技术已形成批量生产各种规格的氧化锆陶瓷刀的能力,如图 6-11 所示。与干压加等静压成型法生产的产品相比,由于烧结温度降低,晶粒尺寸细小,可相变的 $t-ZrO_2$相含量多,因此其刀刃锋利度和耐磨性高,力学性能好。加之材质致密度高,内部基本无气孔缺陷,因而抛光表面粗糙度低,外观更显玉润光亮,受到了用户的好评和欢迎。

图 6-11　注凝法生产的各种规格氧化锆陶瓷刀

参 考 文 献

[1] Garvie R C,Hughan R R,Pascoe R T. Ceramic Steel. Nature,1975,248:703.

[2] 陈大明,李斌太,杜林虎,等. 陶瓷复合粉体合成方法. Patent ZL99100590.2,1999.

[3] 陈大明,仝建峰,张合军,等. 低比表面积高烧结活性 Y – TZP 超细粉体凝胶固相反应合成技术. 稀有金属材料与工程,Vol.38(增刊2),2009.12:71.

[4] 杨金龙,黄勇,蔡锴. 制备陶瓷小球的方法和装置,中国发明专利,ZL02125221.1,2002,7.

[5] 刘光海. 氧化铝瓷球的成形方法和设备简介. 佛山陶瓷,2001,5:12 – 13.

[6] 刘惟,张合军,张文华. 氧化锆陶瓷磨球的滚制成型法制备技术与性能研究. 稀有金属材料与工程,Vol.38(增刊2),2009.12:198.

[7] 陈大明,张晨,孟国文,等. 粒径与掺杂对 ZrO_2 纳米粉相结构的影响. 材料研究学报,1995,19(3):259.

[8] Ross I M,Rainforth W M,McComb D W. et al. The role of trace additions of alumina to yttria-tetragonal zirconia polycrystals(Y – TZP). Scripta Materialia,2001,45:653.

[9] 葛启录,周玉,雷廷权:ZrO_2 – 2.2mol% Y_2O_3 陶瓷显微结构及性能的研究,硅酸盐学报,1990.1.

第7章 氧化铝陶瓷基片水基注凝法生产技术

7.1 现有薄片状陶瓷材料生产工艺简介

薄片状陶瓷的制备方法很多,其核心技术是高质量陶瓷坯片的制备。为保证坯片内部结构的均匀性,并能成型平面尺寸较大的薄片,一般采用湿法成型工艺。目前工业化生产薄片状陶瓷主要有轧膜工艺和流延工艺。

7.1.1 轧膜工艺

轧膜成型(roll forming)是一种塑性泥料成型方法,可形象地看作是"压面片"工艺,即通过轧膜机的两个相对运动的轧辊将泥料轧制成陶瓷膜坯片,如图 7 - 1 所示[1]。该工艺一般以水做溶剂,辅以黏结剂(如聚乙烯醇、纤维素等,通常预溶于热水以水溶液状态使用,使脊性料可以互相粘合成有一定强度的坯料)、增塑剂(如甘油、乙二醇等,能降低黏结剂的黏度,使膜片易于产生塑性变形,不易发生回弹和破裂,还能调节膜片湿度)、润滑剂(如植物油、机油等,可减少膜片与轧辊的粘连,使膜片表面平滑光亮)等辅料,与陶瓷粉料一起混炼成具有良好塑性变形特性、不粘轧辊且轧制中不易开裂的泥料。泥料混炼可以使用真空炼泥机,但更普遍的是通过在轧膜机中进行反复辊轧完成。工艺过程为,将上述原料直接置于轧膜机中,经过多次轧片—折叠—转向90°—轧片,使得放在轧辊之间的瓷料中每个颗粒都被均匀涂覆一薄层黏结剂,进而获得粗轧膜坯片,其厚度一般控制为最终要求厚度的 2 倍以内。该粗轧膜坯片经陈腐一定时间后,再于轧辊间进行数次精轧,同时逐步调近轧辊间距(或通过数台不同轧辊间距的轧膜机),最终获得表面光滑和符合厚度要求的薄膜坯片。该薄膜坯片可置于一定湿度的环境中存放,防止干燥脆化并释放部分轧制应力,再进一步冲切或裁切成所需形状的坯片,转入烧结工序。

轧膜工艺在我国已使用了几十年,设备和技术都已比较成熟,在电子陶瓷领域获得了比较广泛的应用。该工艺可适用于 0.1mm ~ 1mm 各种厚度要求的片式陶瓷元件的制备,具有设备和工艺简单,坯片厚度控制精确的优点。但从其工艺过程可知,坯料在轧辊中只在厚度和前进方向受到碾压,而在宽度方向受力较小,致使坯片中陶瓷粉料和各种辅料排列均有一定方向性,烧结时横向收缩远大于纵向收

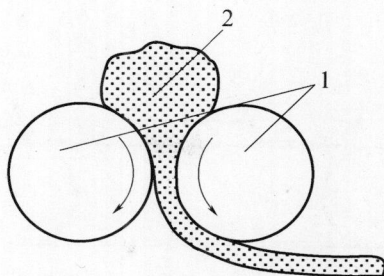

图7-1　轧膜成型示意图
1—相对转动轧辊；2—泥料。

缩,因此元件的平面尺寸精度无法控制,特别是对于带有孔类的片状陶瓷元件是很难适用的。同时烧结后陶瓷材料的性能也会出现各向异性,在一定程度上限制了该工艺的实际应用。国内有多家单位用该工艺生产厚度1mm以内的半导体制冷器用方型氧化铝陶瓷基片,其厚度精度和致密性都较好,但烧结后必须对基片四边进行研磨加工,才能保证外形尺寸精度和直角度要求。

7.1.2　流延工艺

1. 流延成型工艺简介

流延成型(Tape-casting)又称为刮刀成型(Docting-blading)或小刀覆层成型(Knife-coating),是在平整的载膜带上将料浆刮成一定厚度后固化变成薄膜坯片的成型工艺。该工艺过程总体上可以分为料浆制备、流延成型、固化成膜和后处理四个部分。首先将陶瓷粉末、有机粘结剂、增塑剂、分散剂及其他添加剂加入到溶剂中,通过球磨混合,制备出具有良好流动性和悬浮稳定性的陶瓷料浆。陶瓷料浆经真空搅拌除气后注入盛浆料斗,并从料斗下部均匀地流至向前移动的不锈钢或聚酯载膜带上,膜带上方有一固定刮刀,坯片的厚度由刮刀控制,坯膜厚度由X射线测厚仪进行连续检测,并将所测厚度漂离信号反馈至刮刀高度调节系统,微调刮刀与载膜带之间的缝隙高度即可控制载膜带上料浆的厚度。当载膜带运动进入巡回热风干燥室,料浆中溶剂大部分挥发,而粘结剂、增塑剂则使陶瓷粉料定型成为有一定强韧性的薄膜坯片。待运动出干燥室后可将其与载膜带剥离卷轴待用(对于很薄的膜坯片,通常在载膜带上再铺一层低灰分有机基带,将膜坯片连同基带一起卷轴待用)。最后,按照所需要的形状进行切割、冲片或打孔后处理,转入烧结工序。流延成型工艺过程如图7-2所示。

流延工艺是20世纪40年代由美国麻省理工学院G. N. Howatt针对薄型陶瓷板发明的技术,同时研制成功了相应的流延成型机,于1952年获得了第一项关于用流延法制备高绝缘陶瓷板的专利[2]。1961年美国J. L. Park Jr获得了连续流延

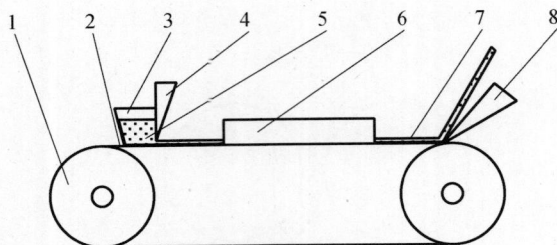

图7-2　流延成型工艺过程示意图

1—驱动转轮；2—载膜带；3—盛浆料斗；4—刮刀；5—料浆；6—干燥箱；7—坯片；8—剥离铲刀。

法专利[3]，提出了在不渗水有机载膜带上连续流延成型陶瓷坯片技术，并首次提到至今常用的黏结剂聚乙烯醇缩丁醛（PVB）。1967年，H. W. Stetson 和 W. J. Gyurk[4]进行了超薄型 Al_2O_3 薄膜的流延成型研究，成功地制备出厚度为 $50\mu m$ 的氧化铝陶瓷基片，并于1972年获得专利[5]，关键内容是以鱼油做为分散剂，以便提高料浆中氧化铝粉末含量，直接烧制出高致密度的氧化铝陶瓷基片。自20世纪70年代开始出现超细粉末流延成型的研究，1996年美国和日本已可以使用连续流延法生产 $5\mu m$ 厚度的薄片应用于多层陶瓷电容器并已投入市场；1997年，能够成型出 $5\mu m$ 薄膜的流延机械设备开始出现在日本和美国市场；至1998年相继有研究者宣布由流延工艺可以得到厚度为 $3\mu m$ 的薄膜[6]。流延法经过半个多世纪的改进发展，已成为一种成熟的技术，与之相配套的生产设备也日趋完善。由于坯片内部结构均匀，与载膜带接触的表面粗糙度很低，并具有机械化、自动化程度高，生产效率高，可以连续化生产的优点，现已成为薄片状陶瓷的主流生产方法。

2. 流延料浆体系

流延成型根据料浆所使用溶剂的不同，可以分为有机溶剂体系和水基体系两大类。有机料浆流延法使用高挥发性有机溶剂，可以加快料浆中溶剂在烘干室快速挥发而提高生产效率，同时防止料浆在干燥过程中因过量收缩而开裂，是目前国内外工业化生产高质量薄片状陶瓷的通用方法，我国从20世纪70年代末起从美国和日本引进了多台流延成型设备，现已能自主研制各种规格的流延机设备，并已成功用于生产氧化铝陶瓷基片、片式电容、片式电感、压电陶瓷片等电子元件。但广泛使用的高挥发性有毒溶剂如甲苯、二甲苯、环己酮、正丁醇、三氯乙烯等，其回收和再利用是关系到环境污染和生产成本的关键，国内这方面的工作还很不够，环境污染问题严重。另一方面，流延法坯片中通常至少残存12%（质量分数）以上的有机物（残留溶剂、黏结剂、增塑剂、分散剂等），坯片密度较低，烧结过程中收缩较大，易造成坯片开裂。因此，烧结时叠层片数不能过多，烧结过程很长且装炉量受限，能耗高。

非水系流延存在的一系列问题使人们把研究的重点转向了水系流延。与非水

132

系流延相比,水基料浆流延法使用去离子水或蒸馏水作为溶剂,而常采用丙烯酸乳液—聚丙烯酸铵做为黏结剂—分散剂体系,可以相应降低有机物的使用量,具有无毒性、不易燃、环境污染小、成本低等优点,是近些年来国内外研究的热点,已取得较大的进展,并在小于200mm宽的流延机上得到了实际应用。但由于水溶剂挥发困难,不利于坯体的干燥,伴随水分蒸发容易产生开裂、卷曲、有机物及细小颗粒偏析导致分层、显微结构不均匀、造成坯片表面出现针孔缺陷等问题,尤其是在干燥速度较快的情况下更为明显。特别是由于脱水干燥过程会产生较大收缩而导致坯片开裂,所以目前只能用于非常薄坯片的成型,而且生产效率很低,成为限制水系流延广泛应用的主要原因。另一方面,适合于流延成型的水基料浆配制也有较大难度,水基体系在降低有机物含量的同时,也降低了陶瓷粉末的含量,这与黏结剂以及溶剂的自身特性有关。一般来说,水溶性黏结剂的强度明显低于有机溶剂体系所使用的黏结剂强度,为保证成型坯体的强度,避免裂纹产生,水基体系需要增加料浆中黏结剂的含量。此外,有机溶剂的表面张力较低,与陶瓷颗粒的润湿性较好,容易形成悬浮稳定、分散良好的陶瓷料浆,而水的表面张力远高于一般使用的有机溶剂,与陶瓷颗粒的润湿性较差,导致料浆的固含量降低,虽然加入润湿剂有利于改善水与陶瓷颗粒润湿性,提高料浆固含量,但料浆悬浮稳定性仍不如有机溶剂料浆。由于上述问题,水基体系虽然已经研究多年,但至今未能应用于工业化大生产。

7.2　水基料浆注凝法生产氧化铝陶瓷基片

7.2.1　厚膜电路用96氧化铝陶瓷基片的配方设计

1. 对氧化铝陶瓷基片的性能要求

氧化铝陶瓷基片(基板)广泛应用于IC封装、厚膜集成电路、聚焦电位器、片式电阻、网络电阻器、陶瓷覆铜板、半导体制冷器、臭氧发生器、PTC加热器及多种传感器的绝缘衬板,是电子和微电子工业的基础产品,并可作为电子陶瓷元件的薄型承烧板,有着极其广泛的用途和市场前景。

氧化铝陶瓷基片是典型的的电绝缘陶瓷。文献[7]指出,电绝缘陶瓷又称作装置陶瓷,是在电子设备中安装、固定、支撑、保护、绝缘、隔离及连接各种无线电元件及器件的陶瓷材料,应具备以下性质:

(1) 高的体积电阻率和高介电强度,以减少漏导损耗和承受较高的电压;

(2) 介电常数小,可以减少不必要的分布电容值,避免在线路中产生恶劣的影响;

(3) 高频电场下的介电损耗要小,避免使用中材料发热,使整机温度升高,影

响工作,以及一系列附加衰减现象;

(4) 机械强度高,以能承受较大的机械负荷;

(5) 良好的化学稳定性,能耐风化、耐水、耐化学腐蚀,不致于性能老化。

对于集成电路的基片材料,还要求高导热系数、合适的热膨胀系数、平整、低表面粗糙度及易镀膜或表面金属化。国家标准 GB/T 14639—93《厚膜集成电路用氧化铝陶瓷基片》全面规定了基片的理化、机械、电气等性能,国内外要求基本相同,各生产厂均照此执行。

2. 96 氧化铝陶瓷基片的配方设计与物料计算

96 氧化铝陶瓷基片是由主晶相 α - Al_2O_3,晶界玻璃相和气相组成,在实际生产中,通常采用了 Al_2O_3 - SiO_2 - CaO 体系和 Al_2O_3 - SiO_2 - CaO - MgO 体系。当规定 $Al_2O_3\% \geqslant 96\%$ 后,其机电和理化性能则与玻璃相和气相密切相关,后者取决于陶瓷材料的烧结致密度,前者主要取决于玻璃相的成分。我们通过大量的试验研究,提出以下两种配方,可以获得很好的综合机电与理化性能。其中 Al_2O_3 - SiO_2 - CaO 体系致密化烧结温度较低,而 Al_2O_3 - SiO_2 - CaO - MgO 体系因 MgO 可以有效阻碍晶粒长大,强度较高。原料使用 α - Al_2O_3 粉、高岭土、碳酸钙、滑石及纳米 SiO_2。在配料中取 Al_2O_3 质量分数为 97%,是考虑了原材料纯度可能带来的不足。其配方设计与物料计算如下:

(1) Al_2O_3 - SiO_2 - CaO 体系:97%(质量分数)Al_2O_3,SiO_2:CaO = 1.2(质量比)

① 根据规定 SiO_2 + CaO 总量为 3(质量分数)%,SiO_2:CaO = 1.2,可计算得所需 SiO_2 和 CaO 的质量分数分别为

$$SiO_2 = 3\% \times (1.2 \div 2.2) = 1.64\%$$
$$CaO = 3\% \times (1.0 \div 2.2) = 1.36\%$$

② SiO_2 主要由高岭土引入,在加入 0.2%(质量分数)纳米 SiO_2 后,尚需补加 1.44%(质量分数)。纯高岭土(Al_2O_3 - $2SiO_2$ - $2H_2O$)理论组成为 39.5%(质量分数)Al_2O_3,46.5%(质量分数)SiO_2,14%(质量分数)H_2O,可计算得高岭土加入质量分数为

$$1.44\% \div 0.465 = 3.10\%$$

③ CaO 用碳酸钙($CaCO_3$)引入,可计算得碳酸钙加入质量分数为

$$1.36\% \div 0.56 = 2.43\%$$

④ 根据规定 Al_2O_3 为 97%(质量分数),其中高岭土已引入:

$$3.10\% \times 0.395 = 1.22\%$$

α - Al_2O_3 粉加入质量分数为

$$97\% - 1.22\% = 95.78\%$$

(2) Al_2O_3 - SiO_2 - CaO - MgO 体系:97%(质量分数)Al_2O_3,0.3%(质量分

数)MgO,SiO_2:CaO = 4.7

① 根据规定 SiO_2 + CaO 总量为 2.7%（质量分数）,SiO_2:CaO = 4.7,可计算得所需 SiO_2 和 CaO 的质量分数分别为

$$SiO_2 = 2.7\% \times (4.7 \div 5.7) = 2.23\%$$
$$CaO = 2.7\% \times (1.0 \div 5.7) = 0.47\%$$

② CaO 用碳酸钙（$CaCO_3$）引入,可计算得碳酸钙加入质量分数为

$$0.47\% \div 0.56 = 0.84\%$$

③ MgO 由滑石引入,纯滑石（3 MgO – 4 SiO_2 – H_2O）理论组成为 31.7%（质量分数）MgO,63.5（质量分数）SiO_2% ,4.8%（质量分数）H_2O,可计算得滑石加入质量分数为

$$0.3\% \div 0.317 = 0.95\%$$

④ SiO_2 主要由高岭土和滑石引入,其中滑石和 0.2%（质量分数）纳米 SiO_2 引入量为

$$0.95\% \times 0.635 + 0.2\% = 0.83\%$$

尚需补加高岭土加入质量分数为

$$(2.23\% - 0.83\%) \div 0.465 = 3.01\%$$

⑤ 根据规定 Al_2O_3 为 97%,其中高岭土已引入：

$$3.01\% \times 0.395 = 1.19\%$$

α – Al_2O_3 粉加入质量分数为

$$97\% - 1.19\% = 95.81\%$$

7.2.2　氧化铝陶瓷基片水基料浆注凝成型工艺

1. 现有氧化铝陶瓷基片生产的问题

氧化铝陶瓷基片生产的核心技术是高质量陶瓷坯片的成形,要求所成形的坯片表面平整光滑,厚度均匀一致,烧结收缩率稳定,而且具有良好的柔韧性以满足后续冲切加工成各种复杂形状元件的需要。氧化铝陶瓷坯片成形的方法有多种,前已述及,干压法和热压铸法不能制备厚径比小的薄型坯片,且表面质量较差;轧膜法生产的坯片不可避免会出现方向性,烧结后纵横向尺寸难以控制,性能也会出现各向异性;有机料浆流延法是目前国内外工业化生产高质量氧化铝陶瓷坯片的通用方法,但设备投资昂贵,原材料成本高,特别是需要使用高挥发性有毒溶剂,会造成严重的环境污染,在一些发达国家已不允许使用;水基料浆流延法生产效率低,水溶剂挥发过程中易于造成坯片内部和表面出现缺陷,并产生较大收缩而导致坯片开裂;国内清华大学杨金龙等人发明了一种水基料浆流延凝胶法制备陶瓷坯片技术[8],以惰性气体保护原理解决氧阻聚问题。该工艺在传统流延机设备上附加了一套氮气保护装置,水基料浆在载膜带刮刀成型后进入充有正压氮气的加热

装置中凝胶固化,可获得表面无氧阻聚的凝胶坯片。该工艺的优点是可以配制使用高固相含量的水基料浆,所得坯片密度高,有机物含量少,烧结收缩率小。但由于增加了设备的复杂性,并且消耗氮气量较大,增大了生产成本,实现工业化生产有一定困难。

2. 水基料浆注凝工艺生产氧化铝陶瓷基片工艺流程

根据注凝技术原理,我们经过多年研究和实践,发明了一种水基料浆注凝法制备薄片形陶瓷元件坯片的方法和专用模具专利技术[9],并已成功用于生产高质量氧化铝陶瓷基片,解决了水基注凝法工业化批量生产高质量氧化铝陶瓷基片过程中所遇到的一些关键技术和质量控制措施,形成有我国自主知识产权的专有生产技术,并迅速转化为生产力,实现了规模化生产[10,11]。

水基料浆注凝工艺生产氧化铝陶瓷基片工艺流程如图7-3所示。

首先配制出具有高固相含量、良好流动性和悬浮稳定性的水基陶瓷料浆,经真空搅拌除气,定量称取,加入催化剂和引发剂并搅拌均匀后,浇注入准备好的玻璃板多层组合模具中,在室温下静置凝胶固化。开模后将湿凝胶坯片从玻璃板上逐片揭下置于平整透气的筛网上,经适当脱水干燥后即得到柔韧可冲切加工的薄膜坯片。之后的工艺过程与其他方法制备氧化铝陶瓷基片工艺基本相同,即将冲切成型并充分干燥的坯片经洒砂叠层、烧结、抛磨隔离砂后,再经整平热处理,清洗干净,得到氧化铝陶瓷基片产品。由于微裂纹是基片所不允许的,使用中会造成严重后果,因此通常采用品红水溶液吸红检验,为了更细致地发现微裂纹,也可采用品红乙醇溶液进行检验。一般来说,品红对基片后续使用并无影响,检验后可以不必进行烧除处理。

3. 水基注凝法生产氧化铝陶瓷基片的原理与优点

水基注凝法与传统的流延法制备陶瓷坯片的原理和思路不同。流延成型需等料浆中溶剂挥发之后,依靠黏结剂固结定型才能从载膜带上剥离下来,溶剂挥发需在巡回烘干室内完成,此过程料浆只能在厚度方向收缩,而在平面方向被载膜带限定不能收缩,结果就容易造成坯片开裂。同时该过程既耗能又耗时,决定着流延法生产坯片的效率和质量。而注凝法是水基料浆在模具内先完成原位凝胶固化,从模板上揭下后再自然干燥脱除水溶剂,因而坯片可在平面和厚度方向自由收缩,这样就不会导致坯片发生收缩开裂的危险。与有机料浆流延法相比,水基注凝法生产氧化铝陶瓷基片的优点表现为以下几点:

(1)用去离子水取代了甲苯、二甲苯、环己酮、正丁醇、三氯乙烯等有毒有害溶剂,黏结剂用量也不到流延法的1/4,有效解决了环境污染问题,使工人劳动条件得到极大改善。

(2)省去了昂贵的流延机设备,改用简单的玻璃板组合模具装置,其他设备如烧结隧道窑也相应缩短,在相同生产能力条件下,设备投资费用不足流延法生产的

```
┌──────────┐    ┌──────────┐    ┌────────────────┐
│ Al₂O₃ 粉 │    │ 有机单体 │    │  去离子水      │
│ 助烧剂   │    │ 交联剂   │    │  分散剂、增塑剂 │
└────┬─────┘    └────┬─────┘    └───────┬────────┘
     │               │  混磨            │
     │            ┌──┴──────┐
     │            │  浆料   │      ┌────────────┐
     │            └────┬────┘      │  叠层玻璃  │
     │            ┌────┴──────┐    │  模具准备  │
     │            │真空搅拌除气│    └──────┬─────┘
     │            └────┬──────┘           │
     │            ┌────┴────┐             │
     │            │ 加引发剂│             │
┌────┴─────┐      └────┬────┘             │
│边角废料烧除│     ┌───┴────┐             │
│有机物后回收│     │ 压差浇注│◄───────────┘
└────┬─────┘      └────┬────┘
     │            ┌────┴────┐
     │            │ 凝胶固化│
     │            └────┬────┘
     │            ┌────┴────┐
     │            │  脱模   │◄────────────┘
     │            └────┬────┘
     │            ┌────┴────┐
     │            │ 干燥脱水│
     │            └────┬────┘
     │            ┌────┴────┐
     └────────────│ 冲切加工│
                  └────┬────┘
                  ┌────┴────┐
                  │ 叠层烧结│
                  └────┬────┘
                  ┌────┴────┐
                  │ 砂浆抛磨│
                  └────┬────┘
                  ┌────┴────┐
                  │ 整平处理│
                  └────┬────┘
                  ┌────┴────┐
                  │  清洗   │
                  └────┬────┘ 成品检验
                  ┌────┴────┐
                  │  包装   │
                  └─────────┘
```

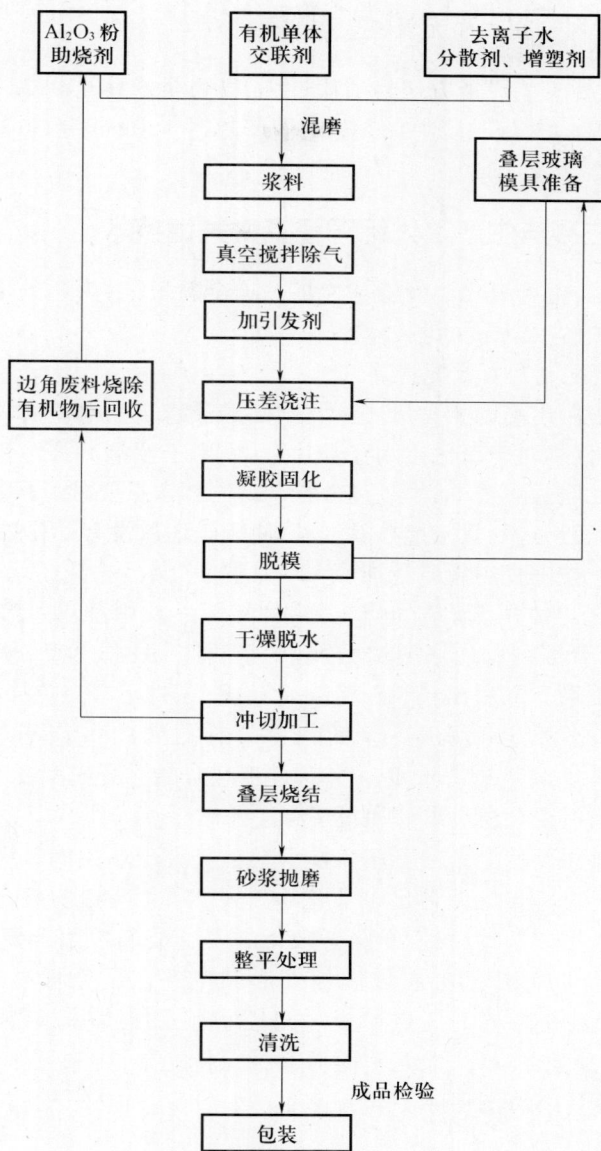

图 7-3 水基注凝法制备氧化铝陶瓷基片工艺流程图

1/5。

（3）用去离子水取代有机溶剂，不消耗载膜带，且原材料可以全部国产化，所用各种材料价格均远低于流延法，使原材料和辅料成本大大降低。

（4）成型后陶瓷坯片密度高，烧结收缩率小，同时注凝法坯片中残存有机黏结剂很少,容易烧除,同样条件下装炉量比流延坯片多一倍左右,烧成时间也明显缩短,生产效率提高,节能降耗显著。

(5)水基注凝工艺灵活方便且适用性强,既可生产薄至 0.2mm 的基片,也可生产厚至 5mm 厚的基板,特别在现模化生产超过 1.0mm 厚的基片方面有明显优势。

7.2.3　水基注凝法生产氧化铝陶瓷基片关键技术

用水基注凝法生产氧化铝陶瓷基片是一项全新工艺,为达到工业化高效稳定生产的目的,必须解决以下关键技术。

1. 水基料浆配制及真空搅拌除气

前已述及,配制出高固相含量、流动性好、悬浮稳定的水基陶瓷料浆是注凝成型技术的首要条件。对于氧化铝陶瓷基片来讲,由于要顺利浇注进间隙很小的模具,料浆的流动性至关重要,而不必过分强调高固相含量要求。料浆具有高流动性的另一意义是其容易进行真空搅拌除气,以使凝胶坯片没有针孔缺陷。

料浆配制中,按陶瓷粉料质量加入 12%(质量分数)去离子水,2.5%(质量分数)丙烯酰胺有机单体和 1.25%(质量分数)N,N'-亚甲基双丙烯酰胺交联剂,以及适量 JA-281 分散剂和丙三醇增塑剂,调整料浆 pH 值为 9～10,在 1t 球磨机中,分批加料共混磨 22h 后出料,将其在 -0.09Pa 条件下真空搅拌除气约 1h,可得到固体积含量 56%～58%、流速小于 30s(涂 4 杯测量),8h 内基本不发生沉降的水基陶瓷料浆,能够满足 0.2mm 以上各种厚度坯片的注凝成型要求。

2. 多层玻璃板组合模具设计和料浆浇注操作

水基注凝法生产氧化铝陶瓷坯片技术真正实现产业化的关键在于陶瓷坯片质量和生产效率的高低能否满足二业化生产的要求。因此,组合模具的设计和制造显得尤为重要。为此,我们发明了独特的多层玻璃板组合模具[8],如图 7-4 所示。图 7-4(a)是中间夹层玻璃板外形和垫条在玻璃板上的摆放方式,精密加工的垫条夹在平整光滑的玻璃板之间控制坯片厚度并起密封作用,在玻璃板上边中部留出弧形浇口。而两侧面玻璃板保持完整,则料浆不会从浇口流出,如图 7-4(b)模具组装图所示。再配以简易的夹具和操作机构,使合模、注模、脱模操作简便易行。

浇注操作时,料浆从组合模具上部弧形口注入,在重力作用下流入各玻璃板间隙中部,到达底部后再向两边铺展直至充满整个间隙,空气则从上部两侧口排出。只要料浆事先称量准确,就可以保证每层玻璃板间隙的料浆都正好到达弧形口下沿。采用这种组合模具装置,每班每人平均可以生产超过 $10m^2$ 的陶瓷坯片。由于玻璃板粗糙度很低,烧结后基片粗糙度可达到 $Ra0.4\mu m$,特别是双面粗糙度比流延法更小。

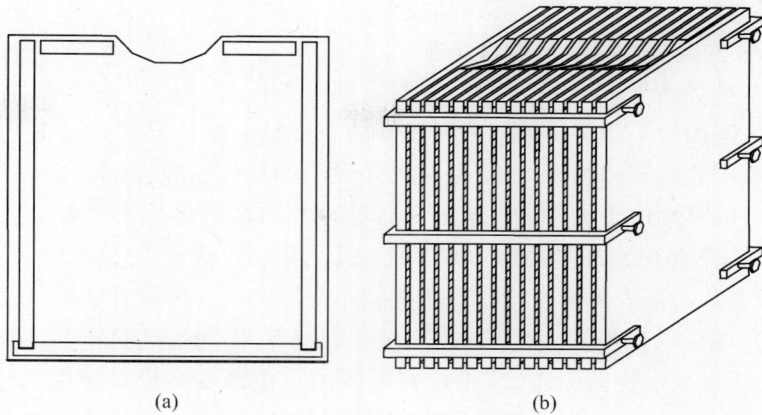

图 7 - 4 多层玻璃板组合模具

3. 坯片的无(少)变形干燥

由于氧化铝陶瓷料浆并不过分强调高固相含量而更注重其流动性,脱模后的湿凝胶坯片在脱水干燥过程中会产生较大的收缩量,可达 3% ~ 5%。脱水不均匀会造成坯片严重变形而影响冲切加工。对于大尺寸薄片状陶瓷坯片,其脱水主要在其两平面发生,若两面脱水干燥不均匀会造成坯片变形。通过试验对比,我们采用简单的多孔尼龙布网架,将凝胶坯片单片平放在此筛网上,坯片可以在三维方向自由收缩,既不会造成表面划伤的危险,也不会发生开裂问题。而将多个网架叠层摆放,使每一坯片上下面所处温湿状态相近而均匀自然脱水干燥。该法既节约能源,简化工序,又达到了坯片脱水干燥过程中基本平整不变形,且不损伤坯片表面质量的效果。

4. 坯片的保湿与冲切裁剪

为使预制出的大尺寸薄膜坯片可进一步进行冲切加工成规定的形状,要求该薄膜坯片具有良好的柔韧性,在冲切加工过程中不发生开裂或粘模现象。刚脱模的湿凝胶坯片非常柔软,可以用直尺或模板立即裁剪成简单的形状然后进行脱水干燥处理,但若要在冲床上冲切则会出现粘模问题。在绝大多数情况下,需在冲床上用金属模具将膜坯片冲切加工成零件形状(预留烧结收缩量),有两种方案可达到这一目的:一是在配料中加入较多量的增塑剂如丙三醇、乙二醇等,这些增塑剂挥发温度比水高,坯片中水分大部分脱除后仍可使其保持良好的柔韧可冲切加工性,粘模问题也不严重;二是控制坯片的干燥程度,使其恰好满足既有一定柔韧性又不粘模的最佳状态时进行冲切加工,但这在工业化生产中不现实,主要是对坯片烧结收缩量很难控制。实际生产中,是综合上述两方案,配方中加入少量增塑剂(例如质量分数 1% ~ 3%),先让坯片彻底脱水干燥,然后将其置于恒湿箱(房)中,利用增塑剂较强的吸水作用,使坯片很快吸收水分而达到平衡状态,回复柔韧

139

性,可满足冲切加工要求,而且其烧结收缩量也可精确控制。

　　5. 基片的叠层烧结与整平热处理

　　陶瓷基片烧结与其他陶瓷零件不同,为提高装炉量,均采用叠层烧结的方法,每片坯片之间撒敷一薄层高纯刚玉隔离砂防止烧结后基片黏结。通常,流延法制得的坯片叠层数量不超过 8 片,以免在排除黏结剂和烧结收缩时造成开裂。而用注凝法制得的坯片由于黏结剂含量不到前者的 1/4,加之坯片密度高,烧结收缩率仅 12% 左右,不像流延坯片高达 18% 以上,因此叠层数量可以达到 20 片 ~ 30 片。此外,烧成基片出现表面麻点、凹凸,严重翘曲变形以及开裂等质量问题,都与坯片叠层方式和烧结工艺有关。针对注凝法坯片的特点,需通过试验分析,规定叠层方法和数量,优选确定烧结工艺(或推板窑各区的设定温度和推板速度),以保证产品的质量。实际生产中,对于注凝坯片,在叠层数量达 25 片的情况下,也能保证烧结后基本不出现变形开裂等缺陷。同时,实践表明,注凝成型陶瓷坯片烧结温度约比其他成型方法降低 50℃ ~ 100℃。在 1540℃ 保温 2h 即可实现致密化烧结。由于装炉量比流延法高近一倍,烧成时间又缩短约 1/4,节能效果非常显著。

　　叠层烧结后基片用砂浆抛磨清除其表面隔离砂后,还需在基片蠕变温度下(1300℃ ~ 1350℃)进一步整平热处理使其达到规定的平整度要求(翘曲度小于 0.05/25)。一般采用三点叠式摆放,优化加压重量和热处理工艺参数(或推板窑各温区温度和推板速度),可以解决温度高基片粘连、温度低整平效果差的问题,使基片平整度达到很高的水平。

7.2.4　水基注凝法 96 氧化铝陶瓷基片性能

　　用水基注凝法生产的 96 氧化铝陶基片经中国电子科技集团公司第十二研究所实测性能结果如表 7 - 1 所列。可以看出,基片综合性能优越,已全面超过了国家标准 GB/T 14639—93《厚膜集成电路用氧化铝陶瓷基片》规定的技术指标要求和国外企业标准。值得指出的是,基片的体积密度达到了 3.76g/cm³ 以上的水平,这是其它方法所难以得到的,说明水基注凝坯片的烧结成瓷性好。由于材质密度很高,所以基片的热导率高,介电损耗小,特别是抗电击穿强度和体积电阻率也相应达到了很高的水平,这正是使氧化铝陶瓷基片具有高绝缘、高导热性能最重要的指标。

表 7 - 1　96 氧化铝陶瓷基片性能指标与产品实测结果

项　目	国家标准 GB/T 14619—93	日本某企业 标准	注凝法产品 实测结果
状态	细密	细密	细密
颜色	白色	白色	白色

（续）

项　　目		国家标准 GB/T 14619—93	日本某企业 标准	注凝法产品 实测结果
体积密度/(g/cm³)		≥3.70	3.70	3.766
抗弯强度/MPa		274	314	332.5
线膨胀系数	(20℃~500℃)℃⁻¹	(6.5~7.5)×10⁻⁶	7.2×10⁻⁶	7.09×10⁻⁶
	(20℃~800℃)℃⁻¹	(6.5~8.0)×10⁻⁶	7.9×10⁻⁶	7.42×10⁻⁶
热导率/(W/m·K)		≥20.9	27	28.3
击穿强度/(kV/mm)		≥12	12	52.0
体积电阻率/Ω·cm	(20℃)	≥10¹⁴	>10¹⁴	3.2×10¹⁵
	(300℃)	≥10¹¹	10¹⁰	4.2×10¹³
	(500℃)	≥10⁹	10⁸	5.2×10¹¹
介点常数(1MHz)		9~10	9.4	9.38
介质损耗角正切(1MHz)		3×10⁻⁴	4×10⁻⁴	1.8×10⁻⁴
表面粗糙度 Ra/μm		0.3~0.8	0.2~0.75	0.45~0.75
翘曲度		0.05/25(长)	0.08/25(长)	0.003/40~0.02/40

7.2.5　水基注凝法生产氧化铝陶瓷基片产业化

采用水基注凝法生产氧化铝陶瓷基片已在淄博博航电子陶瓷有限责任公司实现了产业化,先后获得了国家科技部科技型中小企业技术创新基金和国家发改委高技术产业化示范工程项目的支持,实现了坯片的机械化生产,已具备年产30万m²氧化铝陶瓷基片生产能力,取得了很好的社会和经济效益。图7-5为该企业用水基注凝法生产的各类氧化铝陶瓷基片照片。

图7-5　水基料浆注凝法生产的氧化铝陶瓷基片

7.3 水基料浆流延凝胶法生产氧化铝陶瓷基片

7.3.1 水基料浆流延凝胶法原理

尽管水基料浆注凝法生产氧化铝陶瓷基片取得了较好的效果,但仍存在机械化、自动化程度不高的问题,且在生产超薄基片(<0.2mm)方面还有一定困难。因此,我们在水基料浆注凝技术基础上,通过对传统流延设备的改造和工艺技术的改进,结合水基料浆注凝和流延两种工艺的优点,发明了可用于氧化铝陶瓷基片生产的水基流延凝胶技术[12]。这既是对水基流延技术的改进,也是水基注凝技术机械化、自动化发展的方向,是两种新型工艺技术的互相补充和完善。

前已述及,水基流延的主要问题是水分的挥发太慢,尤其是对于较厚的坯片,严重影响生产效率,且容易造成坯片干燥开裂,不适合于工业化大生产。而水基注凝技术可以制得高固相含量的水基料浆,而且成型速度快,坯片强度高,解决了水基流延的干燥问题。但由于水基注凝技术的基本原理是单体在自由基的引发下发生原位聚合反应,形成高分子网络结构,氧气的存在将阻碍自由基聚合反应的进行,因此要将注凝技术应用于流延工艺,关键是解决料浆凝胶固化过程中的氧阻聚问题。

为解决水基凝胶流延的氧阻聚问题,我们首先尝试了惰性气体保护法,即在流延机烘干区增设了氮气保护装置,但在实际操作中问题较多。于是决定进行料浆改性的研究,先后对几种凝胶体系以及活性胺类抑制剂的效果进行了探索性试验,但效果都不理想。最后从水基流延的研究成果中得到启发,开发了外加黏结剂法解决氧阻聚的技术。

在水基注凝料浆中加入合适的黏结剂,利用它们干燥时的成膜特性,在流延过程中,坯片通过凝胶反应成型的同时受氧阻聚影响的坯片表面也会干燥形成致密膜层,这样就解决了氧阻聚的问题。另外,由于坯片的主体仍是凝胶体,有较高的强度,未烘干前就可以顺利从载膜带剥离,而表面的膜层很薄且不需要有很高的强度,所以干燥速率缓慢及干燥过程易收缩开裂的问题得到了解决,生产效率较高。而且有机黏结剂的加入量比一般的有机或水基流延法少得多,有利于料浆浓度的提高和坯片后续叠层烧结的需要。该水基流延凝胶工艺具有其独特的创新性,在理论上完全可行,并已经在试验中得到了验证,是流延法制备薄片坯膜技术的新突破,也是水基注凝工艺的新的发展方向,在研究领域和工业生产中都具有积极的意义。

7.3.2 水基料浆流延凝胶法黏结剂选择及效果

1. 水基料浆流延凝胶法用黏结剂

根据研究经验,水基流延法使用的黏结剂主要包括水溶性聚乙烯醇、纤维素醚和丙烯酸乳液等,其中丙烯酸乳液的综合性能比较好。我们进行对比试验也发现,聚乙烯醇、纤维素醚的水溶性有限,黏度较高,很难配成高固相含量的水基料浆,在坯片干燥过程中就出现了较多的开裂,所以最后选择了丙烯酸乳液为研究对象。经过筛选,确定了三种乳液进行了试验,其具体性能见表7-2。

表7-2　几种丙烯酸乳液的主要性能

牌　号	主　要　性　能	厂　家
HBA-400A	固含量50%±1.5%,pH=7.0~9.0,T_g=-22℃,黏度1000mPa·s~3000mPa·s	北京通州互益化工厂
B2000	固含量49%~50%,pH=7.0~9.0,T_g=-22℃,黏度200mPa·s~600mPa·s	北京宝威乳液有限公司
B1070	固含量44%,pH=6.2,T_g=-6℃,黏度150mPa·s	北京罗门哈斯公司

2. 不同黏结剂对料浆流变特性的影响

按照同样的配方配制96氧化铝陶瓷料剂,固含量为58%(体积分数)。然后外加上述三种丙烯酸乳液为黏结剂,对原始料浆和外加黏结剂后的料浆流变特性进行了测试。测试仪器为英国HAAKE公司的RV20型综合流变仪,室温,MV2转子,测试结果如图7-6所示。可以看出,使用乳液后对料浆的流变特性没有特别明显的改变,料浆在低剪切速率下表现出一定的剪切变稀行为,但在剪切速率超过$10s^{-1}$左右以后,随着剪切速率的增加,其黏度很快增大。

3. 不同黏结剂对料浆流延性能的影响

对上述三种选定的丙烯酸乳液进行流延试验,考察其成膜和脱模情况。试验发现,使用三种乳液分别配制的96氧化铝陶瓷料浆在玻璃板上均可以按照试验工艺凝胶成膜,并顺利脱模制备出完整的坯片,表明该工艺具有可行性。但对比发现,使用B1070乳液的料浆在空白钢带和一些脱膜剂上都具有较好的铺展性,成型后的坯片强度很好,而且比较容易脱模,但其坯片表面成膜情况不理想,和基体结合不好,容易脱落。B2000和HBA-400A乳液性能比较接近,能在较低温度下成膜,表面质量和从载膜带剥离情况都比较理想。相对而言,B2000成膜情况较差,不太容易从载膜带剥离。对HBA-400A乳液,在合适的引发条件下,坯片基体的凝胶成型基本没有问题,但烘干不足(温度低、时间短或排风不够)时会影响其表面成膜,出现表面开裂或分层脱落的现象。相反,过度烘干后,坯片和钢带结合得非常牢固,造成无法从载膜带剥离,因此必须对烘干条件进行严格控制。

4. 脱模剂

上述研究表明,如果控制合适的工艺参数,可以实现在空白钢带上流延和顺利剥离,但其条件较严苛,工艺参数的波动会给实际操作带来困难。更合适的办法是

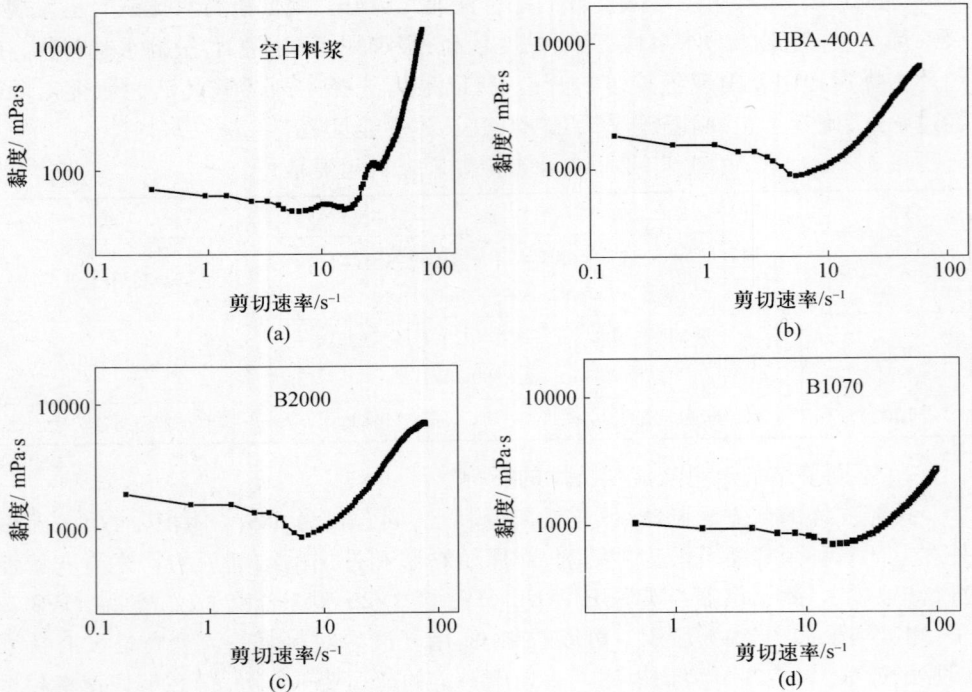

图 7 - 6　不同乳液料浆的流变曲线

（a）空白料浆的流变曲线；（b）HBA - 400A 乳液料浆的流变曲线；

（c）B2000 乳液料浆的流变曲线；（d）B1070 乳液料浆的流变曲线。

选择使用脱模剂来增加工艺的可操作性。相应地,为改善料浆在涂有脱模剂的载膜钢带上的铺展性能,需要在料浆中加入合适的表面活性剂。对脱模剂和表面活性剂的优选结果见表 7 - 3,最终选择脱膜剂 802 和表面活性剂 OP4 可获得满意的效果。

表 7 - 3　脱模剂和表面活性剂的优选试验结果

脱模剂	表面活性剂			
	无	水性硅油	OP4	MO3
空白钢带	易铺展,很难剥离	易铺展,很难剥离	易铺展,很难剥离	易铺展,很难剥离
硅油处理	难铺展,很难剥离	难铺展,难剥离	易铺展,很难剥离	易铺展,很难剥离
OP4 处理	较易铺展,难剥离	易铺展,难剥离	易铺展,较易剥离	易铺展,较易剥离
硅酯	难铺展,易剥离	难铺展,较易剥离	易铺展,较易剥离	易铺展,较易剥离
802	难铺展,易剥离	易铺展,较易剥离	易铺展,易剥离	易铺展,易剥离
PMR	很难铺展,易剥离	较易铺展,易剥离	易铺展,易剥离	易铺展,易剥离
19SAM	很难铺展,易剥离	较易铺展,易剥离	易铺展,易剥离	易铺展,易剥离

7.3.3 水基料浆流延凝胶制备氧化铝陶瓷基片的工艺过程

用水基料浆流延凝胶工艺制备陶瓷坯片时，首先将所需的陶瓷粉料、去离子水、分散剂、有机单体、交联剂、pH值调节剂配制成注凝用水基料浆，出料后搅拌加入流延用黏结剂及增塑剂。因为球磨会影响黏结剂的效能，同样也应避免长时间剧烈搅拌。然后真空搅拌除气，排出料浆中的气泡，加入引发剂，进一步搅拌均匀后进行流延操作。载膜带进入加热区时，料浆因单体聚合反应凝胶固化成膜，受氧气影响聚合不充分的表面随后干燥过程中在黏结剂的协助下也逐渐成膜。通过凝胶固化速度和烘干温度、时间的控制，可以保证内部聚合成膜和表面干燥成膜的速度匹配，得到无分层、无变形开裂的完整坯片。

实际中，我们采用图7-7所示的全自动流延机进行水基料浆流延凝胶法制备陶瓷坯片。流延机烘干室有三区温度控制，通风口（排湿）可开闭控制，通风量和转速可根据空气湿度进行适当调整。

图7-7　全自动流延机

以96氧化铝陶瓷基片水基流延凝胶法制备为例，具体的工艺步骤如下。

1. 料浆配制

将陶瓷粉体与JA-281分散剂、有机单体、交联剂加入去离子水中配成水基料浆进行球磨，水的加入量为陶瓷粉体的12%～15%（质量分数），有机单体和交联剂的总加入量是陶瓷粉体的2%～3%（质量分数），有机单体与交联剂的质量比为(15～20)∶1。使用氧化铝球为球磨介质，球料比为(1.2～2)∶1。陶瓷粉体可分批加入以提高球磨效率，一般预留约20%～35%（质量分数）的氧化铝粉，在第一批料已充分混磨均匀后再加入剩余的氧化铝粉粉，总球磨时间为20h～40h。

2. 加入黏结剂、增塑剂、表面活性剂

出料后向料浆中加入陶瓷粉体5%～10%（质量分数）的丙稀酸乳液，搅拌混合。为增加坯片的柔韧性可以在料浆中加入增塑剂,增塑剂可以为甘油、聚乙二醇或它们的组合,加入量为料浆的 0.5% ~ 2%(质量分数)。为改善料浆在钢带上的铺展性能,还需加入料浆 0.1%(质量分数)左右的表面活性剂。

3. 真空搅拌除气

将料浆放入搅拌器中,以约 100r/min 的转速搅拌约 10min 后,抽真空后继续搅拌除气 60min。由于流延用料浆黏度较大,一般为 1Pa·s ~ 2Pa·s(而注凝用料浆黏度仅为 100Pa·s ~ 200Pa·s),其除气难度更大。为提高除泡效果,在除泡前加入适量的消泡剂,加入量为料浆的 0.01% ~ 0.03%(质量分数)。

4. 加入引发剂

向准备好的料浆中加入引发剂,引发剂为 2% ~ 20% 过硫酸铵水溶液,加入量是料浆的 0.1% ~ 0.5%(质量分数)。由于流延法生产是连续进行的,为防止加入引发剂的料浆长时间放置(特别是室温温度较高时)发生凝胶化,需将其在较低温度下放置,一般温度不能超过 10℃,可保证其几小时内不发生变化。

5. 流延操作

开启流延机,钢带的转速为 150r/min ~ 200r/min,一到三区的温度分别为 80℃、120℃和90℃,通风口置于 1/3 ~ 1/4 开度,必要时转速和通风大小可根据室温和湿度进行适当调整,以保证正常凝胶和成膜。在钢带上均匀涂覆脱模剂,调整好各参数后,将料浆注入流延机进行流延操作。料浆凝胶并烘干后成为具有一定强度和韧性的陶瓷坯带,剥离后备用。

6. 基片烧结与整平热处理

与前述注凝法氧化铝陶瓷坯片相同,将坯带切割成需要的尺寸,按照常规的工艺进行撒砂、叠片和烧结。出炉后的基片经开片、抛磨隔离砂。最终经整平热处理后得到所需氧化铝陶瓷基片。

7.3.4 水基流延凝胶氧化铝陶瓷坯片质量的影响因素

1. 单体和交联剂比例对坯片密度的影响

定料浆中单体含量为陶瓷粉的 2.5%(质量分数),交联剂与单体分别取 MRAM: AM = 1:10、1:20、1:30、1:40 四种配比,试验测定了四种配比对水基料浆流延凝胶陶瓷坯片的密度和抗弯强度的影响规律。表 7 - 4 列出了不同固含量条件下陶瓷生坯的密度与 MRAM: AM 的关系。可以看出,MRAM: AM 在 1:40 和 1:30 时,坯片的密度变化不大,但是随着二者的比例增大到 1:20 以上时,坯片的密度有了明显的提高。不同固含量条件下均有这样的规律。原因是随着 MRAM: AM 比例的增大,交联密度增大,最终形成的高分子网络更加致密,网络中的陶瓷粉末堆积也更加紧密。而这种效应只有当 MRAM: AM 增大到一定的比例时才能表现出来。但由于交联剂 MRAM 在水中的溶解度有限,过高的

MRAM 加入量是没有意义的。从我们的试验结果看,取 MRAM: AM = 1: 20 即可获得满意的效果。

表 7 - 4   不同固含量条件下陶瓷生坯的密度与 MRAM: AM 的关系

MRAM: AM	固含量/%（体积分数）		
	48	50	53
1:10	2.15g/cm³	2.23g/cm³	2.35g/cm³
1:20	2.14g/cm³	2.25g/cm³	2.33g/cm³
1:30	2.08g/cm³	2.12g/cm³	2.26g/cm³
1:40	2.05g/cm³	2.10g/cm³	2.22g/cm³

2. 料浆中单体含量对坯片密度的影响规律

在固含量为 53%（体积分数）条件下,选用三种单体含量 C_{AM} 分别为陶瓷粉体 1.0%、2.5%,4.0%（质量分数）,试验测定了三种配比对水基料浆流延凝胶陶瓷坯片的密度的影响。表 7 - 5 为不同 MRAM: AM 条件下,有机单体含量对水基凝胶流延陶瓷坯片密度的影响规律。可以发现,当 C_{AM} 为 1.0%（质量分数）时,湿凝胶坯片脱模后强度和密度均较小,且坯片很软,从载膜带剥离后难以保持原有的形状;当 C_{AM} 为 2.5%（质量分数）以上时,坯片强度和密度已显著提高,已能完好保持原有的形状;当 C_{AM} 为 4.0%（质量分数）时,坯片的密度变化不大。从理论上讲,有机单体含量增加,在生坯中占有体积增多,则密度会有所下降。但聚合物含量越高,坯片内部有机交联网络结构变得更加紧密,干燥后生坯密度就越高。由于有机单体含量仅为干坯质量 1% ~4%（质量分数）,此量很小且差别又不太大,综合上述两方面的原因,所以正常情况下对坯片的密度的影响就难以表现出来。当有机单体用量超过 2.5%（质量分数）以上时,表现为水基流延凝胶陶瓷坯片的密度随有机单体含量变化不大。

表 7 - 5   不同单体含量对水基流延凝胶陶瓷坯片密度的影响

MRAM: AM	单体质量含量/%		
	1.0	2.5	4.0
1:10	2.12g/cm³	2.35g/cm³	2.33g/cm³
1:20	2.18g/cm³	2.33g/cm³	2.35g/cm³
1:30	2.07g/cm³	2.26g/cm³	2.21g/cm³

3. 料浆固含量对坯片密度和强度的影响

从表 7 - 4 已可看出料浆固含量对坯片密度的影响情况。随着料浆固含量的提高,四种 MRAM: AM 比例的坯片的密度都呈上升趋势,原因是料浆浓度提高,陶瓷粒子的堆积更加紧密所致。但因过分提高料浆固含量黏度太大,流动性变差,难以成型。若能选用更加有效的分散剂,保证料浆有良好的流动性,进一步提高料浆的浓度是获得更高生坯密度的有效途径。

水基流延凝胶成型工艺的显著优点在于成型坯片的强度高。图 7-8 为陶瓷料浆固含量与凝胶成型干燥后坯片强度的关系。从图 7-8 中可以看出,随着料浆固含量的提高,坯片的抗弯强度呈下降趋势。这与传统方法获得的陶瓷坯片随着坯片密度的升高而增加的规律正好相反。这主要是由于随着固相体积分数的提高,颗粒的比表面积增加,有机物在颗粒表面的吸附量减少,有机物的粘结力量减弱,从而坯片强度下降,说明水基流延凝胶成型的陶瓷坯片的强度主要来自于有机物在陶瓷颗粒表面的吸附和粘连。但是在固含量为 55%(体积分数)时,坯片强度仍能保持 25MPa 左右,这个强度足以承受一定程度的机械加工。

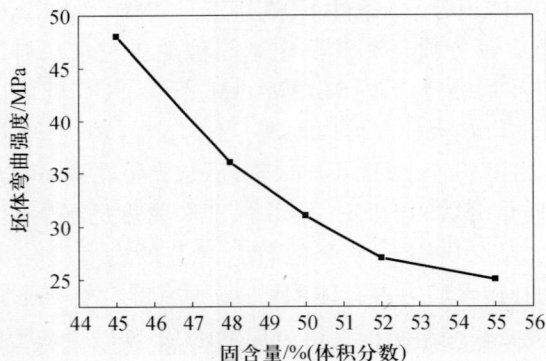

图 7-8　陶瓷料浆固含量与凝胶成型干燥后坯片强度的关系

7.3.5　水基流延凝胶成型坯片的微观结构

1. 排胶前坯片内部的形貌特征

图 7-9~图 7-11 为不同固含量的水基流延凝胶氧化铝陶瓷坯片中心区和边缘区的 SEM 照片。从图中可以看出,不同固含量的陶瓷坯片,其边缘区和中心区的显微结构是一致的,没有任何分层现象,这证明水基流延凝胶陶瓷坯片内部的结构是均匀的。另外,还可以看出,水基流延凝胶成型的陶瓷坯片在干燥后,颗粒与颗粒之间有明显的有机物粘结,这是获得高强度陶瓷坯片的根本原因。颗粒之间的孔隙为干燥前湿凝胶坯片的水分,水分在干燥过程中容易排除,剩余的有机物将陶瓷颗粒粘结起来,保证了坯片的高强度。

2. 空气气氛下排胶后坯片内部的形貌和气孔分布

氧化铝陶瓷坯片在空气气氛下经过 600℃ ×2h 排胶后,不同固含量陶瓷坯片内部的形貌特征如图 7-12 所示,从图中可以看出水基流延凝胶陶瓷坯片经排胶后,

(a)　　　　　　　　　　　　　　(b)

图 7 – 9　固含量为 45%（体积分数）水基凝胶流延陶瓷坯片内部的 SEM 照片
（a）边缘区；（b）中心区。

(a)　　　　　　　　　　　　　　(b)

图 7 – 10　固含量为 48%（体积分数）水基凝胶流延陶瓷坯片内部的 SEM 照片
（a）边缘区；（b）中心区。

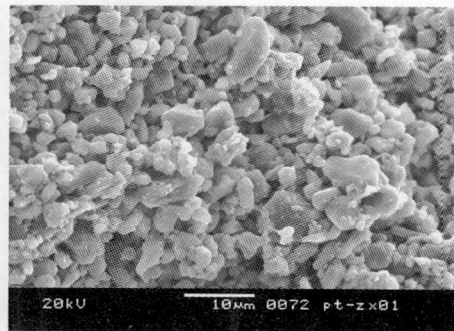

(a)　　　　　　　　　　　　　　(b)

图 7 – 11　固含量为 52%（体积分数）水基凝胶流延陶瓷坯片内部的 SEM 照片
（a）边缘区；（b）中心区。

由于内部的单体、交联剂等高分子热解掉了，所以坯片内部出现了三维联通的孔隙。容易发现，固含量较低的坯片排胶后内部的孔隙较大，相反，固含量较高的坯片排胶后内部的孔隙较小。这与采用 Autopore Ⅳ 型压汞仪（American）测量不同固含量 Al_2O_3 料浆凝胶坯片排胶后内部的气孔分布情况一致，如图 7 - 13 所示。可以看出，注凝坯片中气孔尺寸小而均匀，不存在大于 400nm 的大气孔。实测得到，固含量为 45%、48%、52%（体积分数）时，排胶后坯片内部的中位孔径分别为 124nm、107nm 和 92nm，与 3.4.4 节所述的水基料浆注凝坯体情况类似，即提高料浆固含量可以显著降低其注凝坯体内部的气孔尺寸。

(a)

(b)

(c)

图 7 - 12　不同固含量水基凝胶流延陶瓷坯片排胶后内部的 SEM 照片
(a) 45%（体积分数）；(b) 48%（体积分数）；(c) 52%（体积分数）。

150

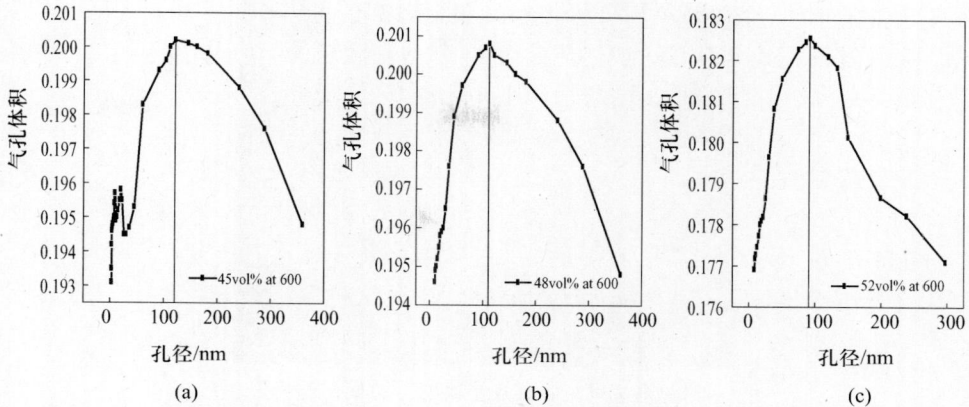

图 7-13 压汞法测得的不同固含量水基凝胶流延陶瓷坯片排胶后内部的孔隙分布
(a) 45%（体积分数）；(b) 48%（体积分数）；(c) 52%（体积分数）。

7.3.6 水基流延凝胶法氧化铝陶瓷基片及其性能

典型的水基料浆流延凝胶法生产氧化铝陶瓷基片原材料配比如表 7-6 所列，按此配方用水基流延凝胶法所生产的厚度为 0.2mm 坯片实物见图 7-14，烧结后的陶瓷基片实物见图 7-15，性能测试结果如表 7-7 所列。结果表明，水基料浆流延凝胶法生产的 96 氧化铝陶瓷基片的各项性能与水基料浆注凝法生产的基片性能基本一致，均达到了国家标准 GB/T 14639—93（厚膜集成电路用氧化铝陶瓷基片）规定的技术指标要求。

表 7-6 96 氧化铝陶瓷基片原材料配比

名　称	规　格	配比/%（质量分数）	生 产 厂 家
氧化铝粉	α 相大于 99.5%	74.50	山东淄博奥鹏工贸有限公司
CaCO₃ 粉	化学纯	2.60	北京红星化工厂
高岭土	化学纯	3.70	苏州高岭土公司
丙烯酸乳液	HBA-400A	5.75	北京通州互益化工厂
去离子水		9.80	自制
有机单体	化学纯	2.13	北京化学试剂公司
甘油	化学纯	0.80	北京化学试剂公司
分散剂	JA-281	0.60	北京市亿动能科技有限公司
表面活性剂	OP4	0.10	自制
消泡剂	681F	0.02	北京兴美亚化工有限公司
脱模剂	802		科拉斯复合材料有限公司

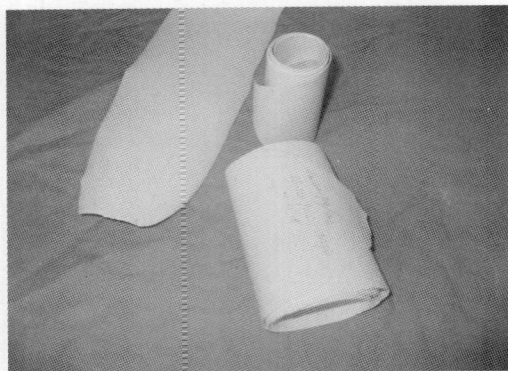

图7-14 水基流延凝胶成型法制备的氧化铝陶瓷坯片

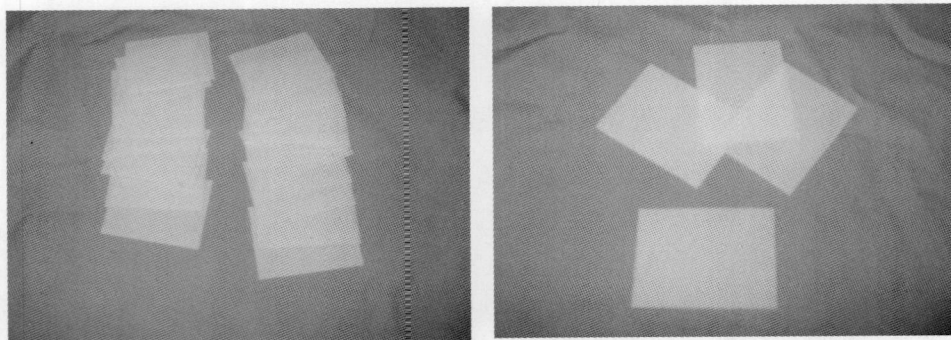

图7-15 水基流延凝胶成型法制备的氧化铝陶瓷基片

表7-7 水基流延凝胶基片的主要性能测试结果

项　目		测 试 结 果
状态		细密
颜色		白色
体积密度/(g/cm³)		3.764
抗弯强度/MPa		337.6
线膨胀系数/℃⁻¹	(20~500)℃	7.01×10^{-6}
	(20~800)℃	7.38×10^{-6}
击穿强度/(kV/mm)		67.6
体积电阻率/Ω·cm	(20℃)	1.2×10^{15}
	(300℃)	4.2×10^{13}
	(500℃)	5.2×10^{11}
介电常数(1MHz)		9.54
介质损耗角正切(1MHz)		1.9×10^{-4}

参 考 文 献

［1］ 徐廷献,沈继跃,薄占满,等.电子陶瓷材料.天津:天津大学出版社,1992.

［2］ Howatt G N. 高绝缘陶瓷板的生产方法. U. S. Patent 2582993,1952.

［3］ Park Jr J L. 陶瓷生产方法. U. S. Patent 2582993,2966719,1967.

［4］ Stetson H W,Gyurk W J. 二微英寸煅烧氧化铝基片的发展. Am. Ceram. Soc. Bull. ,16(4):387.

［5］ Stetson H W,Gyurk W J. 氧化铝基板. U. S. Patent,3698923,1972.

［6］ Richard E. Mistler. Tape casting:Past,present and potential. Am. Ceram. Soc. Bull. , 1998, 77(10):82 - 86.

［7］ 李世普. 特种陶瓷工艺学,武汉:武汉工业大学出版社,1997.1.

［8］ 黄勇,向军辉,谢志鹏,等.薄片陶瓷器件坯片的水基凝胶流延连续成型方法及装置.中国发明专利,ZL00102922.3,2000.3.

［9］ 陈大明,李斌太,杜林虎,等.一种制备薄片形陶瓷元件坯片的方法和专用模具.中国发明专利,ZL01104148.X,2001.2.

［10］ 陈大明.氧化铝陶瓷基片的水基注凝法低成本制备技术.材料导报,2000,14(3)35.

［11］ 陈大明,李斌太,杜林虎,等.水基料浆注凝法生产氧化铝陶瓷基片的关键技术.真空电子技术,2005(4):4.

［12］ 杜林虎,陈大明,李斌太,等.一种薄型陶瓷坯片水基凝胶流延成型方法.中国发明专利,ZL02153278.8,2002.11.

第8章 注凝—热压法生产层状陶瓷复合材料

8.1 层状陶瓷复合材料研究进展

8.1.1 层状陶瓷复合材料简介

1. 层状陶瓷复合材料(laminar ceramic composites)

与金属材料相比,高温结构陶瓷材料具有种类繁多的优点,包括有氧化物、碳化物、氮化物以及硅化物等,可以说各有特色、各具所长,这就提高了材料设计的灵活性。由于它们都具有高熔点、高硬度、高强度、耐腐蚀、抗氧化等从常温到高温的优异力学性能,因而可以胜任结构材料的角色。但是,陶瓷材料是本质脆性材料,在制备过程中,容易产生一些内在的缺陷,如孔洞、杂质、异常大的晶粒及弱结合的晶界;在陶瓷加工及使用中或甚至不小心的拿放磕碰,又造成一些外在的缺陷,像划痕、小的坑洼和裂纹,所有这些缺陷都可能发展成为导致材料断裂的临界裂纹,致使陶瓷材料发生灾难性破坏,严重限制了陶瓷材料应用的广度和深度。改善陶瓷材料的韧性成为影响陶瓷材料在高技术领域中应用的关键。为了有效地改善陶瓷材料的脆性,材料科学工作者进行了大量的研究以寻找切实可行的增韧方法。增韧的思路经历了从"消除缺陷"或减少缺陷尺寸、减少缺陷数量,发展到制备能够"容忍缺陷"的材料,即对缺陷不敏感。

受自然界高性能生物材料的启发,一些材料工作者提出了模仿生物材料的结构制备高韧性陶瓷材料的思路,即通过仿照生物材料的特殊结构,制备出类似结构的复合材料,以期具有类似的性能。1990 年 Clegg 等人[1]发表的 SiC 层状陶瓷复合材料的创造性工作为陶瓷增韧补强研究开辟了一个新纪元。他们制备的 SiC 薄片与石墨片层交替叠层结构复合材料具有传统的陶瓷材料所无法比拟的优越抗断裂、冲击性能,与常规 SiC 陶瓷材料相比,其断裂韧性和断裂功提高了几倍甚至几十倍,成功地实现了宏观结构增韧。而且其制备工艺具有简便易行、易于推广、周期短而廉价的优点,可以用于制备大的或形状复杂的陶瓷部件[2]。这种层状结构还能够与其他增韧机制相结合,形成不同尺度多级增韧机制协同作用,立足于简单成分多重结构复合,从本质上突破了复杂成分简单复合的旧思路[3]。

层状陶瓷复合材料按陶瓷基体片层的不同可分为 Al_2O_3 基、Si_3N_4 基、SiC 基、

ZrO_2基等层状复合材料；按层状复合材料基体片层制备工艺又可分为流延成型法、注浆成型法、轧膜成型法、电泳沉积法、凝胶注模成型法等层状复合材料；按界面层力学性质强弱可分为弱性层（比如 C、BN 等）和强性层（比如 W、Ni、Al、Nb、Cu 等金属夹层）两大类层状复合材料。

2. 层状陶瓷复合材料体系结构

层状陶瓷结构复合材料是由陶瓷基体片层和界面片层交叠而形成的一种复合材料，其宏观结构如图 8-1 所示。层状陶瓷复合材料包括两个构件——界面层和基体层，界面层通过偏转扩展裂纹给予复合材料高的韧性，基体层提供复合材料强度保障，但是它们两者之间并非互相孤立，而是相互关联协同作用的。

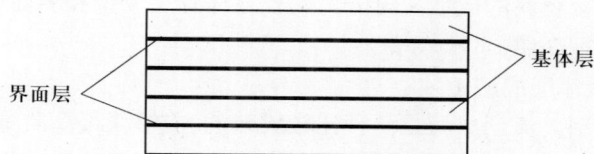

图 8-1　陶瓷基层状复合材料宏观结构示意图

为了提高层状陶瓷复合材料的综合力学性能，优化基体层材料的性能是十分必要的。特别提出的是，基体层材料的高温性能优劣直接影响着层状复合材料的高温力学性能好坏。陶瓷基体片层一般选用具有较高强度和模量的结构陶瓷材料，在承载过程中可以承受较大的应力，并具有较好的高温力学性能。目前研究中较多采用的是 SiC、Si_3N_4、Al_2O_3 和 ZrO_2 等为基体材料，并加少量的烧结助剂促进其烧结致密化。

界面层是决定层状陶瓷复合材料强韧性高低的关键。在界面分隔材料的选择中，处理好界面层与基体材料的结合状态以及匹配状态尤为重要，它将直接影响材料的宏观结构增韧效果。它具有分割基体片层的作用，能够通过一定机制有效地阻碍裂纹扩展，如钝化、偏转、桥接等。因而界面层的选择与优化十分重要，它是发挥层状陶瓷复合材料特殊结构设计功效的基础。按界面层性质强弱可将界面层分为弱性层和强性层。针对不同的基体材料需要选择相应的界面层材料，选择界面层材料应考虑以下原则：

（1）界面层应不与基体陶瓷发生严重化学反应，而且能够通过一定的工艺保证两者之间具有适中的结合强度；

（2）处理好界面层与陶瓷基体之间热膨胀系数、弹性模量错配等因素引起的材料内部应力分布，以避免由于复合材料内部应力分布不当而造成的材料破坏；

（3）在层状陶瓷复合材料使用过程中，界面层应具有维持其功能的能力，避免发生软化坍塌、蠕变变形、氧化变质等行为。

8.1.2 层状陶瓷复合材料制备方法

制备层状陶瓷/金属复合材料大多使用固态扩散连接法。而层状陶瓷复合材料的制备过程通常包括陶瓷薄片和界面层成型,以及叠层烧结等步骤。层状陶瓷复合材料的烧结工艺与块体陶瓷材料的烧结工艺大同小异,但由于层状陶瓷复合材料大多是非均质材料,其烧结致密化通常较为困难,因而常采用热压烧结的方法。对陶瓷基体片层与界面层相容较好的材料体系,也可采用无压烧结方法。在整个工艺过程中,成型技术是制备层状陶瓷复合材料的前提,具有许多独特工艺特性。

层状陶瓷复合材料的成型又可分为陶瓷基体片层成型和界面层的成型两个过程。下面分别进行介绍。

1. 陶瓷基体片层成型工艺

(1)流延成型。流延成型是一种比较成熟的,能够获得高质量、超薄形陶瓷片的成型方法,因此获得广泛应用。该工艺制备陶瓷薄坯片方法在第 7 章已有介绍,此处不再赘述。该工艺的优点是可以进行材料的微观结构和宏观结构设计。对于界面不相容的两种材料可以用梯度化工艺叠层连接。此外,流延法可连续操作,生产效率高,自动化水平高,工艺稳定,膜坯性能均匀一致且易于控制。缺点是制备成分复杂的材料较为困难。在整个流延成膜工艺过程中,没有外加压力,溶剂和黏结剂的含量又较多,故膜坯密度不够大,烧成收缩也较大,烧成后也或多或少残留灰分而影响材料性能。研究人员已用流延法制备了 $Al_2O_3/ZrO_2^{[4]}$、$\beta - Sialon/\alpha - Si_3N_4^{[5]}$、$Si_3N_4/Si_3N_4 - 12wt\% Al_2O_3^{[6]}$、$\alpha - Si_3N_4/\alpha - Si_3N_4 + 70vol\% \beta - Si_3N_{4w}^{[7]}$ 等层状陶瓷复合材料。

(2)注浆成型。注浆成型是应用非常普遍的一种成型陶瓷薄片生坯的方法,而且它还可以直接形成层状结构。注浆成型是一种以水为主要溶剂的流态成型方法,要求浆料具有充分的流动性,因此加入的水量较大,约 30% ~ 35%,还常常需要加入电解质调节料浆的 pH 值、黏度。成型时将制备好的浆料倒入吸水性很强的石膏模具中,由于浆料中的水分同石膏模壁结壳固化,到一定厚度时,便可倒出剩余浆料,因此层状体厚度可由时间来控制。只要交替在石膏模中倒入不同浆料,就可获得层状复合陶瓷的素坯。待水分为石膏模具充分吸收后,坯体内侧略有收缩,故脱模比较容易。但在注浆成型中,由于水分只靠重力和毛细管作用为石膏模所吸收,以及坯体本身的自然干燥,在整个过程中没有施加任何其他压力,故坯体制成后的密度和机械强度都比较低,通常壁厚都不能制得过薄,以免干燥和烧成过程中开裂、变形。

在这类工艺中,离心注浆使用较多,该方法涉及浓陶瓷悬浮体料浆的制备。在已有的报道中,采用的材料体系还相当有限。相比之下,其设备的要求较低,简便易行。Marshall 等人利用离心注浆法制备了 20μm ~ 200μmZrO$_2$/5μm ~ 50μmLaPO$_4^{[8]}$ 及 35μmCe – ZrO$_2$/35μm（50%（体积分数）Al$_2$O$_3$ + 50%（体积分数）Ce – ZrO$_2$）$^{[9]}$ 层状复合材料，Nutbrown 和 Clegg$^{[10]}$ 利用注浆成型制备了以 Al$_2$O$_3$ 为基体，Al$_2$O$_3$ 辅以 CaAl$_{12}$O$_{19}$ 或 LaAl$_{11}$O$_{18}$ 长柱状晶粒增韧材料作为界面层的层状复合材料。

（3）轧膜成型。轧膜工艺也是一种非常成熟的成型工艺。可以方便地得到均匀致密的薄片，特别是在多成分的材料体系中，极易得到高质量的陶瓷薄片生坯。但是轧膜工艺所能轧制的陶瓷薄片较厚，一般在 100μm 以上。Clegg 等人$^{[11]}$ 利用轧膜法制备了 SiC/C 层状复合材料。蔡胜有、郭海等人$^{[2,12]}$ 利用轧膜工艺使 Si$_3$N$_4$ 主层中的 SiC 晶须定向排布，制备了 Si$_3$N$_4$（SiC$_w$）/BN（Al$_2$O$_3$）层状复合材料。利用这种工艺还制备了 Al$_2$O$_3$/Mullite + SiO$_2$ – rich glass 等层状复合材料$^{[13]}$。

（4）电泳沉积成型。电泳沉积（Electrophoretic Deposition）法可以直接形成层状结构。陶瓷粉体和增强体的悬浮溶液在直流电场的作用下，荷电质点向电极迁移并在电极上沉积成一定形状的坯体，经干燥烧结后获得成品。分散系中由于质点离解或吸附使质点表面带电，分散介质可以是水或其他溶剂，但由于水易电解，常用甲醇、乙醇、丙醇和丙酮等。电极材料为金属或石墨等，其形状可以根据产品形状来设计确定，可以是棒状、板状或筒状，还可以沉积到电极内表面。荷电质点在电极上的沉积速度和沉积量与悬浮液浓度、相对介电常数、黏度、质点荷电量、直流电场大小、电极面积大小、电极间距离及沉积时间等因素有关。电泳沉积过程包括两步：第一步，稳定的悬浮粒子在电势差的作用下移动。悬浮液的稳定性是通过静电作用、空间位阻使悬浮粒子带有电荷而实现的。第二步，沉积。通常这两个过程所需的电势差不同。此工艺得到的最小层厚可达 2μm，且界面平整度在亚微米级，成型过程中无需使用有机结合剂、润滑剂或增塑剂等就可以制备出形状复杂的坯体，也无需烧失热处理步骤。但由于工艺本身实现的特殊性，这种工艺方法所能应用的材料体系有很大局限性。

P. Sarkar$^{[14]}$ 利用这种方法制备了 YSZ/Al$_2$O$_3$ 层状陶瓷复合材料，层厚约为 2μm。电泳沉积适合制备形状复杂的层状复合材料，L. Vandeperre 等人$^{[15,16]}$ 利用这种工艺制备了 SiC/C 层状复合材料管，材料中 SiC 层厚约为 95μm，石墨层厚约为 10μm。

（5）注凝成型。注凝成型工艺可方便地制备陶瓷基体片层。陶瓷层片厚度由模具控制，可制备厚度 200μm 的陶瓷素坯薄片。湿凝胶坯体坚韧且有弹性，防止了因脱模而损坏坯体的问题。该工艺一个最突出的优点是干燥后的坯体非常坚韧，可以进行各种机械加工（冲、切）。Baskin 等人$^{[17]}$ 已利用这一工艺制备了 Fe$_2$TiO$_5$ 非织构/织构/非织构的三明治层状材料，发现织构层具有明显的弱界面层开裂特征。

此外,随着薄膜技术的不断发展,也可采用成膜技术来制备陶瓷基体片层和界面层,如化学气相沉积(CVD)、物理化学气相沉积(PCVD)、三维印制成型工艺(3DP)、喷涂成型等方法来形成陶瓷薄层,制备的坯体均匀性好,气孔少,层片也很薄。但这些方法的工艺过程复杂,尚在不断地探索研究中。

2. 界面层成型工艺

界面层可根据不同的陶瓷基层状复合材料体系采用不同的方法获得,大多数陶瓷界面层可以采用流延、涂层等方法获得。涂层工艺[6,12,18-20]是获得界面层的一种有效方法。涂层工艺包括浸涂和喷涂,它们都是先将界面层的组成材料分散于水或有机溶剂中,制成均匀稳定的溶液、悬浮液或溶胶,然后将坯体在液体中浸涂或将料浆均匀地喷涂在坯体上,再经过干燥或凝胶处理在基体的表面上就可以得到均匀的涂层。采用石墨或金属相等作为界面层时,一般可直接选用相应的石墨纸和金属薄片[21-23]等材料。

8.1.3 层状陶瓷复合材料力学性能

层状复合材料由于其特殊的结构,使其力学性能具有非常明显的各向异性,人们对垂直于层状复合材料界面层的性能比较感兴趣,所以国内外对其研究比较多,表 8-1 汇总了国内外研究者制备的一些层状复合材料体系及其力学性能[24]。

表 8-1 一些层状复合材料体系性能

材料体系		K_{IC}/ MPa·m$^{1/2}$	断裂功/ (J/m^2)	抗弯强度/MPa		制备方法
基体主层 厚度及组成	界面层 厚度及组成			室温	高温	
680μmAl$_2$O$_3$	25μmAl(韧)	6.3				固态扩散 连接
680μmAl$_2$O$_3$	50μmAl(韧)	11.5				
680μmAl$_2$O$_3$	250μmAl(韧)	16.1~22.0				
480μmAl$_2$O$_3$	25μmAl(韧)	10.3~11.6				
480μmAl$_2$O$_3$	130μmAl(韧)	14.5~18.7				
125μmAl$_2$O$_3$	400μm85%(体积分数)Al$_2$O$_3$ +15%(体积分数)3YTZP				130 (1400℃)	注浆无压
SiC	石墨(弱)	17.7	6152	633		轧膜无压
0.1mmSi$_3$N$_4$ +3%β-Si$_3$N$_4$	0.03mm25%(质量分数)Si$_3$N$_4$ +75%(质量分数)BN(弱)	15.12		498.4		轧膜浸 涂热压
0.1mmSi$_3$N$_4$ +20%SiC$_w$	0.03mm25%(质量分数)Si$_3$N$_4$ +75%(质量分数)BN(弱)	20.11		651.47		
40μm -60μmSi$_3$N$_4$	2μm~10μmBN +12%(质量分数)Al$_2$O$_3$(弱)		6500 ±950	437 ±42		流延涂层 热压

材 料 体 系		$K_{IC}/$ MPa·m$^{1/2}$	断裂功/ (J/m^2)	抗弯强度/MPa		制备方法
基体主层 厚度及组成	界面层 厚度及组成			室温	高温	
116μm±34μm β-Si$_3$N$_4$	36μm±18μmBN +10%（体积分数）Si$_3$N$_4$（弱）		4500	530		涂层热压
YPO$_4$/Y-ZrO$_2$/YZ3-A7/Y-ZrO$_2$			8200 10000	392 358		流延 热压
330μm0°/±45°/90°Si$_3$N$_4$/BN 纤维铺叠			4700(RT) 3600 (1000℃) 1440 (1200℃)	280	180 (1000℃) 110 (1200℃)	轧丝 热压
200μm~300μm Al$_2$O$_3$/TiC	SiC+石墨涂层（弱）	5.78		605		流延热压
0.46mmAl$_2$O$_3$	0.15mmNi（韧）		9160 ±910	157.6 ±17.6		流延 扩散连接
35μmCe- ZrO$_2$	35μm50%（体积分数）Al$_2$O$_3$ +50%（体积分数）Ce-ZrO$_2$（韧）	17.5				离心注浆 无压烧结
0.2mmβ- Si$_3$N$_4$	碳纤维纸 （1.23%（质量分数））（弱）	8.26		514.1	471.9 (1300℃)	溶胶凝 胶热压
200μmAl$_2$O$_3$	100μmW(Co)（韧）	6.16 ±0.49		169.15 ±8.20		离心注 浆热压
70μmSi$_3$N$_4$ +20%（质量 分数）SiC$_w$	30μmBN/Al$_2$O$_3$(3:1)（弱）	20.36 ±1.00		651.47 ±74.94		轧膜热压

1. 常规力学性能

（1）抗弯强度 σ_f。蔡胜有[3]发现陶瓷材料中引入弱界面层将造成整体材料强度的下降。Si$_3$N$_4$-20%（质量分数）SiC$_w$块体陶瓷的强度为 775.36MPa ± 43.95MPa，而制备的层状陶瓷复合材料 Si$_3$N$_4$-20%（质量分数）SiC$_w$/BN 在断裂韧性为 23.36±2.01MPa·m$^{1/2}$时，抗弯强度为 651.47MPa±74.94MPa，强度下降了 16%。

（2）断裂韧性 K_{1C} 和断裂功 W。层状陶瓷复合材料使用界面层分隔陶瓷基体这种独特的宏观增韧方式，通过裂纹偏转、界面层桥接等机制大大提高了陶瓷基体的断裂韧性和断裂功。Clegg[1]制备的 SiC/石墨陶瓷层状复合材料，断裂韧性从基体的 3.6 MPa · m$^{1/2}$ 提高到 15 MPa · m$^{1/2}$,而断裂功则增长了 2 个数量级,达到 4250J/m^2。进一步研究表明[2],增加基体陶瓷层的强度可以增加复合材料断裂时的断裂功。袁广江[24]制备的 SiC/BN – Al$_2$O$_3$ 层状陶瓷复合材料断裂韧性从基体的 9.6MPa · m$^{1/2}$ 提高到 17.7MPa · m$^{1/2}$,而断裂功达到 3528J/m^2。同时该缺口断裂韧性试样的载荷—位移曲线明显表现为阶梯状断裂形貌,出现了多个峰值,如图 8–2 所示。

这里应该指出,对于层状复合材料这种非均质材料,用现有的单边缺口梁试样测试其断裂韧性不是非常恰当,实际是一种"表观"断裂韧性。为叙述方便,仍称之为断裂韧性。

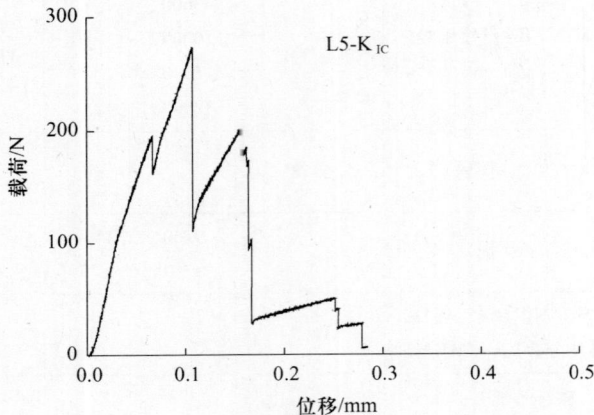

图 8–2 层状陶瓷复合材料缺口断裂韧性试样的载荷—位移曲线

(3)抗拉强度 σ_T。在抗弯状态下,层状试样中应力状态为从一个面的受拉变化到另一个面的受压状态。而对于单向拉伸状态来说,试样中的应力分布是均匀的。叠层试样在抗弯状态下,以累进的方式断裂,而在单轴拉伸应力状态下,是在试样某一部位发生贯穿断裂。如果层片具有同样强度,它们将同时断裂,从而导致部件的灾难性破坏。事实上,由于层片强度存在分散性,对于单一层片来说,破坏发生部位是分散的,因此这将能对试样破坏起预警作用。在 SiC/C 试样单轴拉伸试验[5]中,观察到发生了非灾难性破坏,并且发生了分层现象,其破坏行为类似于木材。其单轴拉伸应力—应变曲线如图 8–3 所示。

(4)界面剪切强度。Clegg 等人[2]测试了 SiC/C 层状复合材料的界面剪切强度,采用的是双缺口剪切试样 DNS(Double Noth Shear),试样长约 20mm、宽 3mm、高 1.5mm,缺口穿过中心线,如图 8–4 所示。测试试验类似于搭接剪切测试,所不同的是使用的是压应力而不是拉应力,这对测试陶瓷试样很适合。试样加载后,材料先经历了弹性变形阶段,然后界面处裂纹从缺口处萌生并快速扩展。最终通

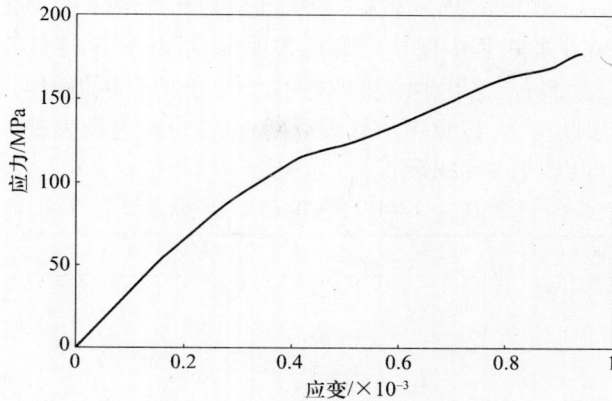

图 8-3　层状复合材料在单向拉伸状态下的应力—应变曲线

过用最大载荷与试样缺口间的截面积比值得到材料的剪切强度为 26MPa ± 7MPa。

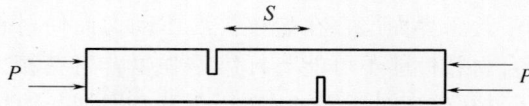

图 8-4　剪切强度试样

2. 使用性能。

（1）震动疲劳性能。由于层状复合材料在弯曲应力状态下,存在产生分层裂纹的驱动力,因此层状材料的抗疲劳性能很重要。Clegg 等人[2]测试了 SiC/C 层状复合材料的振动疲劳性能。试验在三点弯曲状态下进行,所加载荷为正弦波负荷,波峰应力为试样平均弯曲强度的 0.65 ~ 1 之间,波谷应力为波峰应力的 1/10。若试样连续加载 3×10^6 周期后,没有破坏就停止继续实验,并测试试样残余强度。样品测试前平均弯曲强度为 327MPa ± 44MPa。实验发现,如果试样在疲劳加载开始没有破坏,它将在试验的整个过程中都不再断裂,甚至在最大循环载荷为试样平均弯曲强度的 0.98 时也不断裂。试样疲劳试验后的平均强度为 321MPa ± 95MPa,与测试前近似,因此层状复合材料是疲劳不敏感的。与陶瓷块体试样相比,SiC 层状复合材料的震动疲劳抗力没有减少,因此层状材料引入能够偏折裂纹的弱性层是无害的。

（2）抗热震性能。Clegg 等人[2]还测试了 SiC/C 层状复合材料的抗热震性能。测试的试样大小约为 3mm 厚、12mm 宽、100mm 长,将试样放在支架上,一次放两个试样,将支架放入一个竖立的加热器内。实验时,两个试样一个对准热空气喷嘴,另一个对准冷空气喷嘴,处理 5min 后,交换两试样位置。试样温度在 25℃ ~ 1400℃ 之间变化。测试结果显示,未经涂层保护的层状材料由于石墨层的氧化,材料层间剥离破坏了。参照试样 SiC 独石材料也灾难性断裂了。但是涂了 SiC 保护层后的层状材料在试验过程中保持完好。很明显,层状复合材料与块体材料相比较,性能得到了很大改善,这其中的机理还不大清楚。可能的原因之一是石墨层的存在减少了 SiC 层间应力,以致增加处理周期,试样也没有发生进一步的宏观损害和残余强度的降低,如表 8-2 所列。

表 8-2　试样经过 25℃~1400℃ 热循环后的弹性模量 E 和抗弯强度 σ_f

循 环 周 期	E/GPa	σ_f/MPa
0	332	348
50	329	398
200	322	382
500	324	404

Clegg 认为[2]层状陶瓷复合材料不同于纤维增强陶瓷基复合材料,其性能改善取决于界面层中裂纹偏折情况。连续的界面存在使材料的剪切强度很低。弯曲状态下的疲劳,由于平行于界面层存在裂纹扩展驱动力而使材料容易导致剥层破坏,因此层状陶瓷复合材料性能不可能与纤维增强复合材料相比。层状陶瓷复合材料韧化只是增加了材料破坏时所需的应变,而没有增加与块体材料相对应的最大强度。因此层状陶瓷复合材料适用于大热载荷(有一定的应变)和小机械载荷(给定应力)的场合。鉴于此他选择了小型汽轮机燃烧室内衬作为实用测试样件,使用层状陶瓷复合材料代替高温合金。用 SiC/C 层状陶瓷复合材料制备了小型汽轮机燃烧室内衬,并做了试车试验,试验条件如表 8-3 所列。

表 8-3　燃烧室试车测试条件

测 试 序 号	1	2	3
进口温度/℃	350	500	550
出口温度/℃	1250	1527	1327
气体压力/MPa	0.2	0.2	0.4
循环次数	3	10	10
测试时间/h	5	3.5	1.6

测试时他们使用了 4 个单曲率的 SiC/C 层状复合材料和 4 个双曲率的独石 SiC 陶瓷片共同组成燃烧室内衬,先后进行了三次试验。第一次测试后,发现层状材料和块体材料都没有破坏;第二次测试后,发现块体材料发生破坏,层状材料保持完好,并且发现火焰喷嘴的金属套管已经熔化;第三次测试发现由于金属扭曲,毁坏了内衬瓦片悬挂装置,因此被迫停止了测试试验。

层状陶瓷复合材料独特的结构赋予其优异的抵抗断裂能力和可靠性以及低的裂纹敏感性,从而使其有可能应用于陶瓷发动机以及燃气轮机零部件、航空航天器耐冲击部件、装甲材料等领域。目前国内外对这种新型材料的研究正处于高潮时期,对其制备工艺、结构与性能、增韧机理的研究很多,开展层状陶瓷复合材料的设计、制备工艺、结构与力学性能的研究是一项重要而紧迫的任务,具有十分重要的意义。

8.2 层状碳化硅陶瓷复合材料

鉴于层状陶瓷复合材料在高温结构领域的重要应用前景和本课题组在注凝技术方面的优势,采用水基注凝—热压烧结工艺,分别应用金属层与陶瓷层作为层状复合材料的界面层材料,制备了 SiC 基体层状陶瓷复合材料。通过性能对比优选出使层状复合材料性能较好的界面层材料;研究了材料的室温强度、高温强度、断裂韧性、断裂功、弹性模量、层间剪切强度、抗热震性、抗氧化性能;并通过研究层状 SiC/BN 陶瓷基复合材料的断裂行为,分析了陶瓷层状复合材料增韧机制[24]。

8.2.1 层状 SiC 陶瓷复合材料制备工艺

1. 材料体系的选择

(1)基体层材料的选取。目前常用的高温结构陶瓷材料主要有 SiC、Si_3N_4、Al_2O_3 和 ZrO_2,它们的性能如表 8-4 所列[25]。与 Al_2O_3、ZrO_2(TZP)相比,热压 SiC、热压 Si_3N_4 陶瓷密度较小,高温强度高,具有好的抗热冲击性能,适于在航空领域高温环境下使用。对比 SiC、Si_3N_4 两种陶瓷材料,SiC 陶瓷的最高使用温度和高温强度比 Si_3N_4 陶瓷要高,如能有效增韧,则应用前景更广阔,因此选用 SiC 陶瓷作为层状复合材料的基体层材料。

表 8-4　几种常用高温结构陶瓷材料性能

材　料	热压 Si_3N_4	热压 SiC	Al_2O_3	ZrO_2(TZP)
$\rho/g \cdot cm^{-3}$	3.18	3.21	3.98	5.91
σ_f/MPa	845(RT)	930(RT)	440(RT)	1020(RT)
	680(1000℃)	820(1000℃)	340(1000℃)	400(1000℃)
$K_{IC}/MPa \cdot m^{1/2}$	5.6	4.4	4.5	8.4
$\lambda/W \cdot cm^{-2} \cdot ℃^{-1}$	0.16	0.79	0.29	0.293
$\alpha \times 10^6/℃^{-1}$	3.3	4.8	8.1	10.5
E/GPa	310	440	360	205
抗热冲击参数(R)	830	440	150	350
抗氧化性/$mg \cdot cm^{-3}$	<0.1 (100h,1000℃)	1.5 (16h,1600℃)		
熔点 $m_p/℃$	1900(分解)	2700(分解)	2030	2600
最高使用温度/℃	1500	1650	1800	1500

热压烧结 SiC 的烧结助剂种类很多,在前期研究工作的基础上,分别采用 Y_2O_3 – Al_2O_3 和 Y_2O_3 – La_2O_3 两种烧结助剂体系进行对比试验。结果表明,以 85%(质量分数)SiC – 7.5%(质量分数)Y_2O_3 – 7.5%(质量分数)Al_2O_3 和 84%(质量分数)SiC – 8%(质量分数)Y_2O_3 – 8%(质量分数)La_2O_3 两种材料配方体的块体材料性能最佳。这样,对于陶瓷/金属层状复合材料,从降低热压烧结温度以减少对金属界面层的损伤考虑,选择前者作为基体层材料,而对于陶瓷/陶瓷层状复合材料,按照尽量提高材料室温和高温性能的设计原则,则选择后者作为基体层材料。

(2)界面层材料的选取。界面层材料可以分为弱性层和强性层两类。对于利用强性层制备的层状复合材料,文献中报道的断裂韧性都不高。此外由于强性层增韧效果依赖于热膨胀系数(CTE)和弹性模量错配产生的残余应力,复合材料性能调控不够灵活,因此本试验中分别制备延性金属层状复合材料和弱性陶瓷层状复合材料。

延性金属作为层状陶瓷的界面层,其增韧机制除了裂纹偏转以外,还有金属桥接、残余应力增韧等机制。由于金属在复合材料断裂时可以通过塑性变形吸收大量能量,既阻碍了裂纹的失稳扩展,又能起到预报材料失效的作用,与陶瓷之间的性能互补性非常强,能极大地提高复合材料的使用可靠性。因此利用延性金属作为界面层材料制备陶瓷基层状复合材料有着非常诱人的前景。SiC 陶瓷的热压烧结温度和其后的使用温度分别在 1800℃ 和 1250℃ 以上。为了保证金属层状复合材料制备工艺的可行性和使用期间的可靠性,界面层金属应具有较高的熔点。在高熔点金属中 Ta、W 的塑性好,熔点高(分别为 2980℃ 和 3410℃),有潜力应用于较高的温度领域。此外它们有着与 SiC 相匹配的热膨胀系数,Ta 的热膨胀系数为 $6.5 \times 10^{-6}/℃$,W 的热膨胀系数为 $5.5 \times 10^{-6}/℃$,均稍大于 SiC 的热膨胀系数 $4.3 \times 10^{-6}/℃ \sim 4.8 \times 10^{-6}/℃$。在室温状态下,经过高温成型的金属层状复合材料将形成界面层承受拉应力,SiC 基体层承受压应力的应力分布状态。这种应力分布状态可以有效阻碍裂纹在 SiC 基体层中的扩展,促进裂纹在界面层处偏转,从而有利于提高层状复合材料的应用可靠性。因此选用 W 作为金属界面层材料。此外,还选用了 W – 2%(质量分数)Co 作为金属界面层材料,其中加入 2%(质量分数)Co 是为了对 W 进行合金化处理,主要是为了降低 W 在高温烧结过程中的反应活性。

对于弱性层状复合材料,选择 BN – Al_2O_3 – SiC 体系。BN 粉料难以烧结致密化,是形成弱性界面层的关键组分。加入的 Al_2O_3 可以与 SiC 表面的 SiO_2 反应生成玻璃相,有利于界面层材料烧结致密化,能够提高界面层剪切强度,从而在允许裂纹偏折的情况下,增加裂纹在界面层中扩展的阻力,消耗外力功,增加材料的断裂功。加入 SiC 的目的是提高界面层与基体层间的结合强度。

试验中使用的原材料及特性如表 8 – 5 所列。

表 8-5 试验用原材料及特性

粉料	产　地	纯度/%（质量分数）	粒度/μm
SiC	日本昭和电工	99.15	0.992
Y_2O_3	福建	99.99	3~5
Al_2O_3	张家口市特种陶瓷材料厂	99.99	3
La_2O_3	上海越龙有色金属有限公司	99.99	—
BN	河南巩义三星陶瓷材料有限公司	98	<1
W	赣州有色冶金厂	99.9	8
Co	上海第二冶炼厂	99.9	74

2. 注凝法制备 SiC 基体层素坯薄片工艺

注凝法生产陶瓷坯片技术与第 7 章方法基本相同，不再赘述。但由于 La_2O_3 遇水水解形成 $La(OH)_3$，使水基凝胶注模料浆黏度变大，流动性变差，从而影响基体层素坯的质量，因此考虑将 Y_2O_3 和 La_2O_3 进行高温合成处理，部分或全部转化成不溶于水的 $YLaO_3$，尽量减弱 La_2O_3 水解对水基凝胶注模工艺制备 SiC 基体层素坯的影响。试验中，先将等质量的 Y_2O_3 和 La_2O_3 球磨 24h 混和均匀，于不同温度煅烧热处理，结果表明，在 1250℃ 和 1300℃ 处理过的粉料存在轻度烧结，比较容易研碎；而在 1350℃ 处理过的粉料严重烧结在一起了，很难研碎。为了使处理过的烧结助剂粉料既能够研碎均匀分散到 SiC 粉料中去，又包含尽可能多的 $YLaO_3$，因此确定使用 1300℃ 工艺处理 Y_2O_3 – La_2O_3 粉料。处理过的粉料进行 XRD 物相分析，如图 8-5 所示，可见粉料中生成了 $YLaO_3$。使用经过高温合成处理的 Y_2O_3 – La_2O_3 粉料作为 SiC 粉料烧结助剂，用水基注凝法制备了 0.4mm 韧性良好、可冲切加工的 SiC 基体层素坯。

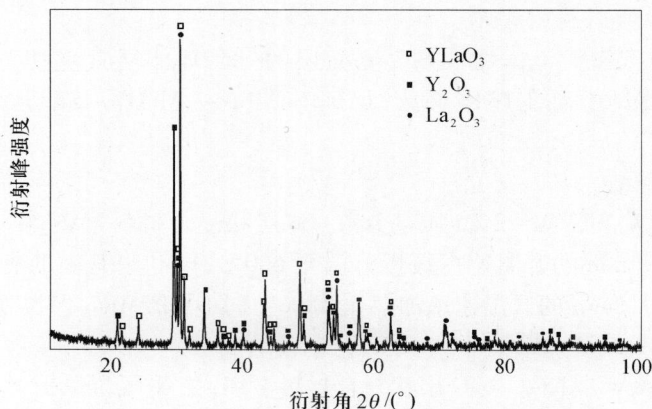

图 8-5 Y_2O_3 – La_2O_3 粉料 1300℃ 煅烧处理后的 XRD 物相分析

3. 界面层制备工艺

(1) 喷涂法制备 W 界面层。将 W 粉加入到乙醇、正丁醇、甘油组成的有机分散体系中,球磨 24h,将得到的 W 粉悬浮液均匀地喷涂(走经纬向)到 SiC 基片的表面,用喷涂的道数(在基片上按经向和纬向各走一次称作一道)控制 W 膜厚度,并注意在前一道喷涂后,要待到基片表面干燥后,才能进行下一道的喷涂,否则会造成 W 膜的不平整。

(2) 流延法成型 W – 2%(质量分数)Co 界面层。将 W – 2%(质量分数)Co 粉与 10% 聚乙烯醇(PVA)水溶液及甘油混合球磨 24h,搅拌除泡,真空除气,最后得到可以流动的流延法成型 W 膜用黏稠浆料。成型时,浆料由流延机加料漏斗底部流出。随着基带向前移动,浆料被流延机的刀片刮成一层平整的薄膜。薄膜的厚度由刮刀与基带之间的间隙、基带运动的速度、浆料的黏度及加料漏斗内浆面的高度所决定。试验中制备了厚度为 $10\mu m$、$20\mu m$、$25\mu m$、$35\mu m$ 的 W – 2%(质量分数)Co 膜。

(3) 浸涂法成型 $BN – Al_2O_3 – SiC$ 材料体系界面层。将不同配比的 $BN – Al_2O_3 – SiC$ 界面层材料组分与乙醇混和球磨 24h,就得到了浸涂浆料。将制备好的 SiC 基体层素坯薄片浸入 $BN – Al_2O_3 – SiC$ 料浆中,停留 5s ~ 10s 后取出并烘干,即可形成界面层。界面层厚度由 SiC 素坯薄片在料浆中停留时间控制。

4. 层片排布与热压烧结

(1) 层片排布。

① 将喷涂了 W 界面层的 SiC 基体层素坯切割成 25mm × 36mm 的坯片,手工在石墨模具中按照顺序叠放,得到 SiC/W 层状复合材料素坯。

② 将流延成型的 W – 2%(质量分数)Co 界面层和注凝成型的 SiC 基体层素坯切割成 25mm × 36mm 的片层在石墨模具中手工交替叠放,得到 SiC/W – 2%(质量分数)Co 层状复合材料素坯。

③ 将浸涂了 $BN – Al_2O_3 – SiC$ 界面层的 SiC 基体层素坯切割成 25mm × 36mm,在石墨模具中手工顺序叠放,得到 $SiC/BN – Al_2O_3 – SiC$ 层状复合材料素坯。

(2) 热压烧结。

① 将 SiC/W、SiC/W – 2%(质量分数)Co 层状复合材料素坯,在 Ar 气氛保护下,开始以 $10°C/min$ 的升温速率缓慢升温至 $600°C$,以利于其中的有机物降解挥发。之后以 $45°C/min$ 的升温速率加热至 $1800°C$,加压 27MPa,保温保压 1h ~ 2h,热压烧结制备 SiC/W、SiC/W – 2wt% Co 层状复合材料。

② 将 $SiC/BN – Al_2O_3 – SiC$ 层状复合材料素坯,在 N_2 气氛保护下,以 $45°C/min$ 升温速率加热至 $1850°C$,加压 27MPa,保温保压 1h ~ 2h,热压烧结制备 $SiC/BN – Al_2O_3 – SiC$ 陶瓷层状复合材料。

166

8.2.2　SiC/W 层状复合材料的结构与性能

金属界面层可以通过裂纹尾流区桥接,塑性变形,吸收大量能量,从而大幅度提高层状复合材料的断裂功。金属界面层一般具有比陶瓷基体层大的热膨胀系数,在复合材料制备过程中可以在基体层中形成压应力,界面层中形成拉应力,阻碍基体层中的裂纹扩展,促进裂纹在界面层偏转。金属界面层层状复合材料具有十分诱人的前景。为此,制备了六种 SiC/W 层状复合材料 LW1 – LW6,其组成结构和实测的断裂韧性如表 8 – 6 所列。图 8 – 6 是 LW1 层状复合材料宏观结构照片,较厚的深色片层是 SiC 基体层,其间被约 $30\mu m$ 厚较均匀的 W 界面层所分割。其它试样断口形貌基本相同。

表 8 – 6　SiC/W 层状复合材料室温断裂韧性

复 合 材 料			界面层 厚度/μm	断裂韧性/ $MPa \cdot m^{1/2}$
编号	基 体 层	界 面 层		
LW0	$SiC + 15\%$(质量分数)($Y_2O_3 + Al_2O_3$)	—	—	4.22 ± 0.53
LW1	$SiC + 15\%$(质量分数)($Y_2O_3 + Al_2O_3$)	W(喷涂)	30	7.32 ± 1.59
LW2	$SiC + 15\%$(质量分数)($Y_2O_3 + Al_2O_3$)	W(喷涂)	35	8.71 ± 0.30
LW3	$SiC + 15\%$(质量分数)($Y_2O_3 + Al_2O_3$)	W2%(质量分数)Co(流延)	10	4.70 ± 0.55
LW4	$SiC + 15\%$(质量分数)($Y_2O_3 + Al_2O_3$)	W2%(质量分数)Co(流延)	20	6.97 ± 1.17
LW5	$SiC + 15\%$(质量分数)($Y_2O_3 + Al_2O_3$)	W2%(质量分数)Co(流延)	25	7.43 ± 0.82
LW6	$SiC + 15\%$(质量分数)($Y_2O_3 + Al_2O_3$)	W2%(质量分数)Co(流延)	35	8.22 ± 0.65

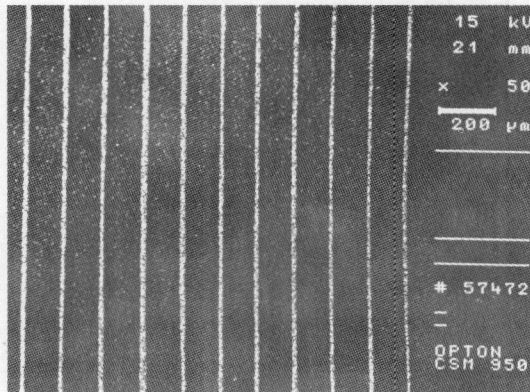

图 8 – 6　SiC/W 层状复合材料

沿着垂直于 SiC 基体层的方向切开 SiC/W 层状复合材料,用 X 射线衍射仪分析其横断面,如图 8 – 7 所示。结果表明,主要存在 SiC、WC、W_5Si_3、$Al_5Y_3O_{12}$ 四种化合物的衍射峰,没有明显的金属 W 衍射峰。其中,$Al_5Y_3O_{12}$ 是 SiC 的烧结助剂 Y_2O_3 和 Al_2O_3 反应合成的产物,一部分 WC 是界面层中有机物降解残留的 C 与金属 W 反应的产物,还有一部分 WC 以及 W_5Si_3 是 SiC 与金属 W 反应的产物。从热力学计算上可以得到证实[26],如表 8 - 7 所列。SiC 与 W 之间在四种可能发生反应当中,生成 WC 和 W_5Si_3 焓变最小,因此最容易发生反应。

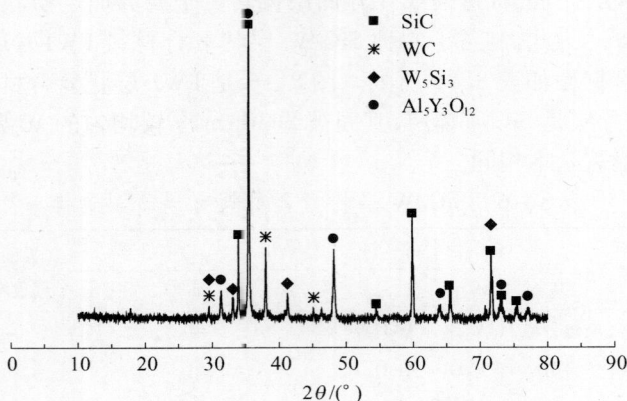

图 8 - 7   SiC/W 层状复合材料 XRD 谱线

表 8 - 7   W 与 SiC 的化学反应及其焓变

化学反应	焓变 $\Delta H_R/(kJ/g \cdot atm)$
$W + SiC \rightarrow WC + Si$	+25.5
$3W + 2SiC \rightarrow 2WC + WSi_2$	+17.56
$W + 2SiC \rightarrow 2C + WSi_2$	+38.46
$8W + 3SiC \rightarrow 3WC + W_5Si_3$	+15.05

   SiC/W 层状复合材料的界面层没有形成延性金属层,就不能通过金属桥接、残余应力增韧等机制提高其韧性。为了削弱 W 与 C、SiC 之间的反应,采取了两个措施:一是在 W 中加入 2% Co(以质量计)使其合金化,在化学反应热力学上降低 W 与 C、SiC 的反应能力;二是增加 W 界面层的厚度,扩大界面层中心部位与 SiC 间的扩散距离,从化学反应动力学上阻碍 W 与 SiC 之间反应的进行。采取措施以后,界面层中发现有少量 Co_3W 生成,如图 8 - 8 所示,除此以外,其他峰形与未加 Co 的衍射峰形相似,同样存在 WC 和 W_5Si_3,单质 W 亦未见明显的强衍射峰。因此,加入 Co 以及增加界面层厚度没有达到预期目的,LW3 - LW6 的性能未得到大的改善。增加界面层厚度没有起作用的原因可能是,没能有效抑制有机物降解产生的 C 与 W 的反应而造成的。此外,随着 W 层的增厚,复合材料的断裂韧性不断增加,这主要是由 W 界面层的显微组织所决定的。如图 8 - 9 所示,左侧为 SiC 基

体层,晶粒细小;右侧为 W 界面层,晶粒粗大,片状晶比较多。随着 W 层增厚,裂纹进入界面层后,由于片状晶对裂纹的偏转作用增加了裂纹扩展路径,消耗了能量,从而提高了材料的断裂韧性。

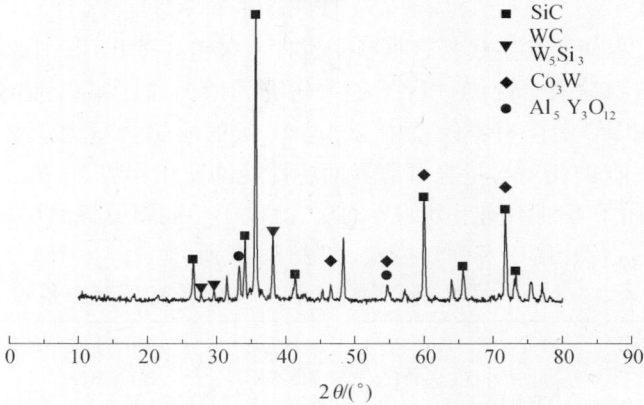

图 8-8 SiC/W(2%(质量分数)Co)层状复合材料 XRD 谱线

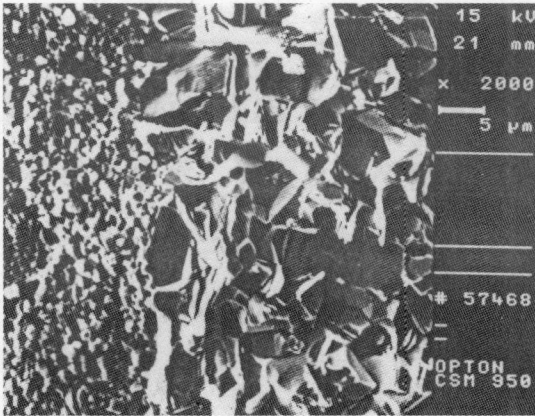

图 8-9 SiC/W 层状复合材料界面层形貌

从以上分析可以看到,在 1800℃ 左右高温条件下金属 W 的活性很大,容易与 SiC 陶瓷反应生成缺乏塑性的碳化物和硅化物。同样,采用金属钽箔作为界面层进行试验效果也不佳[24],因此利用热压烧结工艺制备性能优异的陶瓷/金属层状复合材料是十分困难的。要获得韧性层,关键是防止所选陶瓷层片和界面金属之间在高温下的反应。可以考虑适当选取 SiC 基体层的烧结助剂,尽量降低热压烧结温度,以期降低 W、Ta 的反应活性;在金属颗粒或金属箔外包覆一层阻挡层,以期阻碍金属与外界元素之间的反应;选取较厚 W、Ta 等金属箔厚度,以期从反应动力学角度出发,在金属层与外界元素发生反应的同时,还能够保证有部分金属残留

169

等,对此可做进一步的研究。

8.2.3　SiC/BN 层状陶瓷复合材料的结构与性能

1. 界面层 BN – Al_2O_3 – SiC 的力学性能及其显微组织

前已指出,界面层在层状复合材料中发挥着极重要的作用,因此首先对界面层的成分配比、组织结构与性能进行了细致研究。依据课题组以前的研究基础,在 BN – Al_2O_3 – SiC 界面层材料体系中,确定 Al_2O_3 的质量含量为 25%,通过改变界面层中 BN 和 SiC 的相对含量来调节界面层性能的变化趋势。

试验中使用了五种不同组分的界面层,测试了不同组分界面层材料的密度、室温和 1250℃ 的抗弯强度以及弹性模量,如表 8 – 8 所列。

表 8 – 8　不同组分 BN – Al_2O_3 – SiC 界面层材料性能

界面层组分	密度/ (g/cm^3)	室温抗弯 强度/MPa	1250℃抗弯 强度/MPa	弹性模量/GPa
25% BN – 50% SiC – 25% Al_2O_3	2.919	409.31 ± 35.84	382.12 ± 64.28	120.05 ± 0.05
45% BN – 30% SiC – 25% Al_2O_3	2.453	200.27 ± 20.95	134.54 ± 9.60	58.84 ± 0.29
50% BN – 25% SiC – 25% Al_2O_3	2.336	140.21 ± 0.73	85.98 ± 5.19	45.90 ± 1.75
55% BN – 20% SiC – 25% Al_2O_3	2.276	166.31 ± 3.79	92.05 ± 1.99	44.92 ± 0.37
75% BN – 0% SiC – 25% Al_2O_3	2.021	115.32 ± 5.12	20.70 ± 0.61	33.48 ± 0.81

可以看到,随着 BN 含量的增加,界面层的致密度逐渐减少,这是由于在热压烧结过程中,BN 难以烧结致密化造成的,其含量对界面层材料弹性模量的影响趋势与对其致密度的影响趋势一致。界面层的室温强度、高温强度随着 BN 含量的增加而减少,直到 BN 含量为 55%(质量分数)时性能略有增加,之后性能又开始下降。这些性能的变化与其微观结构有关。

图 8 – 10 为不同组分界面层材料的室温抗弯强度断口形貌。可以看到,随着 BN 含量的增加,BN 层片相逐渐增加,层片也越来越大,颗粒相逐渐减少,均匀。断口中凹坑起伏越来越多,尺寸越来越小。断裂机制由沿晶断裂与解理穿晶断裂混和模式逐渐过渡到完全是沿晶断裂模式。此外,注意到组分为 55% BN – 20% SiC – 25% Al_2O_3 时晶粒细小均匀,在亚微米级,这可能是其性能出现反常的原因。

2. 不同组分界面层 SiC/BN 层状陶瓷复合材料的结构与性能

确定层状陶瓷复合材料的基体层材料为 84%(质量分数)SiC – 8%(质量分数)Y_2O_3 – 8%(质量分数)La_2O_3。喷涂 BN – Al_2O_3 – SiC 界面层材料,热压烧结制得陶瓷层状复合材料,如图 8 – 11 所示。可以看到,复合材料 SiC 基体层厚度约为 130μm,界面层厚度约为 8μm。复合材料宏观结构均匀,界面层厚度比较均匀、清

170

图 8 – 10　不同组分界面层材料的室温抗弯强度断口形貌

（a）25% BN – 50% SiC – 25% Al_2O_3；（b）45% BN – 30% SiC – 25% Al_2O_3；

（c）50% BN – 25% SiC – 25% Al_2O_3；（d）55% BN – 20% SiC – 25% Al_2O_3；

（e）75% BN – 0% SiC – 25% Al_2O_3。

晰。上述五种不同组分的界面层材料的层状陶瓷复合材料力学性能如表 8 – 9 所列。

（1）SiC/BN 层状陶瓷复合材料的室温抗弯强度。不含 BN 界面层的基体层 SiC 独石材料 LB0 室温强度达到了 771.20MPa 的较高水平。随着 BN 弱界面层的

图 8-11　层状复合材料宏观形貌

表 8-9　不同组分 BN-Al_2O_3-SiC 界面层层状陶瓷复合材料的力学性能

编号	界面层	室温强度 /MPa	1250℃强度 /MPa	断裂韧性 /MPa·m$^{1/2}$	断裂功 /J·m^{-2}	弹性模量 /GPa
LB0	无	771.20 ±68.07	605.3 ±104.5	9.62 ±1.00	540.82 ±140.79	311.68 ±8.91
LB1	25% BN-50% SiC-25% Al_2O_3	717.61 ±112.79	697.1 ±36.2	8.34 ±1.17	301.85 ±87.93	297.27 ±9.28
LB2	45% BN-30% SiC-25% Al_2O_3	643.46 ±55.90	626.5 ±107.1	13.90 ±2.83	1338.77 ±229.05	281.65 ±6.75
LB3	50% BN-25% SiC-25% Al_2O_3	529.03 ±125.85	490.5 ±40.7	15.49 ±0.60	2329.30 ±685.24	268.23 ±22.04
LB4	55% BN-20% SiC-25% Al_2O_3	729.86 ±114.02	442.2 ±162.0	20.58 ±2.77	2744.84 ±319.75	290.10 ±6.56
LB5	75% BN-0% SiC-25% Al_2O_3	622.73 ±56.21	267.3	17.72 ±2.94	3528.45 ±385.75	279.09 ±9.12

引入,材料的室温强度降低了。而且界面层性能越弱,复合材料的室温强度降低越多。在界面层 BN 含量为 55%(质量分数)时,LB4 复合材料室温强度的跳变可能是由于其界面层组织细化,强度升高,导致基体层层间结合强度升高而造成的。

(2) SiC/BN 层状陶瓷复合材料的 1250℃抗弯强度。随着 BN 弱界面层的引入,复合材料 LB1 的高温强度稍高于独石材料 LB0,这可能是由于引入 BN 界面层净化了 SiC 基体层晶界,提高了基体层的高温强度造成的。随着界面层中 BN 含量的增加,LB2 的高温强度与独石材料 LB0 相当,LB3、LB4、LB5 层状复合材料的高温强度逐渐降低。从界面层组分与其微观结构和性能的关系可知,随着界面层中 BN 含量的增加,界面层中 BN 层片组织越来越多,越来越大,并且这些 BN 层片的空间取向基本平行于基体 SiC 层。界面层中有三种组分:六方 BN 类似于石墨具有层状结构,平行于层片方向的热膨胀系数为 $7.5 \times 10^{-6}/\text{℃}$;$Al_2O_3$ 的热膨胀系数为 $8.6 \times 10^{-6}/\text{℃}$;SiC 则与基体层相当。三种组分混和而成的界面层在平行于基体层方向的热膨胀系数必然大于基体 SiC 层,而且随着 BN 含量的增加,平行于基体层方向的热膨胀系数将越来越大。在高温强度试验中,试样在十几秒内由室温升高到 1250℃,由于基体层和界面层的热膨胀失配,将在基体层中形成拉应力,在界面层中形成压应力,这种应力分布削弱了复合材料高温强度,而且将随着界面层中 BN 含量的增加,这种效应越来越显著。在 BN 含量为 75%(质量分数)时,LB5 试样在放入测试炉中时发生了炸裂现象,而且未炸裂的试样其高温强度也只有 267.3MPa。综上所述,在层状复合材料工作状态下,调配好基体层与界面层的热膨胀匹配状态是十分重要的。

(3) SiC/BN 层状陶瓷复合材料的室温弹性模量。随着 BN 弱界面层的引入,材料的弹性模量降低了。而且界面层性能越弱,复合材料柔性越大,室温弹性模量越低。在界面层 BN 含量为 55%(质量分数)时,LB4 复合材料室温弹性模量的升高可能是由于其界面层强度升高,导致基体层层间结合强度升高而造成的。

(4) SiC/BN 层状陶瓷复合材料的室温断裂韧性与断裂功。随着 BN 弱界面层的引入,在 25%(质量分数)时界面层还不具备偏转裂纹的能力,少量 BN 的存在相当于在块体 SiC 中引入了缺陷,削弱了复合材料强度。之后随着 BN 含量的逐渐增加,界面层偏转裂纹的能力提高,层状复合材料的断裂韧性逐渐升高,之后又降低,出现了一个极大值。注意到在 BN 含量为 55%(质量分数)时,LB4 复合材料的室温断裂韧性最高。可见调节 BN 含量使界面层性能适中是获得较高室温断裂韧性层状复合材料的关键。

对于材料的室温断裂功来说,在 BN 含量较少时,材料的断裂功与独石 SiC 材料的相当,随着 BN 含量的增加,界面层对扩展裂纹偏折的能力的提高,断裂功逐渐增加。此外,试验中观察到 LB4 层状复合材料由三点弯曲强度试验测得的无缺口断裂功为 $3185.75\text{J/m}^2 \pm 869.31\text{J/m}^2$,而由三点弯曲断裂韧性试验测得的缺口断裂功为 $2744.84\text{J/m}^2 \pm 319.75\text{J/m}^2$,两者相差不多。以上都表明了层状复合材料由于 BN 弱界面层的引入改善了其对缺陷的容忍性。

(5) SiC/BN 层状陶瓷复合材料的室温层间剪切强度。LB4 层状复合材料室温强度、高温强度、室温断裂韧性等性能都比较好,因此采用短梁法测试了它的层间剪切强度。借鉴单向纤维增强塑料层间剪切强度试验方法(GB 3357—82),试样尺寸如图8-12所示。

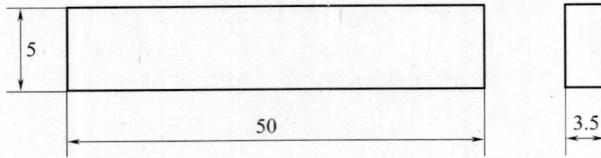

图 8 - 12　层状复合材料层间剪切强度试样

层间剪切强度按式(8-1)计算:

$$\tau_s = \frac{3p_b}{4b \cdot h} \qquad (8-1)$$

式中:τ_s 为层间剪切强度(MPa);p_b 为试样破坏时的最大载荷(N);b 为试样宽度(mm);h 为试样高度(mm)。

在跨距为 20mm,加载速率为 0.5mm/min 的条件下,测得 LB4 层状复合材料的层间剪切强度为 60.13MPa ± 8.62MPa。

(6) SiC/BN 层状陶瓷复合材料的抗热震性和抗氧化性。针对层状复合材料因结构不均匀而易造成热震条件下性能降低的问题,根据其可能的使用条件,测试了 LB4 层状复合材料的抗热震性能,试样尺寸仍如图 8-11 所示。将试样放入速度为 152m/s,温度为 1250℃ ~ 1300℃ 的风洞出口燃气处,燃气化学成分为 74.03% N_2 - 11.00% CO_2 - 10.42% O_2 - 4.5% H_2O,其他(CO,HC 等)小于0.10%,加热 30s 待温度均匀后,取出空冷 90s 至温度约为 300℃。重复以上操作 50 次后,在跨距为 40mm,加载速率为 0.5mm/min 的条件下,测试试样的残余室温三点弯曲强度为 651.58MPa,与其原室温三点弯曲强度 729.86MPa 相比,强度保持率为 89.3%。

为了检验层状复合材料在高温有氧环境下的性能,将同样试样放入上述燃气中加热 20h,冷却后测试试样的残余室温三点弯曲强度为 674.88MPa,与 LB4 层状复合材料室温三点弯曲强度 729.86MPa 相比,强度保持率为 92.5%,可见,SiC/BN 层状复合材料短时间的高温抗氧化性能良好。

总体而言,与 SiC 块体陶瓷材料相比,SiC/BN 层状陶瓷复合材料的室温抗弯强度变化不大,但室温断裂韧性却提高很多,比如 LB4 的断裂韧性由 9.62MPa · $m^{1/2}$ 升高到了 20.58MPa · $m^{1/2}$,提高近一倍。对比表 8-6,SiC/W 层状复合材料的最大断裂韧性为 8.71MPa · $m^{1/2}$,与基体 SiC 材料断裂韧性 4.22MPa · $m^{1/2}$ 相比,提高也近一倍。由此看来,它们的增韧效果是相近的。可以推断,制备的 SiC/W 复合材料的界面层与 SiC/BN 复合材料的界面层是相似的,也是弱性层,而非设想的金属韧性层。此外在界面层对层状复合材料增韧效果一样的情况下,由于基体层材料的改变(由 SiC - Y_2O_3 - La_2O_3 陶瓷取代 SiC - Y_2O_3 - Al_2O_3 陶瓷),基体层性能的改善,也使层状复合材料的性能得到了很大提高。

8.2.4 SiC/BN 层状陶瓷复合材料的增韧机制

1. SiC/BN 层状陶瓷复合材料的载荷—位移曲线

图 8-13 是 SiC 独石材料 LB0 与 SiC/BN 层状陶瓷复合材料材料 LB4 缺口断裂韧性试样的弯曲破坏时的载荷—位移曲线。可以看到,LB0 是典型的脆性断裂模式,当载荷达到临界值时试样突然断裂,最大位移量仅为 0.05mm。而 LB4 试样弯曲破坏时的载荷—位移曲线则明显不同,随着外载荷增加到临界值,裂纹开始扩展,遇到弱界面层时发生偏转,横向扩展一定距离以后,再扩展到下一层,其最大位移量达到了 0.2mm。这与两者对应的侧面断裂形貌一致,如图 8-14 所示。SiC 独石材料 LB0 为典型的一次性脆性断裂形貌,而层状复合材料 LB4 表现为齿状的开裂形貌,在裂纹尾流区中的已断裂的片层还可能发生相互咬合,裂纹扩展路径极富曲折性。

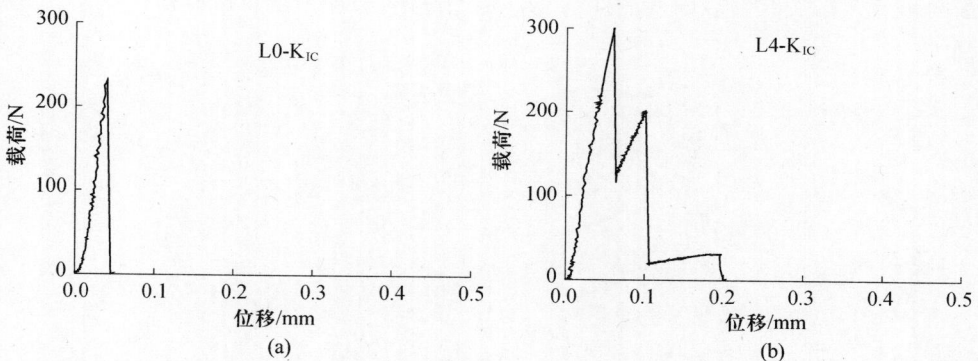

图 8-13 断裂韧性试样的弯曲破坏时的载荷—位移曲线
(a) LB0 试样; (b) LB4 试样。

对其他几组试样也进行了同样的测试观察,LB1 试样情况与 LB0 类似,说明界面层中 BN 量过低(质量分数 25%)、强度过高(409.31MPa),无法起到使裂纹偏转的作用,而 LB2、LB3、LB5 试样则与 LB4 相似,且随着界面层中 BN 含量增多,断裂位移量同时增大。这表明陶瓷层状复合材料在裂纹第一次发生扩展以后,还有一定的承载能力,这种情况可以有效预报材料失效,极大地提高了层状复合材料工程应用的可靠性。

2. SiC/BN 层状陶瓷复合材料的裂纹扩展形貌

试验中观察了单边缺口梁试样三点弯曲断裂裂纹连读扩展形貌,如图 8-15 和图 8-16 所示。显然,SiC 块体材料裂纹扩展路线比较平直,简明,裂纹扩展路径的长度基本上等于试样的厚度。而 SiC/BN 层状复合材料的裂纹扩展路线相比于 SiC 块体材料要曲折复杂的多,裂纹扩展路径的长度要远大于试样的厚度。断

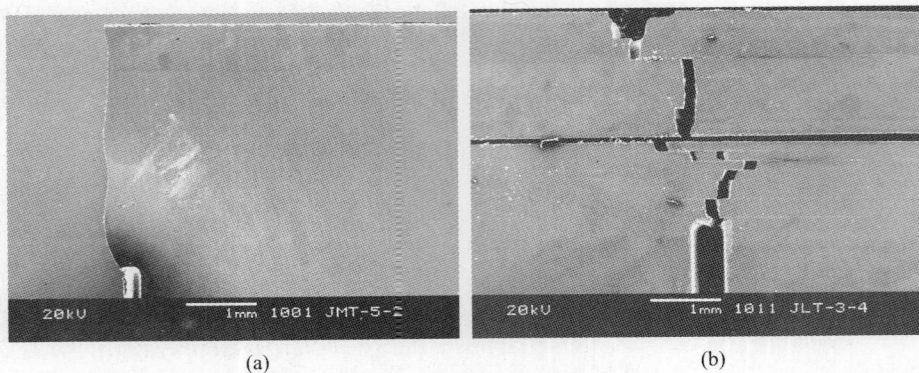

(a)

(b)

图 8-14　断裂韧性试样的断裂侧面形貌

（a）LB0 试样；（b）LB4 试样。

裂时形成开裂裂纹新表面所消耗的能量要大得多,增加了材料断裂功。

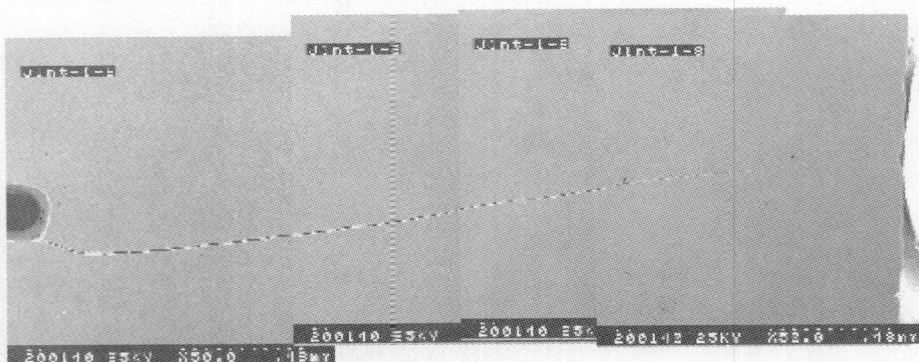

图 8-15　基体 SiC 块体材料裂纹连续扩展形貌

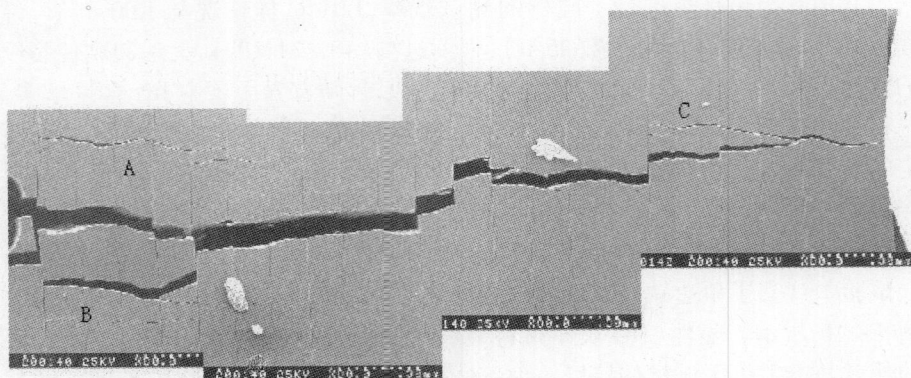

图 8-16　SiC/BN 层状陶瓷复合材料裂纹连续扩展形貌

同时,为了分析陶瓷层状复合材料的增韧机制,还系统观察了多个陶瓷层状复合材料的裂纹扩展形貌,如图 8 – 17 所示。

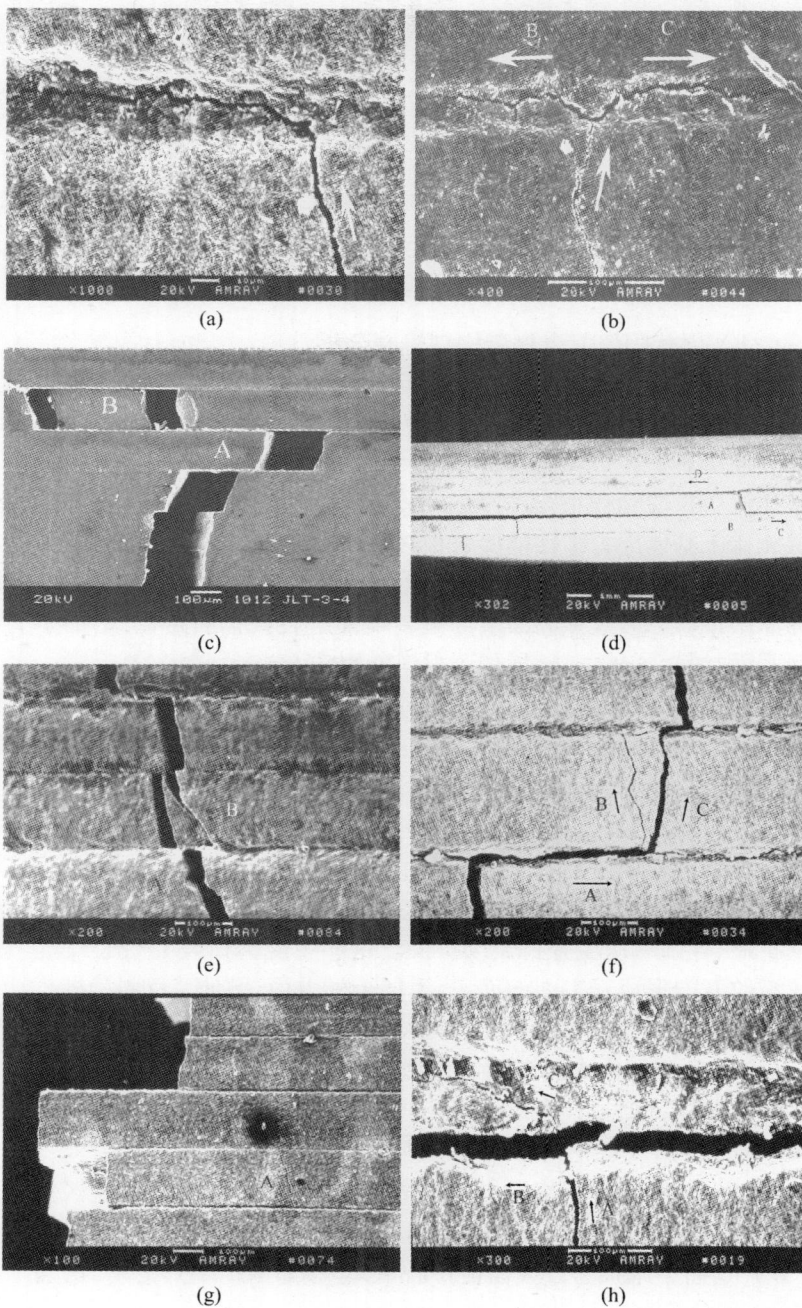

(a)

(b)

(c)

(d)

(e)

(f)

(g)

(h)

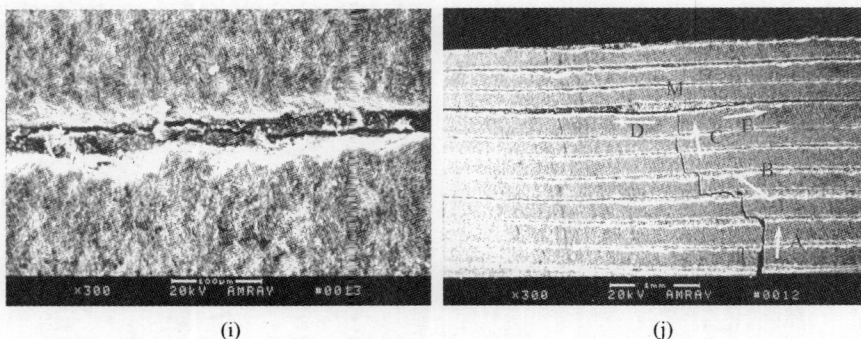

(i)   (j)

图 8-17   陶瓷层状复合材料的裂纹扩展形貌

3. SiC/BN 层状陶瓷复合材料增韧机制分析

通过对 SiC/BN 层状陶瓷复合材料断裂裂纹的仔细观察,汇总了层状复合材料可能存在的增韧机制如下。

(1) 界面层对扩展裂纹的偏折作用。如图 8-17(a) 所示,裂纹沿着箭头指示方向在基体层中扩展,此时裂纹尖端应力场为三维应力场,直到遇到界面层后,由于界面层相比于基体层力学性能要弱很多,导致界面层材料优先开裂,裂纹尖端所受的三维应力场在基体层与界面层边界处变成二维应力场,导致裂纹发生偏转继而沿着界面层扩展。裂纹在界面层的偏转增加了裂纹扩展路径,增加了裂纹开裂形成的新表面,消耗了外力功,增加了材料断裂功。

另一方面,对于块体陶瓷来说,虽然具有很高的强度,然而裂纹一旦达到临界尺寸,由于裂纹尖端的应力集中,剩下的材料对阻碍裂纹扩展的贡献已经很小了。而对于层状复合材料来说,由于裂纹在界面层发生偏折,基体片层均可以独立地断裂,而每一层断裂时均需产生新的临界裂纹,产生新的临界裂纹需要很大的能量,这部分能量也对材料的增韧起了很大作用。

(2) 诱发并行裂纹扩展。如图 8-16A、B、C 三处所示,随着层状复合材料主裂纹向前扩展,伴随有次生并行裂纹扩展。这些主应力诱发并行裂纹的出现成倍地增加了裂纹开裂形成新表面的面积,消耗了外力功,增加了材料的断裂功。

(3) 界面层钝化裂纹尖端。如图 8-17(b) 所示,沿着 A 方向扩展的裂纹,遇到界面层后,分成 B、C 方向两条裂纹,有效地减弱了裂纹尖端应力集中状态,钝化了裂纹尖端。这样就增加了裂纹开裂形成的表面积,消耗了外力功,增加了材料的断裂功。

(4) 裂纹尾流区层片桥接拔出。如图 8-17(c) 所示,裂纹尾流区发生层片桥接拔出。在弯曲状态下,A、B 层片的拔出过程伴随有层片间的相互咬合和滑动摩擦,其中 B 片层由于摩擦力过大而被拉断了,这些都消耗了外力功,增加了材料的断裂功。

178

（5）层片间相互支撑。如图 8 - 17(d)所示，随着主裂纹的扩展，A 层片断裂后，由于受到 B 片层的支撑作用，对 D 方向的横向裂纹扩展有抑制作用，这样只有施加更大的载荷才能驱动 D 方向的横向裂纹扩展，其结果等效于增加了 D 方向裂纹扩展的能量释放率；相反，A 层片对 B 层片有一个反作用力，引发并促进了 C 方向的横向裂纹扩展，从而增大了横向裂纹扩展面积，提高了层状陶瓷的断裂功。如图 8 - 17(e)所示，由于层片间的相互支撑作用，还引发了基体层片的二次断裂，消耗了外力功，增加了材料的断裂功。

（6）基体层从裂纹。如图 8 - 17(f)所示，随着主裂纹沿着 A、C 方向扩展，在基体层中引发了 B 方向的次生从裂纹，从而增加了裂纹扩展路径，消耗了外力功，增加了材料的断裂功。

（7）基体层微裂纹。如图 8 - 17(g)所示，层状复合材料在受载荷断裂过程中，除了主裂纹以外，在基体层中还存在微裂纹，如图中 A 处所示。这些微裂纹的存在虽然不会导致材料的最终破坏，但是同样对提高材料的断裂功有贡献。

（8）界面层从裂纹。如图 8 - 17(h)所示，随着 A 方向纵向贯穿裂纹的扩展，到达界面层发生偏折，除产生了 B 方向的主裂纹外，还发现产生了 C 方向的次生从裂纹，这些从裂纹的存在增加了裂纹扩展产生的新表面，消耗了外力功，增加了材料断裂功。

（9）界面层裂纹拐折。如图 8 - 17(i)所示，界面层中横向裂纹的扩展也不是平直的，有时会发生如图所示的裂纹拐折现象，这无疑增加了裂纹扩展的路径，消耗了外力功，增加了材料断裂功。

（10）复合材料界面层缺陷对裂纹扩展的影响。如图 8 - 17(j)所示，层状复合材料在 M 处存在界面层厚大的缺陷。发生在 T 处的纵向贯穿裂纹首先沿着 A 向扩展，之后沿着 B、C 方向向 M 处偏转，到达 M 处裂纹发生钝化分叉，之后继续沿着 D、E 方向扩展。可以看到，在层状复合材料中，界面层厚大的缺陷对裂纹有吸引作用。可以预见，在层状复合材料中预制一些缺陷，可以设计裂纹扩展方向，最终达到提高层状复合材料应用可靠性的目的。

在以上几种可能的增韧机制的不同组合作用下，层状陶瓷复合材料的断裂性能相比于块体陶瓷有了很大改善。

在上述研究的基础上，进一步利用有限元的方法研究了材料参数对层状陶瓷整体断裂性能的影响，建立了一种将等效单元和线性界面单元相结合的计算层状复合材料裂纹扩展的方法。利用此方法对 SiC 基层状陶瓷的层状陶瓷的层数 m；基体层和界面层的弹性模量比 E_h/E_s；基体层和界面层的层厚比 h_h/h_s；基体层和界面层的破坏强度比 σ_b^h/σ_b^s 等四个设计参数进行了多目标优化计算，结果表明：当层状复合材料层数达到 14 层以上、基体层与界面层层厚比在 8 以上、模量比为 5.5 ~ 7.0 之间、界面层与基体层破坏强度比为 5.5 ~ 6.5 之间时，层状复合材料断裂功较高。计算结果与试验结果符合得较好。具体内容可查阅文献[24]，此处不再赘述。

8.3　$Al_2O_3/LaPO_4$ 层状陶瓷复合材料

氧化铝陶瓷具有高温组织稳定、抗氧化、耐腐蚀、价格低廉等许多优点，是目前使用最广泛的陶瓷材料。为此，我们也制备和研究了 Al_2O_3 基层状陶瓷复合材料，以期在高温空气环境下获得实际应用。

8.3.1　$Al_2O_3/LaPO_4$ 层状陶瓷复合材料制备工艺

1. 基体片层和界面层材料的组分配比

（1）基体片层材料。选用 Al_2O_3 作为基体层，加入用凝胶液相合成的纳米钇铝石榴石（$Y_3Al_5O_{12}$，YAG）粉体作为辅助原料，其 XRD 谱和 TEM 电镜照片如图 8-18 和图 8-19 所示[27]。由于 Al_2O_3 和 $Y_3Al_5O_{12}$ 在高温下不发生反应，因此加入 $Y_3Al_5O_{12}$ 可以起到以下几方面的作用：

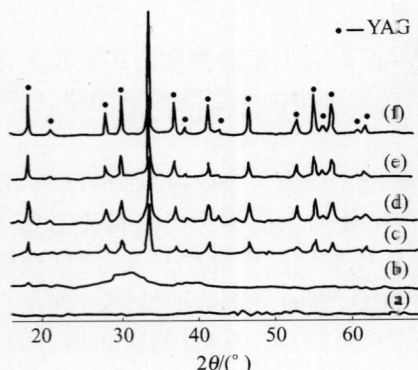

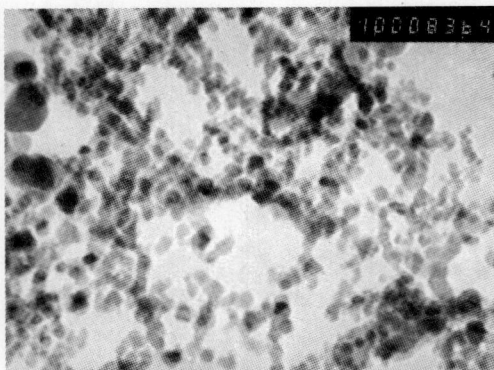

图 8-18　$Y_3Al_5O_{12}$ 粉末的 X 射线衍射谱
　　(a) Gel; (b) 900℃; (c) 1000℃;
(d) 1100℃; (e) 1200℃; (f) 1300℃。

图 8-19　$Y_3Al_5O_{12}$ 粉末的 TEM 照片

① $Y_3Al_5O_{12}$ 均匀分散于 Al_2O_3 基体中，起到弥散强化基体的作用；

② $Y_3Al_5O_{12}$ 分布于 Al_2O_3 基体晶界处，钉扎并阻碍氧化铝晶粒长大；

③ 可有效增加基体的高温性能。

（2）界面层材料。选用 $LaPC_4$ - Al_2O_3 体系作为弱性界面层。其中 $LaPO_4$ 粉料购于内蒙古包头稀土研究院。其粒度分布曲线和 SEM 照片如图 8-20 和图 8-21 所示。由图可知，磷酸镧粉末呈多边形结构，中位径（d_{50}）为 10.827μm。磷酸镧自身难以烧结致密化,是形成弱性界面层的关键组分。加入 Al_2O_3 的目的是提高界面层与基体层之间的结合强度。有利于界面层材料的烧结致密化,也能够提高界面层的剪切强度,从而在允许裂纹偏折的情况下,增加裂纹在界面层中扩展的阻力,消耗外力功,增加材料的断裂韧性。

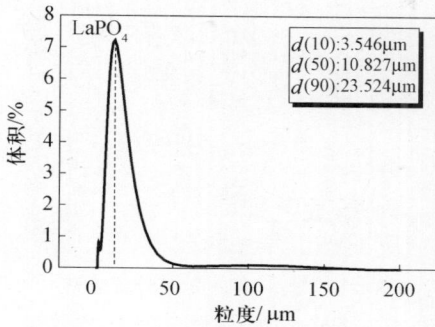

图 8 - 20　磷酸镧粉末的粒度分布曲线

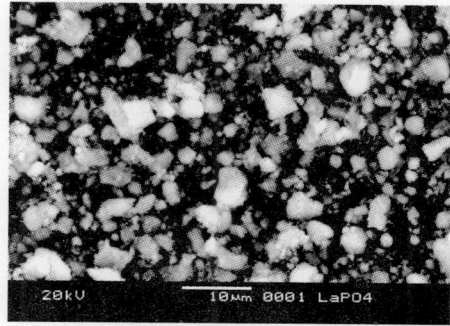

图 8 - 21　磷酸镧粉末的 SEM 照片

2. 层状陶瓷复合材料的制备

（1）基体片层的制备。首先按 95:5 称量 Al_2O_3 和 $Y_3Al_5O_{12}$ 粉体,配制固含量为 50%（体积分数）的水基陶瓷料浆,其中含有陶瓷粉料 2.5%（质量分数）丙烯酰胺有机单体、0.12%（质量分数）亚甲基双丙烯酰胺交联剂、1%（质量分数）丙三醇增塑剂,调节料浆 pH 值为 9 左右,在行星球磨机上共混磨 3h,出料后经真空搅拌除气,仿照制备氧化铝陶瓷坯片的方法（见本书 7.2）,用注凝法成型厚度为 0.5mm 的 $Al_2O_3 - Y_3Al_5O_{12}$ 基体片层,在半干燥柔性状态下裁剪成 $25mm \times 36mm$ 的基体片层。

（2）界面层的制备。将不同配比的 $LaPO_4 - Al_2O_3$ 界面层材料（$LaPO_4$ 比例分别为 40%、60% 和 80%）与乙醇按体积比为 1:15 进行混合,球磨 20h 后,得到了浸涂料浆。将制备好的 Al_2O_3（YAG）基体片层浸入料浆中,停留 5s ~ 10s 后取出烘干,即可在基体层形成均匀的界面层。界面层厚度由基体层在界面层料浆中的浸涂次数决定。

（3）复合材料素坯的制备。将浸涂了 $LaPO_4 - Al_2O_3$ 界面层料浆的 $25mm \times 36mm$ 的片层,手工在石墨模具中顺序叠放,就形成了 Al_2O_3（YAG）/ $LaPO_4 - Al_2O_3$ 层状陶瓷复合材料素坯。

（4）层状陶瓷材料热压烧结工艺。将 Al_2O_3（YAG）/ $LaPO_4 - Al_2O_3$ 层状陶瓷材料素坯在 Ar 气氛保护下,以 30℃/min 的升温速率加热至 1400℃ ~ 1700℃、加压 25MPa,保温保压 1h ~ 2h,热压烧结制得 Al_2O_3（YAG）/ $LaPO_4 - Al_2O_3$ 层状陶瓷材料。

图 8 - 22 为氧化物基层状陶瓷复合材料的微观形貌。由于陶瓷在高温下要发

生致密化,所以最终烧结体材料基本层和界面层的层厚比和原始素坯的层厚比会有所不同。我们通过 SEM 观察测量了本实验所制备材料的层厚比为 11 左右,如图 8－23 所示。

图 8－22　层状陶瓷材料的微观形貌

图 8－23　层状陶瓷复合材料的层厚比

8.3.2　Al_2O_3／$LaPO_4$层状陶瓷复合材料的性能及其影响因素

1. 热压工艺和 $LaPO_4$ 的含量对层状陶瓷复合材料相对密度的影响

热压工艺参数和 $LaPO_4$ 的含量对氧化物基层状陶瓷复合材料相对密度的影响规律如图 8－24 所示。可以看出,殖着热压温度的提高,复合材料的相对密度提高,这是因为随着热压温度的提高,材料致密化的动力增大,有利于材料内部物质的传输和气孔的排出,从而加速了材料的致密化进程。同时,随着界面层中 $LaPO_4$ 的含量的增加,材料致密化速度减慢,因为界面层中 $LaPO_4$ 的含量减少时,Al_2O_3 含量增加,基体层和界面层之间由于存在相同的物质,可以互相渗透传输,所以容易进行致密化。而当 $LaPO_4$ 的含量较大时,由于 Al_2O_3 和 $LaPO_4$ 之间没有相互反应,所以界面层的致密化就需要较高的温度条件。总体来看,当热压温度达到 1700℃

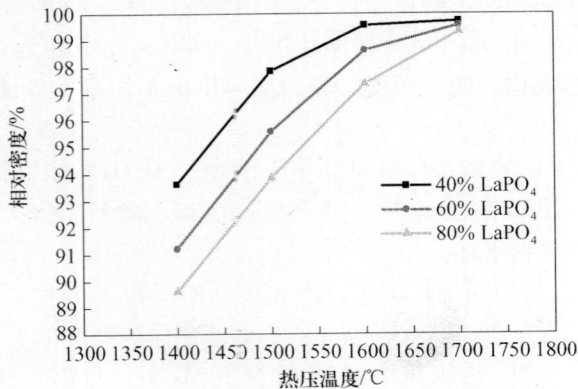

图 8－24　热压工艺参数和 $LaPO_4$ 含量对层状陶瓷复合材料相对密度的影响

时,不同 $LaPO_4$ 含量界面层的复合材料相对密度都可达到 99% 以上。因此确定热压温度为 1700℃。

2. 层状陶瓷复合材料的室温弯曲强度

图 8-25 为层状陶瓷复合材料的室温抗弯强度与界面层中 $LaPO_4$ 含量之间的关系曲线。可以看出,不含界面层的 Al_2O_3(YAG)块体材料强度高达 572MPa,随着含 $LaPO_4$ 弱界面层的引入,材料的室温抗弯强度降低了。而且界面层中 $LaPO_4$ 含量越多,强度越低,使得层状陶瓷复合材料的室温弯曲强度降低得也越多。但总体来看,Al_2O_3/$LaPO_4$ 层状陶瓷复合材料仍具有较高的强度水平,即使界面层全部为 $LaPO_4$,其室温抗弯强度也达到了 353MPa,为一般氧化铝结构陶瓷的较高强度水平。

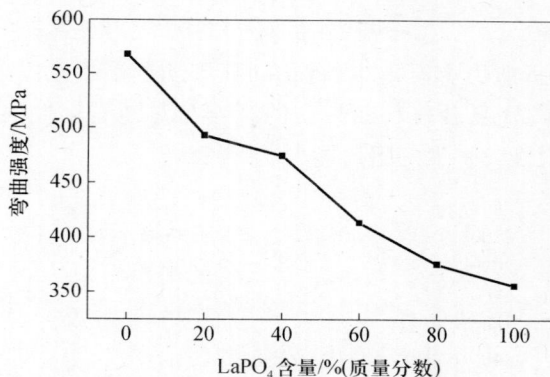

图 8-25 界面层中 $LaPO_4$ 含量与层状复合材料抗弯强度的关系

3. 层状陶瓷复合材料的室温断裂韧性

图 8-26 显示了随着 $LaPO_4$ 弱界面层的引入,在质量分数为 20% 时还不具备偏转裂纹的能力,少量 $LaPO_4$ 的存在相当于在块体中引入了夹杂缺陷,削弱了层状陶瓷的韧性。随着 $LaPO_4$ 含量的增加,界面层偏转裂纹的能力提高,层状陶瓷复合材料的断裂韧性逐渐升高,之后,又降低,出现了一个极大值。注意到在界面层材料中 $LaPO_4$ 含量为 60%(质量分数)时层状陶瓷复合材料的断裂韧性达到了 $13.52MPa \cdot m^{1/2}$ 的最高水平,是基体材料断裂韧性的三倍(热压氧化铝基体材料的断裂韧性为 $4.26MPa \cdot m^{1/2}$)。可见,通过调节 $LaPO_4$ 含量,使得界面层性能适中是获得较高室温断裂韧性层状陶瓷复合材料的关键。

4. 层状陶瓷复合材料的室温断裂功

图 8-27 所示为界面层中 $LaPO_4$ 含量与层状陶瓷复合材料断裂功之间的关系曲线。对于复合材料的室温断裂功来说,当界面层中 $LaPO_4$ 含量较低时,层状复合材料的断裂功与块体材料相当,随着界面层中 $LaPO_4$ 含量增加至 40% 以上时,界面

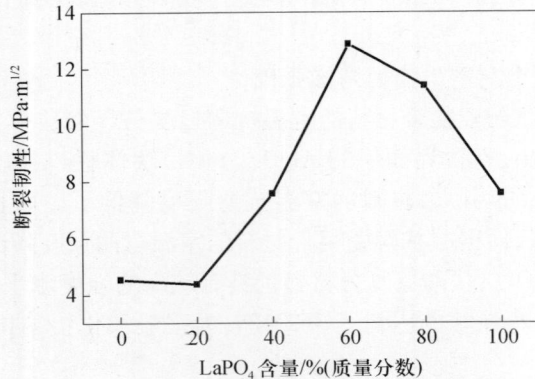

图 8 - 26　界面层中 La_2O_4 含量与层状复合材料断裂韧性的关系

层对扩展裂纹的偏折能力有所提高,材料的断裂功逐渐增加。实际上,界面层中 $LaPO_4$ 含量对层状陶瓷复合材料斩裂功的影响与对断裂韧性的影响规律完全一致,均反映了材料对裂纹扩展的阻碍能力。

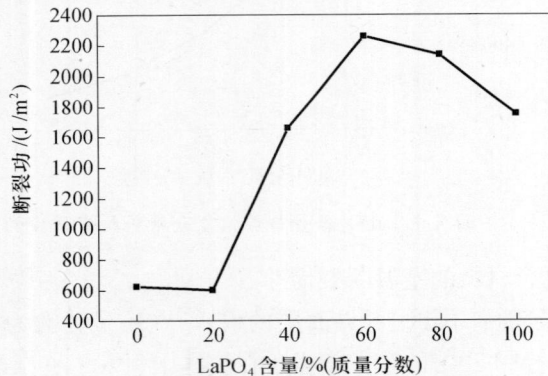

图 8 - 27　界面层中 $LaPO_4$ 含量与层状陶瓷复合材料断裂功的关系

8.3.3　Al_2O_3/ $LaPO_4$ 层状陶瓷复合材料断裂过程中的裂纹扩展路径

图 8 - 28 为 Al_2O_3(YAG)/$LaPO_4$ 层状陶瓷复合材料在断裂过程中裂纹的扩展路径,可以看出,层状陶瓷复合材料的裂纹扩展路径曲折复杂,与前述的 SiC/BN 层状陶瓷复合材料类似,同样出现了大量的裂纹偏折、层间开裂、诱发并行和次生裂纹等,裂纹扩展路径的总体长度要远远大于试样的厚度。所以层状陶瓷复合材料相对于块体材料而言,断裂时用来形成开裂裂纹新的表面所消耗的能量要大得多,这就增加了材料的断裂功,从而极大地提高了材料的断裂韧性和断裂功。

综上所述,通过对氧化物陶瓷基体片层和界面层材料的优化,按照

184

95% Al$_2$O$_3$ - 5% YAG/60% LaPO$_4$ - 40% Al$_2$O$_3$材料体系配方,用水基料浆注凝成型基体片层,浸渍法获取界面层,两者层厚比为11,经1700℃热压烧结后可获得具有优越综合性能的氧化物层状陶瓷复合材料。其相对密度99.6%,室温抗弯强度412MPa,断裂韧性13.52 MPa·mm$^{1/2}$,断裂功2225J/m^2,预期在高温氧化环境中有很好的应用前景。

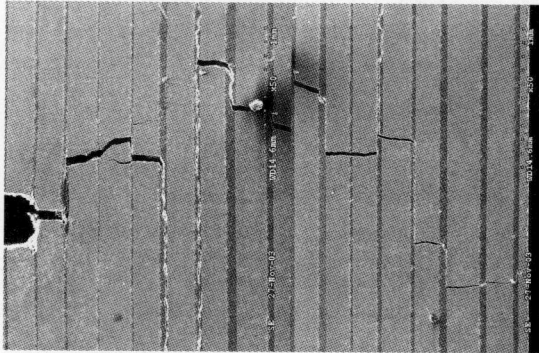

图 8 - 28 Al$_2$O$_3$(YAG)/LaPO$_4$层状陶瓷裂纹的扩展路径

参 考 文 献

[1] Clegg W J, Kendall K, Alford N M. A simple way to make tough ceramics. Nature, 1990, 347(10):455 - 457.

[2] Clegg W J. Design of ceramic laminates for structural applications. Mater. Sci. Tech. , 1998, 14:483 - 495.

[3] 蔡胜有. Si$_3$N$_4$基层状陶瓷的仿生结构设计、制备与力学性能. 清华大学博士研究生学位论文, 1998.

[4] Cai P Z, Green D J, Messing G L. Constrained densification of Alunina/Zirconia hybrid laminates, J. Am. Ceram. Soc. , 1997, 80(8):1929 - 1948.

[5] Shigegaki Y. β-Sialon-Silicon nitride multilayered composites. J. Am. Ceram. Soc. , 1997, 80(10):2624 - 2628.

[6] Liu H, Hsu S M. Fracture behavior of multilayer silicon nitride/boron nitride ceramics. J. Am. Ceram. Soc. , 1996, 79(9):2452 - 2457.

[7] Ohji T, Shigegaki Y, Miyajima T, et al. Fracture resistance behavior of multilayered silicon nitride. J. Am. Ceram. Soc. , 1997, 80(4):991 - 994.

[8] Marshall D B, Morgan P E D, Housley R M. Debonding in multilayered composites of Zirconia and LaPO$_4$. J. Am. Ceram. Soc. , 1997, 80(9):1677 - 1683.

[9] Marshall D B, Ratto J J. Enhanced fracture toughness in layered microcomposites of Ce-ZrO$_2$ and Al$_2$O$_3$. J. Am. Ceram. Soc. , 1991, 74(12):2979 - 2987.

[10] Nuthrown E A, Clegg W J. Oxide laminates with tough interfaces. Key Eng. Mater. , 1997, 132 - 136:2021 - 2024.

[11] Clegg W J. The fabrication and failure of laminar ceramic composites. Acta Metall. Mater. , 1992, 40(11):3085 - 3093.

[12] 郭海,黄勇,李建保. 层状氮化硅陶瓷的性能与结构. 硅酸盐学报, 1997, 25(5):532 - 536.

[13] Katsuki H, Ichinose H, et al. Preparation and fracture characteristic of laminated Alumina/Mullite composite. J. Ceram. Soc. Jap. ,1993,101:1041 – 1043.

[14] Sarkar P, Haung X, Nicholson P S. Structural ceramic microlaminates by electrophoretic deposition. J. Am. Ceram. Soc. ,1992,75(10):2907 – 2909.

[15] Vandeperre L, Biest O V D. Electrophoretic forming of laminated ceramic composite tubes. Key Eng. Mater. , 1997,132 – 136:2013 – 2016.

[16] Vandeperre L, Biest O V D, Clegg W J. Silicon Carbide Laminates with carbon interlayers by electrophoretic deposition. Key Eng. Mater. ,1997,127 – 131:567 – 574.

[17] Baskin D M, Zimmerman M H, Faber K T. Forming single-phase laminates via the gelcasting technique. J. Am. Ceram. Soc. ,1997,80(11):2929 – 2932.

[18] Kovar D, Thouless M D, Halloran J W. Crack deflection and propagation in layered silicon nitride/boron nitride ceramics. J. Am. Ceram. Soc. ,1998,81(4):1004 – 1012.

[19] 曾宇平, 江东亮, 谭寿洪, 等. 层状 Al₂O₃ – TiC 复相陶瓷的制备与性能. 无机材料学报,1997,12(6): 802 – 808.

[20] Willoughby C E P, Evans J R G. The preparation of laminted ceramic composites using paint technology. J. Mater. Sci. ,1996,31:2333 – 2337.

[21] Shaw M C, Marshall D B, Dadkhah M S, et al. Cracking and damage mechanisms in ceramic/metal multilayers. Acta Metall. Mater. ,1993,4(11):3311 – 3322.

[22] Shaw M C. The fracture mode of ceramic/metal multilayers:Role of the interface. Key Eng. Mater. ,1996,116 – 117:261 – 278.

[23] Pateras S K, Howard S J, Clyne T W. The contribution of bridging ligament rupture to energy absorption during fracture of metal-ceramic laminates. Key Eng. Mater. ,1997,127 – 131:1127 – 1136.

[24] 袁广江. 碳化硅基层状复合材料结构设计、制备与强韧性研究, 北京航空材料研究院博士学位论文,2001.

[25] 中国硅酸盐学会编:陶瓷(硅酸盐)指南'96,北京:中国建材工业出版社出版,1996.

[26] Geib K M, Wilson C, Long R G, Wilmsen C W. Reaction between SiC and W, Mo and Ta at elevated temperatures. J. Appl. Phys. ,1990,68(6):2795 – 2800.

[27] 仝建峰, 陈大明:液相凝胶反应法合成纳米 YAG 粉体研究,第13届复合材料年会论文集,成都,2004.

186

第9章 水基料浆注凝法制备轴类和管壳类陶瓷零件技术

在以上几章中,对水基注凝成型技术在片(板)状陶瓷零件生产中的应用做了具体介绍。实际上,该工艺在各种复杂形状陶瓷零件的生产中均可使用,这更能体现水基注凝成型技术应用的优势。本章主要针对轴类和管壳类陶瓷零件,对该技术的应用作进一步描述,并与传统的一些成型技术作以比较。

9.1 轴类和管壳类陶瓷零件常用生产技术[1-3]

9.1.1 等静压成型法

1. 等静压成型原理

等静压成型是一种利用了液体介质的静压传递原理而形成的粉料干法成型技术。在充满液体介质的密闭容器内,液体一处受压时,此压力将传递到液体各点,且各点压强相等。利用富有弹性的塑料或橡胶做成适当形状的模具,将含有适量黏结剂的造粒粉料装入模具,放入上述密闭容器中加压,模具各处被液体介质包围。由于液体介质具有基本不可压缩而能均匀传递压力的特性,使得模具内粉料在各个方向均匀受压收缩,因而称为等静压成型。这种情况与处于同一深度的静水中所受的压力情况相似,所以也称为静水压成型。在陶瓷坯体的等静压成型中,视粉料特性及产品的需要,容器内压力可在几十至几百兆帕范围内调整,实际生产中通常使用 100MPa ~ 200MPa。

等静压成型通常使用具有良好传递压力特性的喷雾造粒粉,以便得到内部结构均匀致密的坯体。传压用液体介质可以是水、油或有机溶剂,但应选用可压缩性小的介质,如刹车油或无水甘油等,也有使用 50% (质量分数)变压器油 +50% (质量分数)煤油,效果均较好。模具材料则应选用弹性好、耐液体介质浸蚀、不易老化的橡胶或类似的塑料,通常使用抗油氯丁橡胶、硅橡胶、弹性聚氯乙烯塑料等。

2. 等静压成型方法

等静压成型方法可分为湿式等静压和干式等静压两类,其加压方式如图 9 – 1 所示。

(1)湿式等静压。湿式等静压的特点是模具完全浸入液体介质中均匀受压,

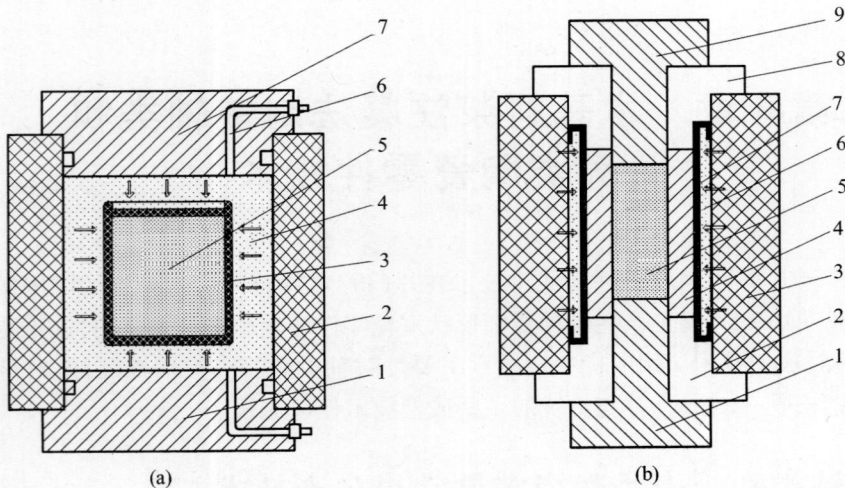

图 9 - 1 等静压成型示意图

(a) 湿式法:1—底座;2—高压容器;3—橡胶模;4—传压介质;

5—粉料;6—输液管道;7—顶盖。

(b) 干式法:1—下活塞;2—底座;3—高压容器;4—橡胶模;5—粉料;

6—传压介质;7—加压橡皮;8—顶盖;9—上活塞。

如图 9 - 1(a) 所示。首先将粉料装入弹性模具内并抽真空密封,放入高压容器中,然后封堵高压容器,注入高压液体介质并逐渐提高至规定压强,通过液体介质传压使粉料压缩成型,保持一定时间后均匀缓慢降至常压,之后开启高压容器取出模具,脱模后得到成型坯体。从其工艺过程可知,湿式等静压成型属于间歇式工作,不能进行连续化生产。但湿式等静压工艺方便灵活,不但适于粉体直接成型,也适于预制坯体的进一步均匀致密化,因此可用于复杂形状零件成型。例如氧化锆陶瓷刀生产中,通常将粉体在压机的金属模具中先干压成型,然后置于塑料袋中抽真空密封,再放进高压液体介质中进行等静压,可有效提高坯体的密度和均匀性,降低烧结收缩率和不均匀变形问题。

(2) 干式等静压。干式等静压的特点是粉料的添加和坯体的取出都是在干燥状态下操作,如图 9 - 1(b) 所示。与湿式等静压相比,其弹性模具并不全部处于液体介质中,而是半固定式的,即将弹性模具主体部分紧密固定在高压容器中,加料后将堵头封紧,然后加压成型。实际上,干式等静压属准等静压,模具与液体介质直接接触部分受到的压力和不与液体介质接触的堵头部分所受到的压力有所不同。由于干式等静压可以减少模具的移动,不必调整容器中的液面和排除多余的气体,粉料的添加和坯体的取出迅速方便,因此通过模具设计和考虑与高压容器的固定方式,就能运用于连续自动化生产。国内已有多家生产企业实现了轴棒类和

188

圆筒类陶瓷零件如透明氧化铝陶瓷钠灯管、氧化锆光纤连接套筒、氧化铝陶瓷火花塞、氧化铝陶瓷开关管壳、高压电瓷绝缘子、大尺寸的研磨介质球等产品的干式等静压连续自动化生产,取得了满意的效果。

3. 等静压成型特点

等静压成型有以下优点:

(1) 由于坯体各方向受力均匀,其密度高而且结构均匀一致,烧结收缩率小,不易变形开裂。

(2) 可以针对不同的陶瓷粉体及零件的需要,在一台设备上调节不同成型压力,而且压力作用效果好,操作灵活方便。

(3) 可以成型干压法无法成型的长轴棒类或薄壁圆筒类等形状的坯体,并解决了干压成型法只能在单向或双向加压因而坯体内部易产生密度和应力梯度的不足,坯体质量高。

(4) 模具制作相对简单,成本低,通过模具设计可以制备形状比较复杂的坯体,同时,由于坯体强度较高,还可以进一步通过机械加工获得形状更加复杂的近净尺寸陶瓷坯体。

(5) 黏结剂及水的用量很少,成型后可直接烧结,基本不必考虑水和黏结剂烧除的问题。

(6) 既可以用于粉体的直接成型,也可以作为其他工艺预制坯体的进一步增压均匀致密化手段,提高坯体质量。

等静压成型的缺点主要是设备投资费用高,生产效率较低。同时,成型坯体的形状和尺寸不易精确控制,常常需要通过机械加工后再烧结,造成原料浪费、生产成本提高和粉尘污染等问题。

9.1.2 泥料挤制法

1. 泥料挤制成型工艺

泥料挤制法与前述的轧膜法均属陶瓷坯体的塑性成型技术,也称为挤压成型,其工艺过程为。

(1) 泥料炼制。将所需陶瓷料体与水、黏结剂、增塑剂、润滑剂等加入真空炼泥机,经充分挤压混炼,并置于保湿环境中陈腐(困料),得到可塑性良好的泥料。

(2) 挤制成型。将泥料放入挤制机料筒,一端通过活塞施压,使泥料通过装有成型模具(机嘴)的另一端连续获得等截面的泥坯。挤制机有卧式和立式两类,用卧式挤制机挤制空心管类泥坯时常常使用定型托板承接传送以避免其变形。

(3) 泥坯干燥。挤制出的长段泥坯可等其干燥至一定程度后再切割成定尺坯体,也可在挤制过程中直接按定尺切割得到所需长度的坯体然后再干燥,可在温湿室按规定程序进行干燥处理,也可采用红外线或微波加热等方式快速完成,视坯体特性和要求而定。

（4）排除有机物和烧结致密化。烧结时需考虑泥料中含有较多的黏结剂和其他添加物,应注意在500℃以下缓慢升温以充分排除有机物,然后再升温至规定烧成温度。

2. 泥料挤制法的应用与特点

泥料挤制成型是生产轴棒类和管状陶瓷坯体的常用工艺,在结构和功能陶瓷生产中获得了广泛应用。通过改变挤制机的机嘴和型芯结构,可以生产多种截面形状的泥坯,该技术已成功用于电阻基体绝缘陶瓷棒,滚动隧道窑用空心陶瓷辊棒,窑炉用蓄热体、热交换器、空心支撑杆,水和空气净化用陶瓷过滤管等产品的工业化生产。图9-2是典型的挤制圆管状陶瓷泥坯的机嘴及其型芯结构与装配方式。

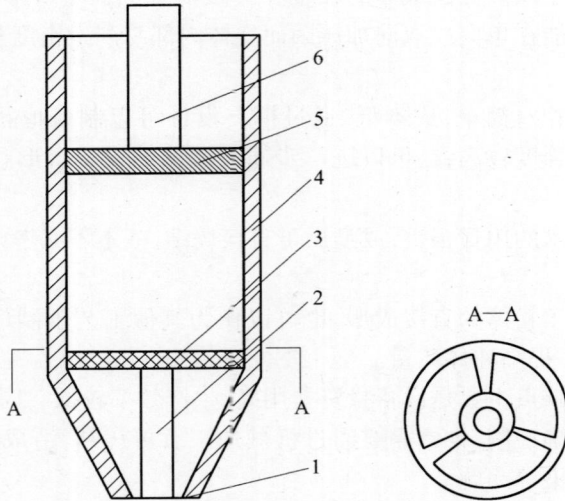

图9-2 圆管状陶瓷泥坯的机嘴及其型芯结构与装配方式
1—挤嘴;2—型芯;3—型环;4—挤压筒;5—活塞;6—活塞杆。

泥料挤制法可以实现机械化和自动化生产,生产效率高,成本低,基本不造成环境污染。近年来,随着真空炼泥设备、真空挤制机以及模具设计和制造技术的不断提高,泥料挤制法已可生产极复杂截面形状的坯体,如汽车尾气净化器用蜂窝陶瓷基体已可达到800孔/英寸^2~1000孔/英寸^{2}的水平,也有用泥料挤制法生产厚度达1mm以下柔韧可冲切薄片状陶瓷坯片。但是,由于泥料中含有较多的水和有机物添加物以便于挤制成型,故一般坯体密度较低,干燥和烧结过程中的收缩率均比等静压成型坯体大,故成瓷质量较差。因此,要进一步提高挤制成型产品质量,需进一步提高泥料的固含量和均匀一致性。

3. 高质量可塑泥料混炼技术

泥料挤制成型的核心技术是具有高固含量和良好可塑性泥料的混炼制备。塑性成型技术最初主要用于日用陶瓷和一般致密度要求不高的耐火材料,泥料的塑性和黏性来源于黏土等原料。而在各种先进结构和功能陶瓷中,一般很少使用黏土类塑性材料而更多地使用各类瘠性粉料,泥料的塑性和黏性必须靠有机物保证,这给高质量泥料的混炼制备带来很大的困难。在用水量较少的条件下(以便最终得到高固相含量),要将陶瓷粉料与水、黏结剂、增塑剂、润滑剂等各种原辅料混炼均匀,需提供很大的搅拌挤压力,特别是在混炼前期,要求炼泥机的功率必须足够大,而这在经济上往往是不合算的。

针对这一问题,我们发明了一种新的瘠性粉体泥料混炼技术—水基料浆成泥法[4]。该技术首先在球磨机中配制含有各种组分陶瓷原料的高固相含量的水基陶瓷料浆,向料浆中加入固体纤维素等黏结剂,料浆就可以转变成泥,然后再加入润滑剂后就可以放入炼泥机中进行混炼,最终获得所要求陶瓷的泥坯。例如在配制蜂窝陶瓷泥料时,先按照一定的比例称取堇青石、钛酸铝等原材料,按照58%(体积分数)的固相体积分数加入水,每100g粉末中加入1.5ml分散剂,在球磨罐中混磨6h后,将料浆倒入容器中,在搅拌状态下,按照每100g陶瓷粉加入1.5g甲基纤维素和6g桐油,然后放入炼泥机中进一步混炼,连续混炼两遍,将其用塑料薄膜封严,放在恒温恒湿箱中进行陈腐,即得到可塑性良好的泥料。该方法与以往的陶瓷泥坯制备工艺相比有许多的优点:可以克服传统炼泥存在的多组元分散不均匀带来的成分偏析问题;有效提高了泥料固相体积分数约3%~5%;所使用的所有原材料没有毒性,也不会带来环境污染问题;对炼泥机要求较低,无需太高功率,工艺容易实现。因此,本发明与以往的泥坯制备工艺相比,具有适用面广、成本低、操作简便、无环境污染、所得泥坯质量高等优点,适于工业化生产。

9.1.3 热压铸法

1. 热压铸成型工艺

热压铸法是20世纪50年代从苏联传到我国的小尺寸电子陶瓷零件的精密成型技术,属一种陶瓷料浆成型技术。该法以石蜡在加热时为液态的特性作为溶剂配制可流动陶瓷蜡料浆,然后用压缩空气将蜡料浆快速压入金属模具中,保压冷凝而得到陶瓷坯体。热压铸成型工艺过程如下。

(1)陶瓷粉料准备。热压铸用陶瓷粉料必须是经过煅烧的熟料(不含结晶水和吸附水),这是因为水分会阻碍粉料与石蜡完全浸润,使蜡料浆黏度增大,流动性变差,同时在加热时水分会形成小气泡分散在蜡料浆中成为缺陷,降低坯体质量。将称量准确的陶瓷粉体在300℃左右烘箱内高温烘干,脱除其中所含水分至0.2%(质量分数)以下。然后将烘干的陶瓷粉料在球磨机中混磨至一定细度(-250目),通常需加入适量表面活性剂(0.4%~0.8%的油酸或蜂蜡或硬脂酸),一方面提高研磨效率,另一方面粉体颗粒表面包裹一层表面活性剂有利于提高蜡料浆的流动性。

（2）蜡料浆配制。将石蜡和适量表面活性剂（文献[2]给出的配比有：97%石蜡－3%硬酯酸、或95%石蜡－5%油酸、或94%石蜡－6%蜂蜡）加热至80℃左右或更高温度熔化，然后将已加热的陶瓷粉料加入蜡液中，边加热边搅拌，得到蜡浆料。该蜡浆料可以通过长时间搅拌除气，也可在真空搅拌机内高效除气。除气后的蜡浆料可以降至适当温度直接用于热压铸，但更多的是先冷却制成蜡饼待用，这样每次可配制较大量体积密度相同的蜡浆料，以提高产品的一致性。

（3）热压铸成型。热压铸成型在热压铸机上进行。将蜡浆料置于热压铸机浆筒内，浆筒放在油浴恒温槽中，保持恒定温度（一般为65℃～90℃）。浆筒侧面或顶部通有压缩空气管道，通常在3atm～5atm压力下将蜡料浆压入固定好的金属模具内，保持压力使蜡料浆冷却凝固即得到陶瓷蜡坯。为保证蜡料浆能填充满模具，在模具设计制造中应考虑排气槽，其大小应能保证模腔中气体顺利排出但不致造成过多漏浆。影响热压铸工艺的因素包括蜡料浆流动性及保持温度，压力大小及保压时间，具体参数需根据成型坯体特点通过试验确定。另外，需特别注意金属模具温度控制，通常在刚开始工作时模具温度较低，蜡料浆不容易填充满模具就凝固，而到后期，模具受热蜡浆料传热后温度逐渐升高，蜡料浆压入模具后凝固就较慢。因此通常在开始使用时加热模具，而在后期脱模后用水冷却模具，然后用压缩空气吹干，使其保持合适的温度继续使用。

（4）排蜡素烧。蜡坯体在烧结之前，需先进行高温排蜡素烧，将坯体埋入疏松、惰性保护粉料内，通常使用煅烧的工业氧化铝粉，在高温下稳定，不易与坯体粘结。升温过程中石蜡会熔化、扩散并被吸附于保护粉料中，而保护粉料支持坯体不发生解体。当温度继续升高，石蜡挥发、燃烧而去除，坯体也获得了一定的强度，称为素坯。通常排蜡素烧温度为900℃～1100℃，视坯料材质而定。温度太低，坯体无烧结，容易破碎；温度过高，则素坯表面会与保护粉料严重粘结，难以清理。

（5）烧结致密化。预烧后的素坯经认真清除粘附于表面的保护粉料后，进一步按规定工艺高温烧结致密化。其特点是由于素坯中已无任何有机物且有一定的收缩率了，相当于二次烧结，故在低于排蜡预烧温度时可以快速升温，不会造成变形开裂的危险。但由于热压铸法常用较粗粉体，因此其烧结致密化温度偏高，需通过试验确定烧结工艺参数。

2. 热压铸成型特点

热压铸成型工艺适合于形状比较复杂，精度要求较高的中小尺寸产品的批量化生产，成型后的蜡坯体很容易进行修坯加工，而排蜡素烧后的素坯也可以进行适当的机械加工，铸废蜡料可以直接返回使用，原料利用率高。该技术设备简单，操作方便，生产效率较高，模具磨损小，使用寿命长。因此，热压铸成型工艺在氧化铝陶瓷真空开关管壳、微电机用陶瓷轴、小尺寸氧化铝陶瓷基片、水阀片、咖啡豆磨头及各种形状复杂的电子陶瓷元件等产品中获得了广泛应用,同时在金属铸件的复杂形状陶瓷型芯(如发动机空心叶片用陶瓷型芯)制备中也得到了成功应用。

但是,热压铸成型技术也存在一些问题,主要表现为以下几点。

① 多道工序都需耗能,包括陶瓷粉体烘干甚至高温煅烧处理、蜡饼预制、热压铸成型、排蜡素烧、最终烧成,造成能耗和成本较高。

② 以石蜡作溶剂,一般用量达陶瓷粉体12%(质量分数)以上,烧除过程会产生大量挥发物,造成较大环境污染。

③ 使用比表面积较大的超细粉体配制高固相含量良好可铸性蜡料浆困难,通常多采用较粗粉料,使其烧结致密化温度偏高,瓷体质量较差。

9.2 水基料浆升液注凝法生产微电机用陶瓷轴

9.2.1 微电机用陶瓷轴及其现有生产技术

1. 微电机用陶瓷轴

微电机在工业和日常生活中应用极其广泛,粗略估算,各类微电机年产量在数百亿只以上。近年来用陶瓷材料制作 $\phi(1 \sim 10)\,\mathrm{mm} \times (30 \sim 170)\,\mathrm{mm}$ 各种规格圆柱状陶瓷轴,用于计算机风扇微电机轴、空调微电机轴,吸尘器微电机轴,抽油烟机微电机轴,洗衣机微电机轴,汽车、摩托车启动微电机轴,电动工具类的串激微电机转轴,微波炉微电机轴,健身按摩机械转轴,泵轴,阀门轴,传真机轴,复印机轴及其他特殊轴类产品,已取得了很好的效果。

传统微电机轴通常采用金属材料,为了解决特殊环境下的耐腐蚀性,常用高硬度不锈钢代替一般的钢材,而为了提高其耐磨性,也有采用硬质合金材料。由于陶瓷材料有着比金属材料高得多的刚度、硬度、耐磨损性和耐腐蚀性,可以在高速运行条件下保持平稳运转,减小噪声,使用寿命比不锈钢高数十倍,比硬质合金高数倍,特别在一些存在水、粉尘、蚀腐介质等特殊环境下,陶瓷轴则是唯一可用的材质。近年来,国外发展了用陶瓷材料制作微电机轴,显示出无可比拟的优势。国内目前微电机采用陶瓷轴也日益增多,用量越来越大,使用高精度陶瓷轴对提升我国新型微电机档次和水平有重要的推动作用。

2. 微电机陶瓷轴材料与性能要求

适用于微电机陶瓷轴的材料主要有氮化硅(Si_3N_4)、氧化铝(Al_2O_3)、氧化锆增韧氧化铝(ZTA)、增韧的多晶氧化锆(TZP)等。其中, Al_2O_3 陶瓷目前应用较多,为保证有良好的性能,多采用95% Al_2O_3 和99% Al_2O_3 ;为进一步改善陶瓷轴综合性能,又开发了 ZTA 陶瓷,性价比更好; Si_3N_4 陶瓷耐磨性最好,但其原材料和生产成本过高,只在特殊场合使用;相比而言,TZP 陶瓷耐磨性接近 Si_3N_4 ,但成本远低于 Si_3N_4 ,成为高性能微电机陶瓷轴的优选材料,目前多使用 $3Y_2O_3\%$(摩尔分数)$-ZrO_2$。正在制定中的微电机用陶瓷轴建材行业标准对其性能指标要求如表 9-1 所列。

表 9-1　微电机用陶瓷轴的性能指标

项　目	95 Al_2O_3	99 Al_2O_3	ZTA	Y-TZP
材质成分/%(质量分数)	$Al_2O_3 \geqslant 95$	$Al_2O_3 \geqslant 99$	$Al_2O_3 + ZrO_2 \geqslant 99$	$ZrO_2(HfO_2) +$ $Y_2O_3 \geqslant 99.6$
体积密度/(g/cm^3)	$\geqslant 3.70$	$\geqslant 3.85$	$\geqslant 4.00$	$\geqslant 5.97$
抗弯强度/MPa	$\geqslant 300$	$\geqslant 400$	$\geqslant 460$	$\geqslant 800$
洛氏硬度/HRA	$\geqslant 82$	$\geqslant 87$	$\geqslant 85$	$\geqslant 85$
断裂韧性/$MPa \cdot m^{1/2}$	$\geqslant 3.00$	$\geqslant 3.4$	$\geqslant 5.00$	$\geqslant 9.00$

3. 陶瓷轴现有生产技术

目前对于长轴类陶瓷的常用生产方法主要为塑性泥料挤制法和蜡料浆热压铸法,当尺寸较大时,也可使用冷等静压法。

泥料挤制法机械化程度较高,比较适合规模化生产,只要控制好挤泥机嘴口径和切段长短,就可以得到一致性较好的陶瓷坯体。其关键技术是配练具有高固相含量和良好塑性变形能力的泥料。但对于高耐磨性陶瓷轴,为保证获得微晶结构,需要使用超细脊性粉料,则配练具有合适塑性的泥料相当困难(目前尚未见到氧化锆粉体练泥技术和挤制成型方面的报道),必须加入较高含量的水和增塑剂、黏结剂等有机物,因此泥坯密度相对较低,需提高烧结温度才能获得较致密瓷体,不仅增加能耗和对窑炉耐火材料的要求,还会使晶粒长大,降低材料耐磨性和其他性能,因此该技术难以满足微电机陶瓷轴的综合性能要求。

热压铸法虽有许多关键技术需掌握,但目前工艺技术与相配套的设备已相对成熟,应用领域也很广。国内一些公司现采用热压铸工艺生产 95Al_2O_3、99 Al_2O_3 微电机陶瓷轴并已获得成功。但热压铸法难以一次压铸出长径比很大的细长坯体,同时,目前生产 ZTA 和 TZP 微电机陶瓷轴还难以适用,主要是对于比表面积较大的超细氧化锆粉体,配制高固相含量和良好可铸性的蜡料浆难度较大。热压铸成型实际生产中存在的最大问题是排蜡会造成较严重的环境污染,同时其生产流程较长,生产效率相对较低,能耗较高。

对于大尺寸的轴类陶瓷,可以采用冷等静压成型工艺。该工艺所得坯体结构均匀,烧结成瓷材质好,密度高。但由于模具限制,其棒坯尺寸精度和表面质量难以满足要求,需进一步机械加工才能获得所需尺寸的陶瓷轴坯体。同时,该工艺设备投资费用大,生产成本高,生产效率低,不适合工业化生产直径小于 $\phi10mm$ 的陶瓷轴坯体。

综上所述,微电机用陶瓷轴的生产方法很多,各有优缺点,但均存在一些问题。

相比而言,水基料浆注凝法是一种很好的制备陶瓷轴坯体的的技术,它具有设备投资费用低,工艺过程简化,可以获得内部结构均匀的高密度坯体。采用水基料浆注凝法涉及到的关键技术如高固相含量良好流动性料浆配制,料浆的真空搅拌除气,凝胶固化方法等,前面内容已有较多描述。下面主要针对该工艺用于工业化生产细长棒状陶瓷所要解决的成型、干燥和烧结问题。

9.2.2　升液注凝法成型陶瓷轴坯技术

水基料浆注凝法可以成型各种复杂和简单形状的陶瓷坯体,但用该工艺制备细长轴类陶瓷坯体的困难在于,当料浆浇注入密闭模腔孔时,模腔孔内气体容易被料浆堵住无法排出,结果会在坯体内留下气孔缺陷而报废。同时,每次只浇注一件产品显然生产效率很低,不能满足工业化生产的要求。因此,适合于细长轴类陶瓷坯体高效批量化制备的组合模具的设计制造,以及合理的操作方法就成为该工艺能否实现工业化生产的关键。为此,作者设计了两种组合模具,发明了料浆升液注凝法成型陶瓷轴技术。

1. 下压式升液法组合模具设计与注凝操作[5]

下压式升液法组合模具如图9－3所示,材质可选用金属或塑料等刚性耐用材料。它是由带有凹槽的整体圆型底座1、两半圆组成的料浆筒2、内部带有一定锥度而顶部带有提拉螺栓的整体紧固环3、外圆锥度与紧固环3内锥度相同的多层带半孔模板4等四部分组成。使用时,先将2嵌入1,形成一个下部密封的盛料浆筒阴模,然后将4组合后塞入3,成为固定的带有许多通孔的阳模。注凝操作时,先向盛料浆筒阴模中倒入适量已滴加过引发剂和催化剂的陶瓷料浆,然后提拉住组装好的阳模缓慢平稳地沉入该盛有陶瓷料浆的阴模中,直至到底。在此过程中,阴模中的陶瓷料浆相应缓慢上升进入阳模的各个孔中。为了使各孔中液面高度一致,可在阳模压到筒底前稍微停止几秒钟,等各孔内液面流平后再压入底。操作完成后,静置一段时间,待阳模孔中料浆凝胶固化。脱模时,先退出底座1,再打开料浆筒2,然后从3中整体顶出4,将各层模板逐一剥离开,即可取出多支陶瓷轴凝胶坯体。

2. 下注式升液法组合模具设计与注凝操作[6]

下注式升液法组合模具如图9－4所示。与上述下压式升液法略有不同,其两半圆组成的料浆筒2下部带有一圈3mm～5mm的支撑台阶,用以支撑3和4组成的多孔模具,而多层带半孔模板4中部有一直径较大的浇注孔,用以放置陶瓷料浆浇注漏斗5。使用时,先按图9－4全部装配好模具,将已滴加过引发剂和催化剂的陶瓷料浆直接浇注入漏斗,料浆则通过自重压力从底部缓慢上升充满各孔,然后提出漏斗,用一略细于浇注孔直径的圆棒继续将浇注孔内料浆压下以减少料浆损失。操作完成后,静置一段时间待料浆凝胶固化。脱模过程同样为先退出底座1,再打开料浆筒2,但需先用刀片将底部多余凝胶体切除,然后从4中整体顶出3,再

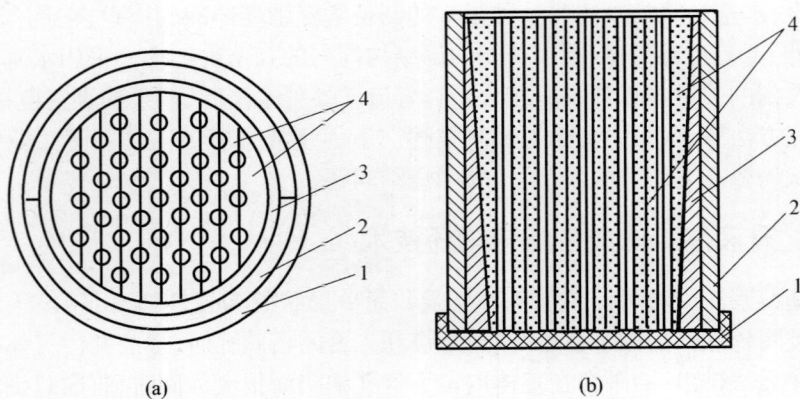

（a）   （b）

图 9 - 3   下压式升液注凝法组合模具结构

（a）顶视图；（b）侧视剖面图。

1—底座；2—料浆筒；3—紧固环；4—多层模板。

将各层模板逐一剥离开，即可取出多支陶瓷轴凝胶坯体。

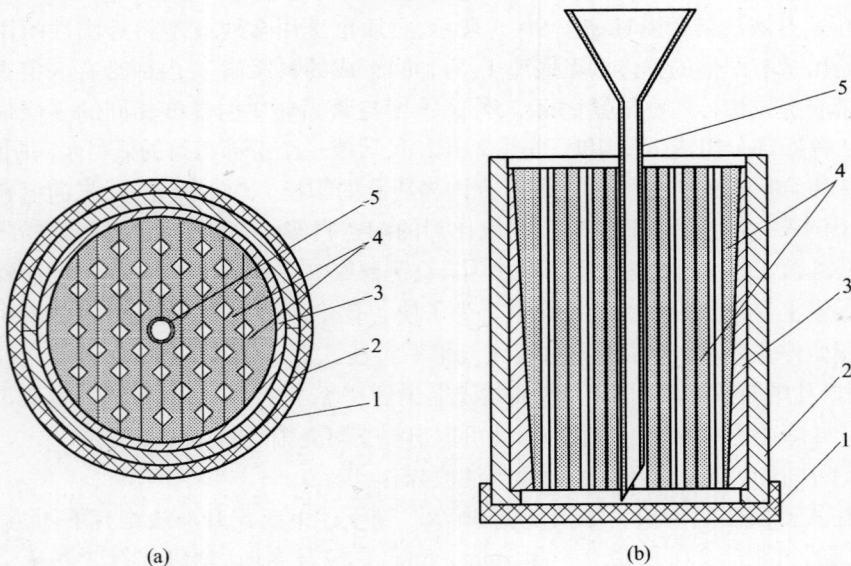

（a）   （b）

图 9 - 4   下注式升液注凝法组合模具结构

（a）顶视剖面图；（b）侧视剖面图。

1—底座；2—料浆筒；3—紧固环；4—多层模板；5—漏斗。

下注式升液法的优点是料浆浇注操作过程中无需移动模具，当模具较重时也不会造成困难，且容易使料浆升液平稳，不会裹入气泡。其缺点是模具底部会留下多余凝胶体,造成料浆浪费。当然,如果可用,该底部圆形板状坯体也可按要求厚度制成相应零件。

利用上述两种方法,实现了微电机用陶瓷轴坯体的高效批量化生产,每次可得到几十支甚至几百支等长度的陶瓷轴凝胶坯体,数量和尺寸均可由所设计制造的模具决定。实际上,升液注凝工艺可适用于细至截面 $1mm^2$ 以上各种规格长棒陶瓷坯体的注凝精密成型要求,并且通过模具的改进设计,也可实现中空圆管和异形截面陶瓷的生产,有着很好的实用价值。

9.2.3　注凝轴坯的无变形干燥技术

陶瓷坯体的水基料浆注凝法在实际生产中一个非常重要的工序是成型后湿凝胶坯体的无(少)变形干燥。刚从模具中取出时湿凝胶坯体含水量较高,属低刚度弹性坯体,干燥时随水分不断脱除而逐渐硬化,此过程中由于高分子交叉网络结构凝胶坯体失水,必然会引起一定的收缩。对于长径比值较大的棒状陶瓷轴坯体,由于周围环境湿度变化(如空气流动、湿坯体互相影响等),湿凝胶坯体各处脱水速率和收缩应力不完全一致,极易发生弯曲变形,结果使得原来各部分结构均匀的坯体发生变化:弯曲弧形的内侧收缩量大密度较高,而外侧收缩量小密度较低。这样,在烧结过程中密度高处易烧结,密度低处难烧结,会导致成瓷后弯曲变形程度更严重。对于注凝成形的长棒状坯体,立放干燥容易碰倒,通常采用平放于可透气的 V 形槽板如石膏槽板上来进行干燥,但单层摆放占地面积过大,叠层摆放则下层陶瓷坯体承受压力太大,干燥过程陶瓷坯体收缩但 V 形槽板不能收缩,致使长棒状陶瓷坯体轴向受阻而容易被拉断,同时该法需使用大量的 V 形石膏槽板消耗品,增加生产成本。此外,也有脱模后将长棒状陶瓷坯体吊挂于具有合适温湿度的环境中缓慢降低湿度直至内部水分完全脱除。即便如此,也很难保证长棒状陶瓷坯体完全不弯曲变形。同时,吊挂干燥占据空间多,对环境和装置有一定要求,也给工业化生产带来一些困难。

1. 长棒状陶瓷坯体的捆扎控湿干燥方法[7]

为克服水基注凝成形的长棒状陶瓷坯体干燥过程中易于弯曲变形的问题,满足湿度可控、操作简单易行、坯体无(少)变形的要求,作者提出一种适合于水基注凝成形的长棒状陶瓷坯体的干燥方法,其操作过程如下。

(1) 预干燥。将从模具中取出的长棒状湿凝胶陶瓷坯体平放于 V 形槽板上,自然干燥一段时间,视坯体尺寸大小而定,成为表面互不粘连但仍允许弯曲变形的半湿坯体。该 V 形槽板对透气性无要求,但应选用遇湿不变形、不会污染坯体的刚性材质,如石膏、塑料、耐火材料、金属材料等。

(2) 捆扎定型。将多根半湿的长棒状坯体基本校直(如在玻璃平板上滚动校直),密排后用膜带包裹在一起,周边用紧固带捆扎住,得到长径比值不大于 1.5

的类圆柱形组合体,如图9-5(a)所示。膜带应选用不透气但可弹性弯曲、表面光洁、不污染坯体的材料,如胶片、硬塑料薄膜、不锈钢薄板等,其宽度略大于长棒状陶瓷坯体的长度;紧固带应为可伸缩的弹性材料,如皮筋、橡胶带、松紧带等,其收缩紧固力应能保证使坯体收缩过程中始终处于密排状态。上述每圆柱形组合体可裹捆几十至几百根陶瓷凝胶坯体,视需要而定。

(3)控湿干燥。将组合状坯体立放于平台上,平台面应能透气和不污染坯体,如带支架的不锈钢筛网或石膏平板、多孔陶瓷平板、多孔塑料平板等。顶部用多层可透气性棉纱布或其他薄层多孔透气材料覆盖,如图9-5(b)所示。通过适时减少覆盖层提高其透气性,以控制坯体中水分的挥发速度,最后撤除覆盖层,继续干燥过程,直至坯体中水分完全排除。

该方法解决了水基注凝成形的长棒状陶瓷坯体干燥过程中易于弯曲变形的问题,可获得充分干燥、结构均匀的无变形长棒状陶瓷坯体。

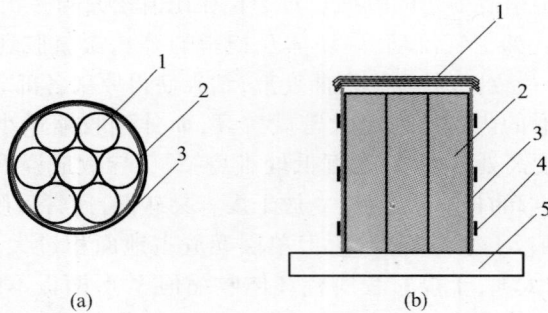

图9-5 长棒状陶瓷坯体的捆扎控湿干燥示意图
(a)陶瓷轴凝胶坯体捆扎方式;(b)陶瓷轴凝胶坯体干燥摆放方式。
1—陶瓷坯体;2—膜带;3—捆扎带。
1—覆盖层;2—陶瓷坯本;3—膜带;4—捆扎带;5—支撑平台。

2. 捆扎控湿干燥的特点

(1)将多根长轴陶瓷坯体组合在一起同时干燥,操作简便,可适用于各种圆棒状陶瓷坯体,特别是这种立式干燥也可适用于空心棒,能有效防止卧式摆放在干燥过程中圆孔变形的问题。同时,这种捆扎干燥法避免了在V形槽板单层摆放干燥占地面积多,石膏槽板消耗量大,而吊装干燥占据空间多,对环境和装置有特殊要求等问题。

(2)依靠具有自收缩能力的紧固带将多根长棒状陶瓷坯体捆扎在一起,在坯体脱水径向收缩时紧固带自动收紧,使各相邻的陶瓷棒坯体始终处于密排状态,互相限制,达到不弯曲变形的要求。同时,由于同批次坯体收缩率基本相同,轴向收缩同时发生,也避免了长棒状陶瓷坯体被拉断损伤的危险。

（3）由于采用了不透气的膜带包裹于长棒状陶瓷坯体类圆柱形组合体外侧，与周围环境隔离，而保留上、下两端面透气，通过控制覆盖层透气能力即可方便地调控组合体内部各长棒状坯体的湿度，特别适合于水基注凝成形陶瓷坯体需要缓慢脱水干燥的特殊要求。在干燥后期，也可以从底部吹风，达到加快彻底干燥的目的。

9.2.4　陶瓷轴的控形烧结技术

氧化物陶瓷轴可以使用马弗炉、梭式窑、推板窑等各种窑炉在空气气氛下烧结致密化。为防止长棒状陶瓷坯体烧结变形，常使用吊烧的办法来解决。但像微电机用直径很细的陶瓷轴，这种办法效率太低。对于 99% Al_2O_3、ZTA、TZP 等瘠性料坯体，烧结过程中基本没有玻璃相出现，则可以采用合理的堆放烧结法达到控制陶瓷轴不变形的目的。在实际生产中，所使用耐火材料支撑体和陶瓷轴堆放方式如图 9-6 所示，可采用整体式耐火材料支撑体和平板搭接式耐火材料支撑体两种类型，其关键是要求耐火材料支撑体保持 60° 角度，以便保证同直径陶瓷轴坯体可以密集堆放。同时，需在陶瓷轴坯堆集体上面压一块平板，以免烧结过程中上面一层陶瓷轴翘曲变形。

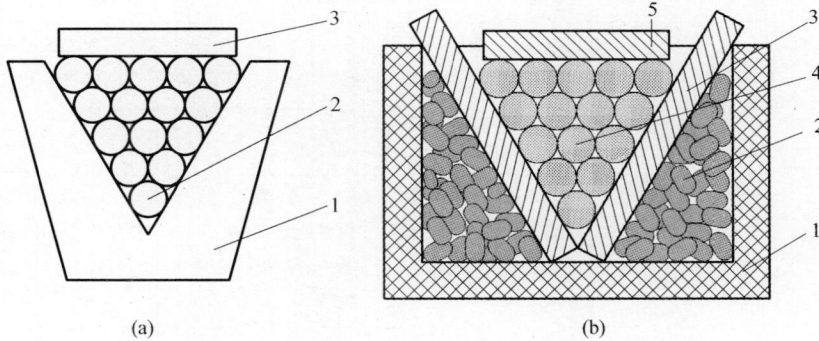

图 9-6　耐火材料支撑体和陶瓷轴堆放方式
（a）整体式耐火材料支撑体；（b）平板搭接式耐火材料支撑体。
1—支撑体；2—陶瓷轴；3—压型平板。
1—匣钵；2—支撑平板；3—陶瓷轴；4—其它瓷件；5—压型平板。

图 9-6（a）整体式耐火材料支撑体简单易制作，使用方便可靠，但耐火材料在烧结炉中占据体积大，陶瓷坯体装炉量相对较少，热能有效利用率低。为此，可使用耐火材料平板在匣钵中搭接成如图 9-6（b）的形式，在匣钵中空出部位仍可放置与陶瓷轴同材质的坯体同时烧结，以达到增大装炉量和节能的目的。

9.2.5　几种工艺生产陶瓷轴的比较

综上所述，微电机用陶瓷轴的传统生产方法很多，各有优缺点，但均存在一些问题,相比而言,水基料浆注凝法是一种很好的生产陶瓷轴的技术。它比等静压法设备投资费用低、生产效率和尺寸精度高,比热压铸法节能、环境污染小,比泥料挤制法工艺过程简化,最主要的是可以获得甚至比等静压法内部结构更均匀的高尺寸精度高密度坯体。水基料浆注凝法用于工业化生产中最大的问题是机械化自动化程度较低,但采用了本书介绍的升液注凝成型模具,可以弥补手工操作产品一致性不容易保证的问题。几种工艺生产微电机陶瓷轴的优缺点比较如表9-2所列。

表9-2　几种工艺生产微电机陶瓷轴比较

工艺方法	等 静 压 法	泥 料 挤 制 法	热 压 铸 法	升 液 注 凝 法
设备投资费用(不考虑烧结炉)	高 喷雾造粒机、冷等静压机及模具、坯体机加工设备	较低 真空炼泥机、挤制成型机及机嘴	中 粉体煅烧炉、合蜡料罐、热压铸机、若干套模具、排蜡素烧窑	低 配制料浆球磨机、真空搅拌机、若干套模具
原材料成本	中 喷雾造粒粉成本低,但利用率低	低 泥料成本低,利用率高	中 蜡料成本高,但利用率高	低 水基料浆成本低,利用率高
能耗	中 喷雾造粒、坯体机加工成型增加能耗	低 有机物排除和烧结一次完成	高 粉料处理、合蜡料、热压铸和排蜡素烧增加能耗	低 有机物排除和烧结一次完成
工艺过程	繁 喷雾造粒、冷等静压、机加工成型后直接烧成	简单 真空炼泥、挤制成型、直接烧成	繁 粉料处理、合蜡料、热压铸、排蜡素烧后再烧结	简单 料浆配制、升液注凝、直接烧成
生产效率	低 等静压、坯体机加工严重影响效率	高 在泥料挤制机中可实现连续化生产显著提高效率	中 合蜡料、热压铸和排蜡素烧,工艺繁锁影响效率	较高 用本书所述模具升液注凝成型,可有效提高效率
产品质量	好 使用超细粉体,等静压坯体结构均匀,烧结温度较低,产品密度高,可获微晶结构	差 有机物含量高,坯体密度低,需提高烧结温度,产品密度低、晶粒粗大	较差 使用较粗粉体,烧结温度较高,产品密度低、晶粒粗大	好 使用超细粉体,湿法成型坯体结构均匀,烧结温度低,产品密度高,可获微晶结构
环境污染	较重 有机物含量少,但坯体机加工成型造成粉尘污染重	较轻 有机物含量较多,烧除时造成一定废气污染	重 排蜡造成严重废气污染	轻 有机物含量较少,烧除时造成较轻废气污染

当然，要用升液注凝法生产高质量的陶瓷轴，同样需要解决高固相良好流动性水基陶瓷料浆配制及其真空搅拌除气工艺，与升液注凝工艺相适应的凝胶固化方法，以及合理制定有机物烧除和烧结工艺制度等一系列关键技术。这些内容在前面章节中已有叙述，此处不再赘述。

采用水基陶瓷升液注凝工艺，福建省智胜矿业有限公司在国家科技部科技型中小企业技术创新基金项目的支持下，已成功实现了每年千万支微电机用氧化物陶瓷轴的生产销售能力，取得了很好的经济效益。图9-7为该企业生产的各种规格微电机用陶瓷轴照片，表9-3为该企业生产的四种材质的微电机用陶瓷轴产品实测性能。

图9-7　升液注凝法生产的微电机用陶瓷轴照片

表9-3　微电机用陶瓷轴产品实测性能

项　目		合　同　指　标	实际完成情况
95% Al$_2$O$_3$ 陶瓷轴	尺寸误差/mm	直径方向≯0.03	0~0
		长度方向≯0.05	-0.05~+0.02
	表面粗糙度/μm	Ra≤0.4	0.26
	外观	白色或象牙白色	白色
	体积密度/(g/cm^3)	≥3.70	3.75
	抗弯强度/MPa	≥300	400.9
	硬度	≥HRA82	89
99% Al$_2$O$_3$ 陶瓷轴	尺寸误差/mm	直径方向≯0.03	0~0
		长度方向≯0.05	-0.02~+0.02
	表面粗糙度/μm	Ra≤0.4	0.13
	外观	白色或象牙白色	象牙白色
	体积密度/(g/cm^3)	≥3.85	3.89
	抗弯强度/MPa	≥400	551.4
	硬度	≥HRA87	93

项　目		合同指标	实际完成情况
ZTA 陶瓷轴	尺寸误差/mm	直径方向≯0.03	−0.01～0
		长度方向≯0.05	−0.05～+0.05
	表面粗糙度/μm	$Ra≤0.4$	0.08
	外观	白色或象牙白色	白色
	体积密度/(g/cm³)	≥4.00	4.05
	抗弯强度/MPa	≥460	661.0
	硬度	≥HRA85	94
3Y− ZrO₂ 陶瓷轴	尺寸误差/mm	直径方向≯0.03	−0.02～0
		长度方向≯0.05	−0.05～+0.01
	表面粗糙度/μm	$Ra≤0.4$	0.07
	外观	白色或象牙白色	象牙白色
	体积密度/(g/cm³)	≥5.97	5.98
	抗弯强度/MPa	≥800	845.0
	硬度	≥HRA85	91

9.3　水基料浆注凝法生产真空开关用氧化铝陶瓷管壳

9.3.1　真空开关管

电力工业的迅猛发展促进了电子系统开关装备的不断进步。20世纪70年代以前,曾广泛采用油浸式开关,这种开关使用可燃性的灭弧介质,维修费用高、使用寿命短、易发生爆炸事故,已无法适应电力系统越来越高的要求。60年代中期,随着真空技术和材料科学的进步,一种新型开关装置即真空开关问世了,其核心是真空开关管,包括断路、负荷用开关和接触器用开关。由于利用了高真空室内优异的灭弧特性,因此具有电弧不外漏、动作行程短、体积小、质量轻、占地少、无污染、噪声小、无爆炸和火灾危险等优点,显示出了强大的生命力。由于真空开关管寿命长、维修少,可用于广大农村和城市配电站作事故断路器,由于其重燃率低,可在电网中作并联和串联补偿电容器用。当前,真空开关装置已广泛应用于电力、冶金、煤炭、石油、矿山等领域,用以代替油浸式开关装置已是不争的事实。

真空开关管现已成为我国真空电子行业中的新兴产业,至今尚未发现有新的替代技术,业内专家预测,真空开关管的产品寿命可能达50年以上,目前正处于高速发展阶段。据中国真空电子行业协会统计,自2000年至今,国内真空开关管的产量平均每年增加超过15%。现在,我国低压、中高压真空开关管及其配套的陶瓷管壳和触头材料已形成自主研发、规模生产、配套齐全的工业体系,但产量还远不能满足国内市场的需求;产品的外观与内在质量与国外发达国家相比还有差距;超高压真空开关管产品还是空白,致使不少真空开关管仍需从国外进口。此外,现在国内生产陶瓷真空开关管壳的厂家不少,但形成规模的不多,难以满足国内制管厂家的需求,尚有部分瓷壳,特别是金属化陶瓷真空开关管壳尚需依赖进口。

真空开关管首先在英、美两国研制成功并投入生产,随后日本、瑞士、瑞典、前苏联、波兰等国先后投入生产使用。据不完全统计,目前国际上生产真空开关管的知名公司不下十几家,如美国 GE 公司、西屋公司、Jannlng 公司、德国西门子公司、ABB 公司、日本东芝、明电舍、日立、三菱等公司。近年来,随着金属化陶瓷管壳和触头材料的发展,真空开关管的性能达到质的飞跃。这些公司普遍采用陶瓷结构和一次封排先进技术,工艺装备已日臻成熟。在产品系列上无论电压等级、工作电流、开断额定短路电流等主要参数,均已形成系列化。且一些著名大公司在真空开关柜、真空断路器、金属化真空开关管壳及触头材料等的研制和生产上,"一条龙"自成体系,这样十分有利于其技术水平的不断提高。当前发达国家已将真空开关广泛用于输配电、工厂动力装置、建筑、电气化铁路,并逐步扩大到直流输电、核实验装置等设备中,正处在高速发展阶段。

我国在 20 世纪 70 年代首先由原电子部一些单位从仿制入手从事真空开关管的研制工作,主要是玻璃结构真空开关管。由于受材料、设备及工艺技术的制约,发展速度缓慢,不仅品种少,而且性能质量都不能满足用户的要求。1985 年我国将真空开关管列入国家"七五"发展规划,由国家投资 5220 万元为锦州华光、陕西宝光、甘肃虹光、成都国光四家单位从美国、德国、波兰引进了 42 台套关键设备和技术软件,为我国真空开关管发展奠定了基础。1990 年我国真空开关管的产量达到 16.5 万只,开始进入推广应用阶段。"八五"、"九五"期间,随着国民经济的快速发展,我国真空开关管市场需求日趋旺盛,除原电子部定点的几个国营电子管厂不断扩大生产外,其他电子管厂和有条件的民营企业也纷纷调整产品结构,开始研发和生产真空开关管,2000 年我国真空开关管的产量已达到 49 万只。至 2004 年真空开关管总量增至 140 万只左右,产值达到 10 多亿元。而至 2009 年各种规格的真空开关管总量已达 200 多万只,产值已超过 20 亿元。目前公认,真空开关管已成为真空电子行业中仅次于显像管行业的又一新兴支柱产业,呈高速上升势头。

9.3.2 陶瓷管壳技术要求及其现有生产技术

1. 陶瓷结构真空开关管制备的关键技术分析

近几年来,我国陶瓷结构真空开关管的质量水平明显提高,从各试验站得到的信息分析,真空开关管的设计水平不断进步,已与国际接轨,电性能方面和国外产品相比并无明显差异。主要问题除外观质量不如发达国家产品外,内在质量集中表现在漏气率和一致性方面,其中最主要的是漏气率,直接影响到真空开关管的使用寿命。这一问题主要与陶瓷管壳的致密性,全属/陶瓷封接界面有无缺陷,金属化工艺的稳定性,焊接质量及所使用金属零件的质量有关。综合来看,高质量陶瓷结构真空开关管生产的关键技术为。

（1）高质量真空开关用陶瓷管壳的生产技术;

（2）陶瓷封接的金属化技术;

（3）真空开关管的装配、焊接、触头设计、机械和电气寿命以及一次封排技术等。

上述技术中,真空开关管的装配和焊接等技术主要靠先进的设备装置得以解决,可通过引进国外先进设备和相应的技术软件予以保证。而陶瓷管壳封接面的金属化技术,目前国内绝大部分生产厂家均采用中国电子科技集团公司(原电子部)12研究所研制成功的钼—锰金属化法,即以笔涂、丝网印刷技术等方法涂敷金属化膏剂,于1400℃～1500℃在氢气炉中烧结,然后再以电镀法镀一层镍层。由于电镀工艺造成环境污染严重,近年来电子12研究所又开发了用丝网印刷技术涂敷镍膏层,于1000℃左右在氢气炉中固化完成,取得了较好的效果,该技术无环境污染问题,减少了设备投资费用,易于实现工业化生产。下面主要介绍陶瓷管壳的技术要求和相应的制备方法。

2. 真空开关管用陶瓷管壳的技术要求

真空开关管主要应用于电网和电气设备上,属高安全性产品,一旦失效,将给人身、设备、电网带来严重后果,因而对产品质量要求十分严格。真空开关用陶瓷管壳产品按 SJ/T11246—2001(真空开关管用陶瓷管壳)标准执行。陶瓷管壳材料性能应符合表9–4规定。管壳封接部位经研磨加工后,其表面粗糙度(Ra)为0.8μm～1.6μm之间,其他缺陷应不超过表9–5的规定,且缺陷之间的距离不小于10mm。管壳非封接部位瓷体应质地均匀一致无裂纹,不允许存在瓷疱、变色、颜色不一致及成片的阴影、暗斑等,其他缺陷应不超过表9–6的规定,且缺陷之间的距离不小于30mm。

表9–4　真空开关用陶瓷管壳材料性能要求

序号	项 目	测试条件	单位及符号	性能指标
1	体积密度		g/cm^3	≥3.60①
2	气密性		Pa·m^3/s	≤10^{-11}
3	抗折强度		MPa	≥280
4	线膨胀系数	20℃～500℃ 20℃～800℃	×10^{-6}/℃	6.5～7.5 6.5～8.0
5	介电常数	1MHz,20℃		9～10

序号	项 目	测试条件	单位及符号	性能指标
6	介电损耗角正切值	1MHz、20℃	×10⁻⁴	≤4
7	体积电阻率	100℃	Ω·cm	≥10¹³
		300℃		≥10¹⁰
		500℃		≥10⁸
8	击穿强度	D.C	kV/mm	≥18
9	化学稳定性	1:9 HCl	mg/cm²	≤7.0
		10% NaOH		≤0.2

①正在修订的标准定为≥3.62

表9-5 真空开关用陶瓷管壳封接部位缺陷要求

外径/mm	封接面宽度/mm	斑点直径/mm	开口气孔/mm		缺损/mm		单面总个数/个
			直径	深度	平套封面	刀口面	
≥20～100	≤4	≤0.3	≤0.4	≤0.5	≤0.5	≤0.1	≤2
	>4～6.3	≤0.5	≤0.5	≤0.5	≤0.5	≤0.1	≤2
	>6.3	≤0.5	≤0.6	≤0.5	≤0.8	≤0.15	≤2
>100～220	≤4	≤0.4	≤0.4	≤0.5	≤0.5	≤0.1	≤2
	>4～6.3	≤0.5	≤0.6	≤0.5	≤0.8	≤0.1	≤2
	>6.3～10	≤0.5	≤0.6	≤0.5	≤0.8	≤0.15	≤2
	>10	≤0.5	≤0.8	≤0.5	≤1.0	≤0.20	≤2

表9-6 真空开关用陶瓷管壳非封接部位缺陷要求

外径/mm	高度/mm	缺陷凹坑直径/mm	深度/mm	气泡直径/mm	瓷疱、斑点直径/mm	开口气孔直径/mm	深度/mm	缺陷总个数/个
≥20～100	10～25	≤2.0	≤0.5	≤1.0	≤0.5	≤0.8	≤0.5	≤2
	>25～63	≤2.0	≤0.5	≤1.0	≤0.5	≤0.8	≤0.5	≤2
	>63	≤2.0	≤0.5	≤1.0	≤0.8	≤0.8	≤0.5	≤3
>100～220	≤16	≤2.0	≤0.5	≤1.0	≤0.5	≤0.8	≤0.5	≤2
	>16～40	≤2.0	≤0.5	≤1.0	≤0.5	≤0.8	≤0.5	≤2
	>40～100	≤2.0	≤0.5	≤1.0	≤0.8	≤0.8	≤0.5	≤3
	>100～220	≤2.0	≤0.5	≤1.0	≤0.8	≤0.8	≤0.85	≤3

3. 真空开关用陶瓷管壳制备技术

陶瓷管壳是真空开关管的包封体,比玻璃外壳有高得多的力学性能和电性能,多以95% Al_2O_3 的 $Al_2O_3 - CaO - SiO_2$ 体系高铝瓷为主,为了改善其金属化结合强度,一些单位在配方中加入少量 ZrO_2,获得了较好的效果。

目前,国内多采用热压铸法和等静压法两种工艺工业化生产真空开关用氧化铝陶瓷管壳,技术已比较成熟。相比而言,热压铸法设备投资较少,成型工艺相对简单,也比较成熟,国内许多单位都采用此工艺生产95% Al_2O_3 陶瓷管壳。但该工艺排蜡过程易造成管壳变形开裂,并产生大量废气污染。同时,由于高固相含量蜡料浆配制困难,通常使用氧化铝粉原料粒度较粗(约 $5\mu m$),在同样烧结温度下体积密度较低,一般为 $3.6g/cm^3$。近年来,为提高陶瓷管质量,国内也开始大量采用等静压法制造耐高压陶瓷管壳,该工艺可使用超细氧化铝粉(约 $2\mu m$),通过喷雾造粒后进行冷等静压成型,生产的瓷体质量好,体积密度可达到 $3.7g/cm^3$ 以上。但该法设备投资费用高,工艺过程相对复杂,坯体预烧后机械加工中仍会产生大量的粉尘污染。

作者近年来采用水基料浆注凝法成功制备出了高质量的高压真空开关用96% Al_2O_3 陶瓷管壳[8],其尺寸精度和表面质量良好,体积密度达到 $3.79g/cm^3$,各项机电性能指标均优于产品技术标准要求。在此基础上,作者发明了一种制备陶瓷管壳的模具及利用该模具制备陶瓷管壳的方法[9]。与热压铸法和等静压法相比,水基料浆注凝法制备陶瓷管壳技术具有设备投资费用少,原材料成本低、利用率高,工艺过程简单,节能降耗,环境污染小,产品质量好等优点,完全有可能成为工业化生产高压真空开关陶瓷管壳的新工艺[10]。

9.3.3 注凝成型模具设计与操作

1. 模具要求与结构

为增大散热表面,真空开关管用陶瓷管壳外表面多为正弦波纹形状,常称为波纹管。水基料浆注凝法制备氧化铝陶瓷管壳首先要解决的仍是模具设计制造问题,该模具必须方便料浆在空气环境中浇注,浇注过程不会因料浆流入而裹入气泡,又能使料浆在常压下充满模腔,同时在凝胶固化过程中不会出现缩孔等缺陷。原则上讲,注凝用模具与热压铸用模具内腔结构及其合模、脱模方法基本相同,但热压铸法蜡料浆在压缩空气压入模腔后很短时间即冷却凝固,为使蜡料浆容易充满模腔,所用模具要求设计出合理的排气孔,既能排出模腔中空气又不会造成太多的浆料被挤出。而水基料浆注凝法从浇注到固化相对用时较长,因此所用模具必须密封良好,不允许发生漏浆现象,其模腔内空气只允许在模具上部排出。这样,两种方法在模具结构细节和操作方法上有所不同。

图 9 - 8 是作者设计的简单的波纹状管壳注凝成型用模具结构及料浆充型后

的示意图。该模具材质选用金属,它是由定位和固定内外模的整体圆型底座1,内壁为波纹状、外壁上部带有5°~10°锥度的两半圆组成的外模2,上部有一圆形定位孔的圆柱内模3,内圆锥度与2之外圆锥度相同的紧固环4,外圆直径与2顶部直径相同、中心带有台阶状内孔(直径分别略小于3直径和与2内径相同)的圆盘5两片,直径与3定位孔动配合的圆轴6等部分组成。要求各部分配合面光滑平整,保证料浆不致从配合面漏出,同时外模2内壁和内模3表面需抛光处理,以便可以得到表面光洁的凝胶坯体。模具中5、6部分的作用一方面是为了可一次成型出波纹状管壳坯体和控型干燥与烧结用的托板坯体(后面内容将会说明),另一方面它可兼作管壳的补缩冒口,可以保证凝胶固化过程中因收缩而在管壳顶部产生的缺陷被去除(如3.3.4介绍)。

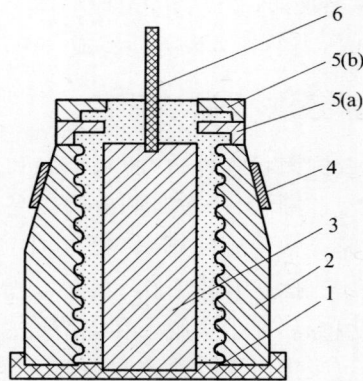

图9-8 波纹状管壳注凝成型用模具结构及料浆充型后示意图

1—底座;2—外模;3—内模;4—紧固环;5—圆盘;6—圆轴。

2. 注凝操作

(1)合模。先将模具各部分擦拭干净,在外模2内壁和内模3外表面涂敷一层非硅脱模剂,固定于底座1,再将紧固环4套在外模2斜面处使其两半圆能严密结合不漏浆,然后依次安放圆盘5(a)和5(b),插紧圆轴6,即完成合模操作。为防止底部漏浆,可以在外模2底端与底座1的结合面处垫一纸环,浇注料浆后该纸环吸水可保证进一步封严。

(2)浇注。将加入引发剂和催化剂(或氧化—还原剂)的料浆缓慢沿圆轴6浇注在内模2的上端面,然后沿内模2外表面流下,至底部后再缓慢上升,直至充满整个模腔到达圆盘5内孔上沿约1mm高度处,再覆盖一薄层醇类有机溶剂(乙二醇、丙三醇、1,3丁三醇、1,4丁二醇等,如3.3.3节所述),使料浆与空气隔离达到防氧阻聚的目的。浇注过程应注意平稳缓慢不断流,切忌裹入气泡。

（3）脱模。浇注满料浆的模具静置一段时间凝胶固化，此时模具温度略有升高，待降温后即可脱模。其顺序如下：

① 用吸管吸除表面醇类有机溶剂，并用湿布擦拭干净；

② 拔出圆轴6，脱除圆盘5(b)，用薄刀片沿5(a)上面切出一个控形干燥及烧结用的托板坯体；

③ 脱出圆盘5(a)，再用薄刀片沿外模2和内模3顶部切出一个控形干燥及烧结用的托板坯体；

④ 脱出下部底座；

⑤ 顶出内模2圆柱；

⑥ 脱出紧固环4；

⑦ 将外模3两半圆分开，即得到波纹管壳凝胶坯体。

上述操作中，可设计制作适当的工装以方便完成各工序。

9.3.4　管壳凝胶坯体的防变形干燥与烧结

管壳类凝胶坯体属于薄壁圆筒状零件，在脱水干燥和烧结过程中特别容易发生圆度方向的收缩变形而变成椭圆状，严重时则成为废品。这在热压铸成型坯体排蜡素烧和烧结致密化时也是经常遇到的难题。实际生产中，首先特别强调配制高固相含量的水基陶瓷料浆，一般应不低于60%（体积分数）。因为固相含量越高，所得到的凝胶坯体刚度就越高，在干燥脱水和烧结致密化过程中的收缩率也越低，变形量也就越小。此外，可采用以下办法来有效解决管壳类凝胶坯体脱水干燥和烧结过程中的圆度变形问题。

1. 防变形干燥

（1）与托板坯体共同干燥。用图9-8所述模具在注凝成型管壳坯体的同时，还可同时得到两个带有台阶状的圆形控形支撑凝胶坯体，其凸台部分直径与管壳坯体内径一致。脱模后，将管壳凝胶坯体和控形支撑凝胶坯体组合在一起，两个控形支撑凝胶坯体的凸出圆台卡在管壳凝胶坯体上下内孔中，放置于透气平板（如石膏平板、多孔陶瓷平板或多孔塑料平板等）上在空气中同步自然脱水干燥，直至坯体质量不再发生变化，此过程中应将组合坯体反转二次以上以保证控形支撑凝胶坯体不发生翘曲变形。坯体的摆放方式如图9-9所示。由于托板坯体在直径方向不易因收缩而变形，则保证了其上管壳坯体在圆度方向也不能变形。

（2）在液体介质中预定型。如不考虑烧结时的需要，也可采用另一种简单方法来防止中空薄壁管壳圆度变形。在上述脱模操作脱除紧固环后，将凝胶坯体连同外模直接浸入乙二醇（或丙三醇、低相对分子质量聚乙二醇等）溶液中，放置10min～20min（视管坯厚度而定），由于坯体内部水分会被乙二醇快速吸收并发生

208

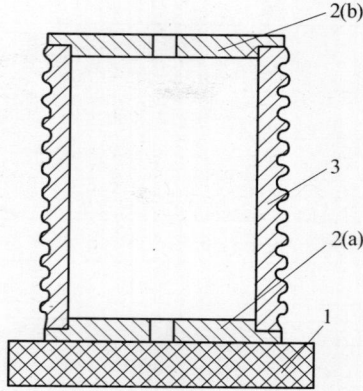

图 9-9　管壳坯体的防变形干燥摆放方式
1—透气平板；2—托板坯体；3—管壳坯体。

水分和乙二醇的部分交换，同时坯体此时受到外模限制，管壳坯体圆度基本不发生变化，实现快速预定型。然后再将两半圆外模分开，得到较为坚硬的预定型坯体。将该坯体放置于透气平板上在空气中继续干燥，最后在烘箱中加热至200℃脱除残留水分及进入坯体中的乙二醇溶液即可。该方法无需借助于其他控形用坯体，操作比较简单，但需增加有机醇类溶液消耗和后续加热脱除工序。

2. 控形烧结与烧结工艺

（1）控形烧结。如前所述，防干燥变形方式中增加了两个带有台阶状的圆形托板坯体，这不仅是为了防止管状陶瓷坯体在脱水干燥中的圆度变形，同时也是防止其在烧结致密化过程中的圆度变形方法。干燥彻底的坯体仍按图 9-9 摆放方式放入烧结炉中，烧结致密化过程中可有效保证陶瓷管壳的圆度。但是当管壳直径较大时，由于烧结收缩其上控形托板可能会下凹而造成管壳坯体上部圆度方向变形，这时可另外设计模具，用同样料浆注凝成型中间带孔的碗状坯体。该碗状坯体预先在带有同样圆锥度的石膏模内自然干燥，然后将其放在管壳坯体上用以控制管壳坯体烧结过程的上部圆度。

（2）烧结工艺。真空开关管用陶瓷管壳的壁厚，一般在 6mm 以上，相对于前述的陶瓷基片和陶瓷刀而言偏厚一些。因此，在制定烧结工艺时必须考虑其中有机物（质量分数约 3%）的烧除问题。主要在 200℃～400℃范围应缓慢升温，并在 600℃左右保温一般时间保证有机物能充分氧化排出。对于注凝成型的 95% Al_2O_3 的 Al_2O_3-CaO-SiO_2 体系高铝瓷，其最终烧结致密化温度比热压铸法和等静压法成型坯体要低，一般控制为 1520℃～1560℃保温 2h～3h 即可。表 9-7 为作者用同材质同工艺随炉试样测得的材料性能，完全满足高压真空开关管用陶瓷管壳的要求。图 9-10 是用注凝法制备的氧化铝陶瓷波纹管样品。

表 9 - 7　注凝法氧化铝陶瓷管壳的性能

项　目		陶瓷管壳标准 (SJ/T11246—2001)	注凝法样品实测结果
体积密度/(g/cm^3)		≥3.60	3.79
抗弯强度/MPa		≥280	345.6
线膨胀系数/℃$^{-1}$	(20～500℃)	(6.5～7.5)×10^{-6}	7.2×10^{-6}
	(20～800℃)	(6.5～8.0)×10^{-6}	7.4×10^{-6}
击穿强度/(D.C)(kV/mm)		≥18	49.0
体积电阻率Ω·cm	(100℃)	≥10^{13}	3.8×10^{15}
	(300℃)	≥10^{10}	4.3×10^{13}
	(500℃)	≥10^8	6.8×10^{11}
介点常数(1MHz)		9～10	9.2
介质损耗角正切(1MHz)		≤4×10^{-4}	1.9×10^{-4}

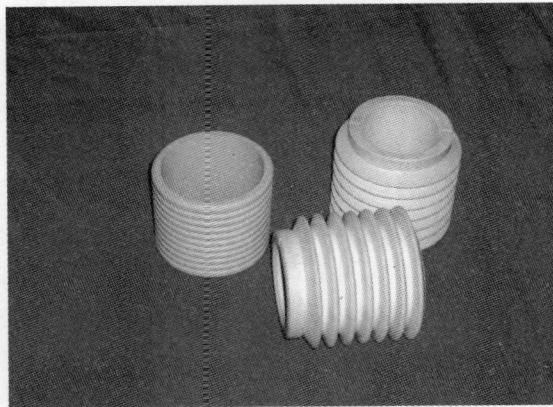

图 9 - 10　水基料浆注凝法制备的氧化铝陶瓷波纹管样品

9.3.5　注凝法制备陶瓷管壳需进一步解决的问题

尽管水基料浆注凝法制备真空开关管用陶瓷管壳在实验室已获得较好结果，但至今未能实现该技术的工业化生产。影响该技术快速转化的原因是多方面的，分析认为还需要进一步解决以下问题。

1. 陶瓷管壳的金属化匹配问题

陶瓷管壳端面需经金属化处理后才能用于真空封接制成真空开关管。目前国内外关于陶瓷金属化的方法主要有三种：烧结金属粉末法（主要有 Mo-Mn，W-Mn，W-Y$_2$O$_3$）、活性合金法（主要有 Ti-Ag-Cu，Ti-Cu，Ti-Ni）、CVD 法（主要有真空蒸发，溅射，离子镀等）。迄今为止，国内外陶瓷金属化技术特别是真空开关管用陶瓷管壳的金属化工艺通常仍采用烧结金属粉末法(目前主要是 Mo-Mn 法),该技术已有 70 年的历史,从配方至工艺都已比较成熟,基础理论方面也研究得比较深透。陶瓷的金属化结合强度与陶瓷体的体积密度、晶粒度、玻璃相组成等微观结构以及金属化膏料配方和金属化处理工艺密切相关。几十年来,国内针对热压铸法生产的较低体积密度($\geqslant 3.6 g/cm^3$)和粗大晶粒尺寸(约 $25\mu m$)高铝瓷的金属化技术已积累了比较成熟的经验。近年来,为了提高瓷体的致密度以达到更高的气密性,发展了等静压法生产陶瓷管壳,原先金属化技术一度遇到了困难,但经过适当的调整,现已可以适应这种较高致密性($\geqslant 3.7 g/cm^3$)和较细晶粒尺寸(约 $10\mu m$)的瓷体要求。用水基料浆注凝法制备的陶瓷管壳致密度更高($\geqslant 3.75 g/cm^3$)而晶粒尺寸更细小($3\mu m \sim 5\mu m$),则现有金属化技术可能又难以适用,这有可能成为水基料浆注凝法陶瓷管壳不能被市场接受的原因之一。对于这一问题,一方面通过金属化工艺进一步调整可能得到解决,另一方面,为了适应金属化技术的要求,通过优化陶瓷配方,改进瓷体晶界玻璃相成分,应该也是促进水基料浆注凝法陶瓷管壳获得实际应用的有效办法。

2. 内壁带台阶管壳

对于一般内壁光滑无台阶的单截式波纹管壳,只要料浆真空搅拌除气彻底、浇注过程不裹入气泡便可用水基料浆注凝法成型无缺陷的坯体。但对于 10kV 以上真空断路开关管用管壳,是内壁有台阶的双截式波纹管壳,虽然仿照热压铸用复杂结构模具设计也可以实现浇注和脱模操作,但由于缺乏热压铸法所施加的压力作用,水基料浆仅靠自重流动难以挤出模具在台阶(特别是直角台阶)接缝处的吸附气体而容易在台阶根部形成微气孔缺陷,这在一定程度上限制了水基料浆注凝法在复杂结构陶瓷管壳制备中的应用。对于这一问题,可以利用注凝坯体可机械加工的特性,在注凝用模具设计中留出一定的加工余量,待凝胶坯体干燥后对其台阶部位进行适量的机械加工,去除坯体中可能存在的缺陷。

综上所述,尽管水基料浆注凝法制备陶瓷管壳成熟程度不及热压铸法和等静压法,但其工艺优点是非常突出的,除设备投资费用、原材料成本、生产工艺过程、产品质量方面均有明显优势外,在节能降耗和环境保护方面的优点也是国家政策所非常重视的。从长远发展看,采用水基料浆注凝法生产陶瓷管壳是合理和必要的,但作为一种新工艺,还需进一步中试和完善。

参 考 文 献

[1] 李世普. 特种陶瓷工艺学. 武汉:武汉工业大学出版社,1990.
[2] 徐廷献,沈继跃,蒲占满,等. 电子陶瓷材料. 天津:天津大学出版社,1993.

[3] 王树海,李安明,乐红志,等.先进陶瓷的现代制备技术.北京:化学工业出版社,2007.

[4]   仝建峰,陈大明,刘晓光,等.一种蜂窝陶瓷泥坯制备的新方法.中国发明专利,ZL200510008796.6,2005.3.

[5] 陈大明.一种长棒状陶瓷坯体下压式斗液注凝成型专用模具及利用该模具生产长棒状陶瓷的制备方法.中国发明专利,申请号:201110040058.5,2011.2.

[6] 陈大明.一种长棒状陶瓷坯体下注式斗液注凝成型专用模具及利用该模具生产长棒状陶瓷的制备方法.中国发明专利,申请号:201110040052.8,2011.2.

[7] 陈大明,郑炜.一种长棒状陶瓷坯体的干燥方法.中国发明专利,申请号:200710103657.0,2007.4.

[8] 陈大明.水基料浆注模凝胶法制备氧化铝陶瓷高压真空开关管壳.真空电子技术,2003(4):6.

[9] 陈大明.一种制备陶瓷管壳的模具及利用该模具制备陶瓷管壳的方法.中国发明专利,申请号:201110040068.9,2011.2.

[10]   陈大明,高陇桥.真空开关管及金属化陶瓷管壳生产线项目可行性研究报告,2005.8.

第 10 章　半水基和非水基料浆
注凝技术及应用

10.1　陶瓷材料的半水基料浆注凝技术

10.1.1　半水基料浆注凝技术原理及特点

1. 大尺寸水基料浆凝胶坯体的脱水干燥

水基注模凝胶成型陶瓷零件坯体作为一种快速原位固化的湿法成型技术,其成型坯体具有陶瓷组分和结构均匀、缺陷少、单气孔径分布等特性,因此从理论上讲,该技术特别适合大尺寸陶瓷零件的近净尺寸精密成型和制备。但水溶剂作为一种特殊的双羟基分子(H–O–H),其单位体积中羟基密度最高,极性最强,在凝胶坯体中水分子与陶瓷颗粒表面吸附的羟基存在强烈的氢键作用,当水分子挥发时,会造成粉体颗粒表面羟基电荷严重不平衡,为达到稳定,粉体颗粒之间通过表面羟基作用而强烈吸引收缩。成型坯体尺寸较大时,由于湿凝胶坯体干燥过程中其表面的水分最先挥发,收缩结果将原先连通的空隙从坯体表面封堵,致使坯体内部的水分难以顺利脱除而造成坯体胀裂,这给水基料浆注凝成型技术应用于大尺寸陶瓷零件制备带来很大的困难。

目前,解决大尺寸凝胶坯体脱水干燥问题的主要方案有以下两种。

(1)水基料浆注凝成型专利的发明者 Janney 等人[1]给出的办法是将凝胶后的坯体置于温湿干燥箱中,逐渐降低干燥箱的相对湿度,使坯体中的水分从内到外逐渐脱除。实践表明,这一过程相当缓慢,而且对于尺寸较大的坯体或陶瓷粉体体积分量较低时仍难以保证坯体内部的水分充分脱出,以致造成干燥和烧结过程中坯体胀裂损坏。

(2)尽量提高料浆的固相含量,以减少水的用量和使高固相含量陶瓷坯体脱水时基本无收缩。通过陶瓷粉体粒度级配、优选分散剂、合理分批加料和优化球磨工艺,使料浆中固含量达到 72%(体积分数)以上,而有机单体含量不到粉体的 1%(质量分数)。这在一些可以使用粗颗粒粉体的耐火材料及融熔石英陶瓷的生产中已得到了成功的应用。但对于精细陶瓷,因需要使用粒度分布窄的超细粉体,配制如此高固相含量而且流动性良好的料浆是很难实现的。

2. 半水基料浆注凝技术原理

为解决大尺寸陶瓷坯体脱水干燥这一难题,我们发明了一种半水基注凝成型陶瓷坯体技术[2],通过向水基料浆中加入一定量的与水不同时挥发且与水无限互溶的醇类有机溶剂,在不影响料浆固相含量和凝胶化的情况下实现坯体的注凝精密成型,简化坯体的脱水干燥过程,保证坯体中水分和有机溶剂的充分脱除,使大尺寸陶瓷凝胶坯体可以避免脱水干燥和烧结过程中开裂的危险。与水分子的特性不同,醇类物质属于弱极性分子,羟基密度相对较低,与坯体中陶瓷粉体颗粒表面羟基的氢键作用也较弱,当其挥发时,颗粒表面羟基造成的电荷不平衡程度轻,则不容易造成陶瓷粉体颗粒之间的强烈吸引。经验表明,用乙醇或乙二醇代替水作研磨介质获得超细粉干燥后粉体不易团聚就是这个原因。以部分弱极性醇类或其他有机溶剂代替水加入料浆中,一方面可以有效减少水的用量,另一方面乙二醇、丙三醇等有机溶剂又对水分有强烈的吸附能力,而其挥发温度高于水,这样当湿凝胶坯体表层水分脱除后它们可将坯体内部的水分吸附至表面进一步脱除,只要控制得当,就可以借乙二醇和丙三醇作为转移通道而将坯体中的水分大部分脱除。此后再提高温度第二步脱除有机溶剂,由于不存在强极性双羟基水分子的作用,坯体表层粉体颗粒不易互相吸引收缩而封堵通道,就可以彻底脱除所有溶剂类物质。同时,这样的坯体结构由于保留了连通的空隙通道,也有利于有机单体和交联剂聚合物的烧除。

3. 半水基注凝成型技术特点

半水基注凝成型陶瓷坯体技术通过向水基陶瓷料浆中加入一定量与水无限互溶且与水不同时挥发的醇类有机溶剂,在不影响高固相含量料浆流动性和凝胶化的情况下实现坯体的注凝精密成型,该工艺简化了坯体的脱水干燥过程,保证坯体中水分和有机溶剂可分步充分脱除,使大尺寸陶瓷零件可以避免干燥和烧结过程中开裂的危险。其优点主要表现为:

(1)与已有的有机料浆注凝成型陶瓷坯体专利技术[3]相比,由于采用水和醇类物质为溶剂,其黏度远低于邻苯二甲酸二丁酯等溶剂,基本保留了水基陶瓷料浆的特点,不影响配制高固相含量且流动性良好的半水基陶瓷料浆,同时原料价格也相对便宜。

(2)与已有水基料浆注凝成型陶瓷坯体专利技术[1]相比,由于部分加入醇类溶剂,水的用量相对减少,因而使陶瓷坯体干燥过程中收缩率也相对减少,可保证坯体内部水分能分步充分排除,避免了较大尺寸陶瓷坯体干燥过程易于开裂的危险并简化了脱水干燥工艺。

(3)用醇类物质部分代替水,使陶瓷料浆中气泡的表面张力减小而易于去除,

214

因此料浆中无须再加入消泡剂即可较容易的消除气泡,凝胶后得到的陶瓷坯体缺陷更少。

（4）由于采用沸点温度高于水的醇类物质,湿凝胶陶瓷坯体中水分排除后,具有良好的机械加工性,如需进一步加工得到形状更为复杂的陶瓷零件坯体,可在此时进行机械加工。这样可简化模具的设计加工,且可制备形状更为复杂精密的陶瓷零件坯体。

10.1.2　半水基陶瓷料浆特性及其影响因素

1. 可用于半水基料浆的有机溶剂与料浆配制

并非所有有机溶剂均可用于半水基陶瓷料浆注凝技术,例如加入少量丙酮类溶液即可完全阻止料浆凝胶化。理论分析和试验表明,醇类溶剂是配制半水基陶瓷料浆的合适物质,但过多甲醇或乙醇会大大降低其凝胶体的刚性,且其挥发性太强,使用中不易控制。表 10-1 列出了几种常用醇类溶剂的相关特性。从性价比等方面考虑,在实际应用中乙二醇是比较好的选择。

表 10-1　常用醇类溶剂的相关特性

特　性 \ 有机溶剂	乙二醇	丙三醇	1,3 丁二醇	1,4 丁二醇
沸点/℃	197.85	290.9	207.5	228
黏度/(mPa·s),20℃	25.66	1412	103.9	91.6
表面张力/(mN/m),20℃	46.49	63.3	37.8	45.27
密度/(g/cm³)	1.11	1.13	1.01	1.02

在半水基陶瓷料浆的配制中,醇类溶剂的球磨时间不宜过长,通常在球磨混料出料前 2h 内才加入或出料后真空搅拌除气时再加入。由于醇类溶剂的补加必然降低料浆的固含量比例,因此起始配料时去离子水用量相对较少,为达到较好的混磨效果,除需相应延长球磨混料时间外,更需要强调优选分散剂和分批加料技术。在实际生产中,醇类溶剂的用量一般为去离子水的 10% ~ 20%(质量分数)即可获得较好的效果,应视陶瓷坯体尺寸的大小和对料浆特性的要求通过试验确定。

2. 不同醇类溶剂及加入比例半水基料浆的流变特性

在滚筒球磨机中预配制高固相含量水基料浆的基础上,通过补加少量不同比例的醇类溶剂和去离子水搅拌均匀,配制成 54.8vol% Al_2O_3 半水基陶瓷料浆。试验测定了四种醇类溶剂不同替换量对料浆流变特性的影响,如图 10-1 ~ 图 10-4 所示。

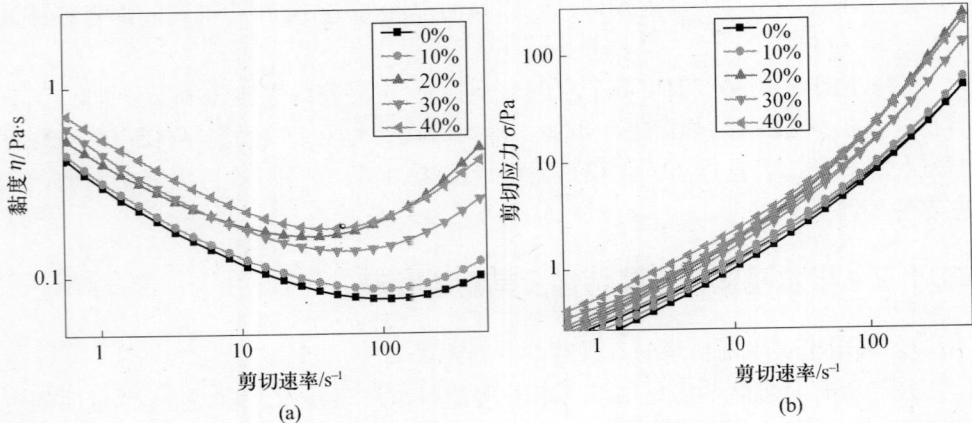

图 10-1　乙二醇溶剂加入量对半水基陶瓷料浆流变曲线的影响
（a）黏度与剪切速率的关系；（b）剪切应力与剪切速率的关系。

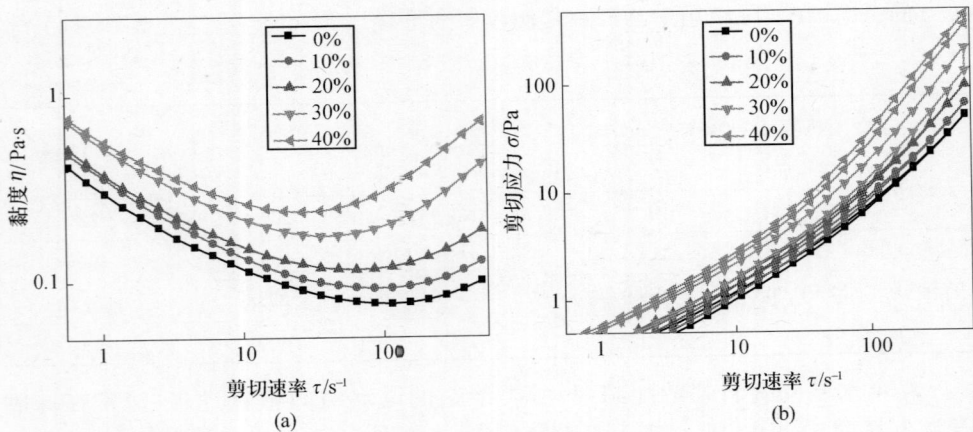

图 10-2　丙三醇溶剂加入量对半水基陶瓷料浆流变曲线的影响
（a）黏度与剪切速率的关系；（b）剪切应力与剪切速率的关系。

从以上图中可以看出半水基陶瓷料浆有如下特点：

（1）四种醇类溶剂部分替换去离子水后，料浆流变曲线的基本类型不变，与水基料浆一样，均是在较低剪切速率时为剪切变稀，而在较高剪切速率时为剪切增稠，但转折点对应的剪切速率值有所降低，且醇类溶剂加入量越高，转折点对应的剪切速率值越低。

（2）四种醇类溶剂部分替换去离子水后，都会增加料浆的黏度，但影响是有限的，在替换量不大于 40%（质量分数）和较低剪切速率条件下，54.8%（体积分数）Al_2O_3 陶瓷半水基料浆的黏度均不超过 300mPa·s，而在整个剪切速率条件下（τ <

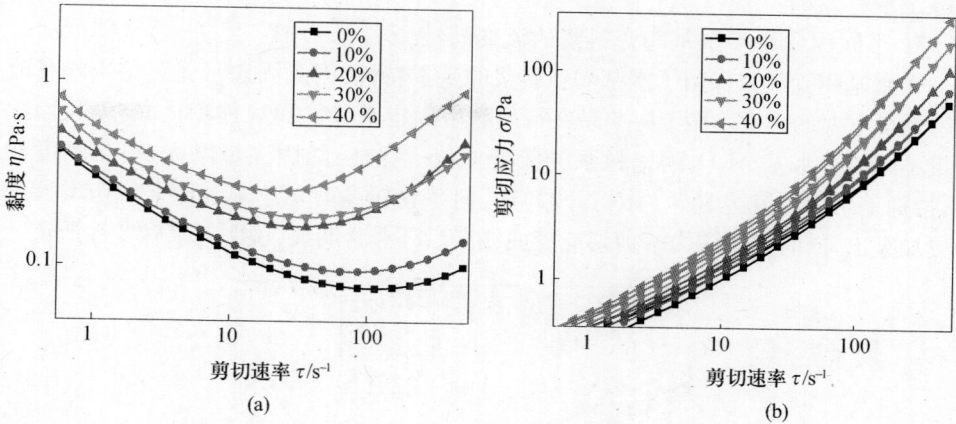

图 10-3 1,3 丁二醇溶剂加入量对半水基陶瓷料浆流变曲线的影响

（a）黏度与剪切速率的关系；（b）剪切应力与剪切速率的关系。

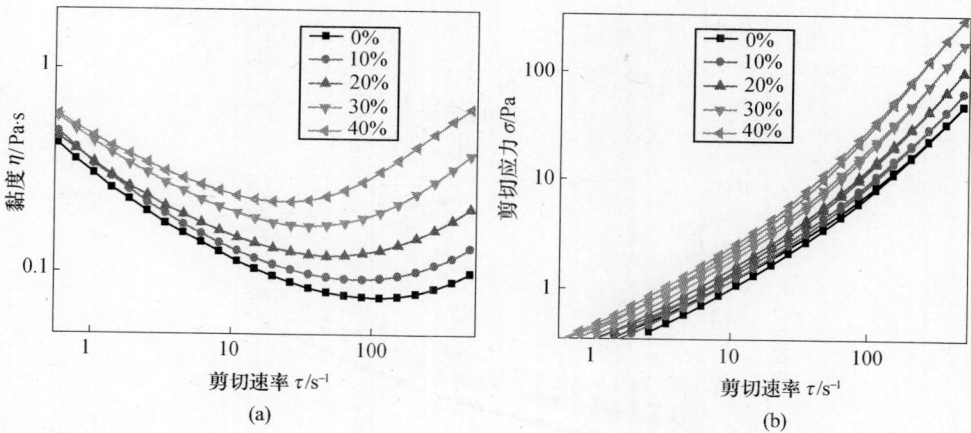

图 10-4 1,4 丁二醇溶剂加入量对半水基陶瓷料浆流变曲线的影响

（a）黏度与剪切速率的关系；（b）剪切应力与剪切速率的关系。

$500\mathrm{s}^{-1}$），半水基料浆的黏度均不超过 $1\mathrm{Pa\cdot s}$，完全可以满足注凝操作要求。

（3）在同样加入10%（质量分数）时，几种醇类溶剂对料浆流变特性的影响不大，其中以乙二醇影响最小。而加入20%（质量分数）时，以丙三醇和1,4丁二醇的影响较小。综合考虑，在半水基料浆注凝技术中，常使用乙二醇和丙三醇比较合适；

（4）丙三醇置换量达到30%～40%（质量分数）时，料浆的剪切应力—剪切速率曲线出现滞后环，说明料浆出现了一定的触变性，而其他几种醇类溶剂对料浆触变性影响较小。在实际应用中，当对料浆悬浮稳定性要求较高时，加入一定量的丙三醇是很有效的。

3. 不同固含量半水基陶瓷料浆的流变特性

半水基陶瓷料浆保留了水基陶瓷料浆的基本特性,因此固含量无疑是影响其流变特性最重要的因素。图 10 – 5 是在行星磨中固定水:乙二醇(体积比) = 9:1,而固含量不同的半水基 Al_2O_3 陶瓷料浆的流变曲线。显然,随固含量增大,料浆黏度升高,特别是当固含量达 56%(体积分数)时,料浆在较高剪切速率条件下剪切增稠现象更加突出,同时剪切应力—剪切应变曲线滞后环非常明显,说明料浆触变性严重。

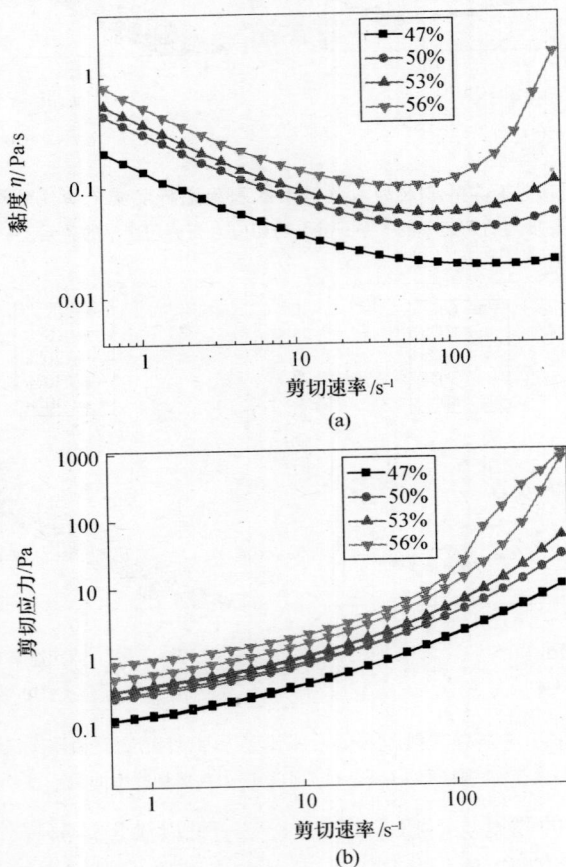

(a)

(b)

图 10 – 5　不同固含量半水基 Al_2O_3 陶瓷料浆的流变曲线

(a)黏度—剪切速率曲线;(b)剪切应力—剪切速率曲线。

4. 分散剂对半水基陶瓷料浆的流变特性的影响

水基和半水基陶瓷料浆所用分散剂相同,通常也采用 JA – 281 以减少溶剂加入量和改善料浆流动性。图 10 – 6 是在行星磨机中加入不同分散剂对水:乙二醇 =

9∶1、固含量为 56vol% Al$_2$O$_3$ 的半水基料浆流变曲线的影响。可以看出,分散剂为粉体的 0.5% ~2.0%(质量分数)范围内料浆的流变特性变化不是太大,但也存在一个最佳用量,当其用量为 1.5%(质量分数)时料浆黏度最低。

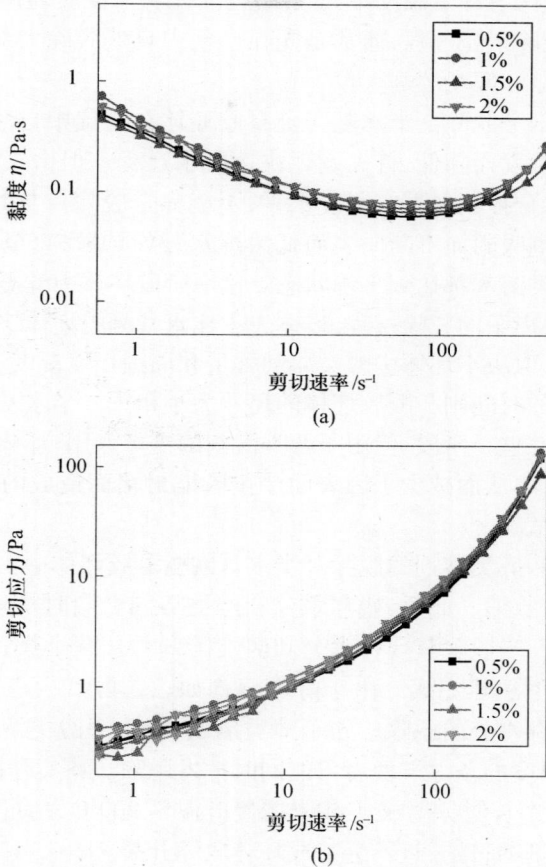

(a)

(b)

图 10 -6　不同分散剂加入量的半水基 Al$_2$O$_3$ 陶瓷料浆的流变曲线

(a) 黏度—剪切速率曲线;(b) 剪切应力—剪切速率曲线。

10. 1. 3　半水基陶瓷料浆的凝胶固化与坯体溶剂脱除

1. 半水基陶瓷料浆的凝胶固化

当醇类溶剂的用量不大时,半水基陶瓷料浆的凝胶固化过程一般不受明显影响。但催化剂和引发剂的用量比水基陶瓷料浆略多一些,而且随醇类溶剂比例的提高而增加。经验表明,加入少量醇类溶剂的正常凝胶坯体刚度更高一些,可能是由于亚甲基双丙烯酰胺交联剂在醇类溶剂中的溶解度高,凝胶坯体高分子网络交联效果更高所致。

2. 半水基凝胶坯体溶剂脱除过程

半水基陶瓷料浆注凝成型主要应用于大尺寸陶瓷零件制备,以便解决凝胶坯体能顺利完成脱水干燥过程而不发生损伤。由于凝胶坯体中同时含有去离子水和一定量的醇类溶剂,两者挥发温度不同,因此与水基料浆凝胶坯体脱水干燥过程有所不同,属于分步脱除干燥过程,通常是先在空气中自然脱除大部分去离子水,然后加热脱除残存水分和醇类溶剂。

(1)去离子水部分脱除。半水基陶瓷凝胶坯体在空气中自然干燥时,其表面水分向周围环境中蒸发而降低,首先发生快速脱水过程。但由于醇类溶剂具有吸水性,故坯体表面水分控制在一定浓度水平,不能完全脱除。与此同时,坯体内部去离子水被醇类溶剂吸附而不断向表面低浓度水分处扩散,直至坯体从内部至表面的去离子水和醇类溶剂都达到平衡状态。这一阶段坯体中醇类溶剂基本没有变化,发生的主要是去离子的脱除过程,坯体失重比水基凝胶坯体缓慢。去离子水所能降低达到的水平,取决于坯体中醇类溶剂含量和周围环境湿度、温度等条件。而达到平衡状态所需的时间则与凝胶坯体的尺寸大小相关。半水基陶瓷凝胶坯体的干燥收缩主要发生在这一阶段,但由于醇类溶剂的支撑作用,坯体的收缩率通常低于水基陶瓷凝胶坯体,从而减少了因表面严重收缩封堵而造成内部水分脱除不畅及导致坯体胀裂的危险。

(2)残存水分和醇类溶剂的脱除。半水基陶瓷凝胶坯体中去离子水大部分脱除后,坯体基本不再收缩。此后,残存水分和醇类溶剂会同时从坯体中脱除,失重有所加速。为了进一步脱除其残存水分和醇类溶剂并加快干燥过程,可以将坯体置于烘箱或微波炉中加热完成。由于醇类溶剂如乙二醇和丙三醇挥发温度高于水,从理论上讲,残存水分的脱除应先于醇类溶剂,但由于醇类溶剂对水分的强烈吸附作用,在提高温度的条件下两者可能同时挥发脱除。在实际操作时,通常将坯体在 60℃ ~80℃ 左右长时保温或从 40℃ 缓慢升温至 200℃,均可达到彻底脱除的残存水分和醇类溶剂的目的,且不会造成坯体收缩开裂。

3. 半水基凝胶坯体的实际干燥特点

(1)半水基与水基凝胶坯体干燥过程的比较。图 10 – 7 为固体体积含量为 56%,直径 20mm、高度 47mm 的水基和半水基(去离子水:乙二醇 =9:1)氧化铝圆柱试样凝胶坯体在空气中干燥过程曲线。可以看出,在第一阶段(约前 10h 左右)坯体表面水分快速脱除,两者失重情况基本相同,约为 5%。至第二阶段(10h ~ 55h)水基凝胶坯体失重明显高于半水基凝胶坯体,前者可达 13%,而后者不到 10%。说明乙二醇对水有一定吸附作用而阻碍了水分的快速脱除。之后由于半水基凝胶坯体中残留水和乙二醇可以同时挥发,导致失重速率加快,至 80h 后两种试样失重基本相同,最终半水基凝胶坯体比水基凝胶坯体失重略高,是因为乙二醇密度略高于水的缘故。

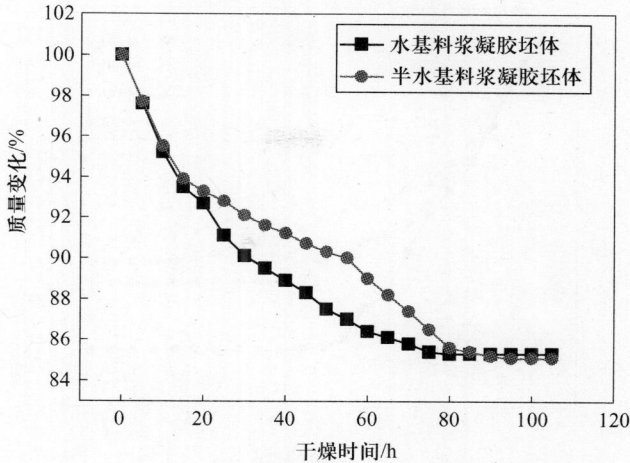

图 10-7 半水基与水基料浆凝胶坯体干燥失重曲线比较

（2）不同固含量半水基凝胶坯体的干燥特点。图 10-8 为固体体积含量分别为 47%、50%、53%、56%，直径 20mm、高度 47mm 的半水基（去离子水：乙二醇 = 9:1）氧化铝圆柱试样凝胶坯体在空气中的干燥失重过程曲线。与水基凝胶坯体相同，由于固含量越低，溶剂含量越高，则在相同时间内失重越多。但注意到不同固含量凝胶坯体达到质量恒定不变的时间有所不同，固含量越低的试样干燥过程越快。47%（体积分数）试样至 50h 左右失重已基本停止，而 53%（体积分数）和 56%（体积分数）试样至 80h 左右才能达到恒重。这是因为料浆浓度越低，其凝胶坯体中粉体颗粒堆积密度越低，颗粒间通道就越大，在有乙二醇溶剂吸附和支撑的条件下，水分沿颗粒间通道脱除也就越快。

（3）半水基凝胶坯体在不同介质中的失重情况。图 10-9 为固体含量为 56%（体积分数），直径为 20mm、高度为 47mm 的半水基（去离子水：乙二醇 = 9:1）氧化铝圆柱试样凝胶坯体在空气、乙二醇中以及聚乙二醇 PEG-600 中的短时失重过程曲线。结果表明，试样在空气中可以缓慢连续失重，8h 后失重可达约 4%。但与以往报道[4,5]的在液体介质中凝胶坯体的脱水失重规律不同，半水基凝胶坯体在乙二醇或聚乙二醇 PEG-600 中 8h 总失重仅能达到 1% 左右，至 2h~3h 后不但不再失重，反而会有稍许增重现象。这说明在上述液体介质中并不能实现凝胶坯体的干燥，最终结果可以解释为只是上述液体介质部分置换了坯体中的水分。但半水基凝胶坯体放进乙二醇或聚乙二醇液体介质中被吸附 1% 左右的水分后可以迅速定型，解决了坯体进一步干燥过程中的变形问题。

半水基陶瓷凝胶坯体脱除去离子水和醇类溶剂后的烧结过程与一般水基陶瓷凝胶坯体没有区别，也需要在 200℃~400℃ 缓慢升温排除黏结剂并于 600℃ 左右

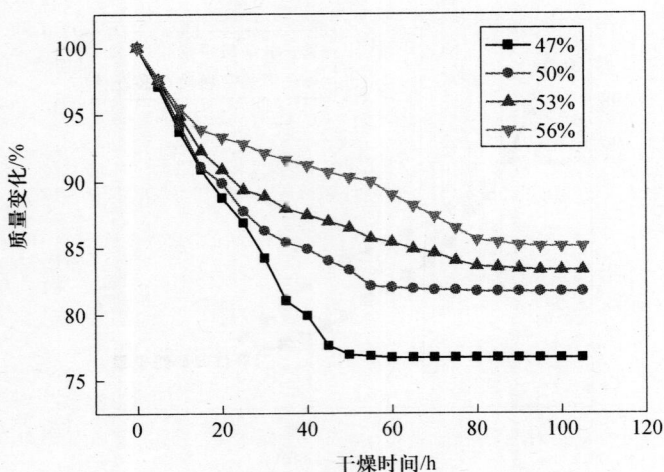

图 10-8　不同固含量半水基凝胶坯体的干燥失重曲线比较

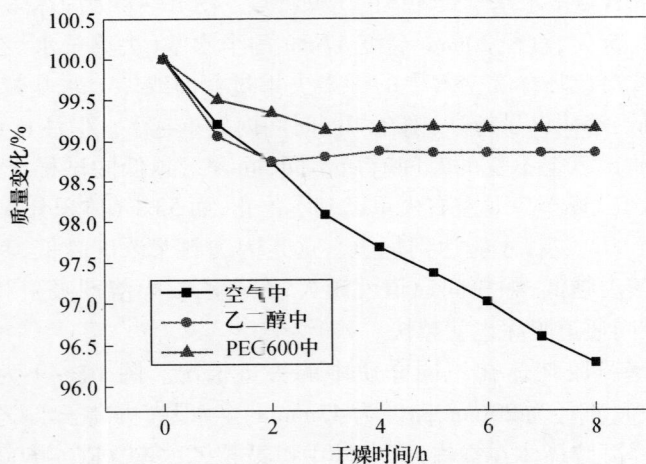

图 10-9　半水基凝胶坯体在不同介质中的失重过程曲线

保温使残碳氧化后再提高温度烧结致密化。此处不再赘述。

10.2　半水基注凝法生产整体弧形氧化铝防弹陶瓷面板

10.2.1　人体防弹衣防弹插板

　　人体防弹衣是单兵战士、武警、保安、武装押运员常用的防护装备,在目前反恐防恐形势严重的情况下使用范围越来越广泛,属军民两用产品。人体防弹衣的核心部件是防弹插板,插板材料经历了硬质金属插板、软质合成纤维插板,现已发展到第三代陶瓷/合成纤维复合插板,是目前防弹衣主要的发展方向[6]。复合插板结构如图10-10所示,系由表面止裂布、陶瓷材料面板和高分子材料背板以及两者之间过渡粘接层组成。防弹背板采用芳纶或超高分子量高强高模聚乙烯纤维无纬布(含有一定量树脂)制成,将无纬布材料剪裁、规整叠加至一定面密度的预压物,在适当的设备和模具中经过室温预压、升温压铸、放气排除无纬布层间气泡,再施加压力热压、保温,压铸完成后,将冷却水注入模具之中,使板材迅速冷却定型然后去除压力,即得到所需高分子防弹背板。防弹面板主要有氧化铝、碳化硅、碳化硼以及碳化硼/硼化钛/碳化硅复合陶瓷等材料。由于氧化铝陶瓷成本相对较低,因此对于人体防弹衣来讲,目前是最主要使用的材料。进一步将防弹陶瓷面板与高分子防弹背板通过过渡粘结层相结合,并在陶瓷面板表面粘贴一层止裂布防止陶瓷破碎时对人体的伤害,便得到第三代复合防弹插板。

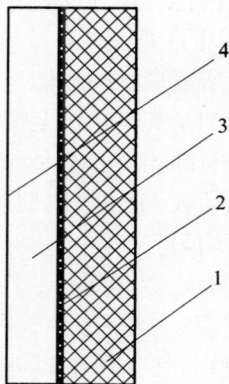

图10-10　第三代陶瓷/合成纤维复合防弹插板结构示意图
1—高分子材料背板;2—过渡粘结层;3—陶瓷面板;4—止裂布。

抗弹理论指出,子弹高速撞击陶瓷板后,陶瓷局部破碎开裂吸收子弹的冲击能而达到防弹效果。裂纹形成是由许多因素引起的,而且发生的时间十分短暂,断裂机理十分复杂。防弹性能与其密度、硬度、断裂韧性、弹性模量、抗弯强度等都有关系,任何一个性能都不能与陶瓷体防弹性能建立直接和决定性的关系,究竟材料的防弹性能与陶瓷的常规力学性能有什么关系,至今缺乏一个公认的理论,或者一套科学准确的计算方法。国内外所用的氧化铝防弹陶瓷板材质各不相同,国内普遍采用99瓷,认为硬度越高其抗弹性能越好。但是我们分析了国外几种人体防弹氧化铝陶瓷面板材质,发现俄罗斯采用92瓷,德国采用95瓷。所以研究陶瓷的配方、微观结构、常规理化性能与其防弹性能之间的关系非常重要。目前,陶瓷面板的防弹能力通常以其防护系数表示,通过在一定条件下实弹打靶后计算获得,防护系数越高说明其防弹能力越强。对于氧化铝材质而言,防护系数的先进水平约为10。

10.2.2　整体弧形氧化铝防弹陶瓷面板制备技术

1. 现有复合防弹插板的制备与发展趋势

为了获得符合人体胸部的弧形形状,我国现在的防弹插板是先制成50mm×50mm的小方块陶瓷板,再在预成型的弧形合成纤维背板上拼接粘贴成弧形插板。存在的问题一是需对每小块陶瓷匹边进行精密磨加工,使成本大幅增加,二是接缝处防弹效果不佳,存在安全隐患。另一方面,为获得高抗弹性,国内氧化铝陶瓷面板目前均采用99% Al_2O_3 材质,存在烧结温度高(约1700℃)、能耗高、对陶瓷粉体质量和窑炉设备要求很高等问题,使生产成本大幅增加。

目前,国际上先进国家如法国、美国、俄罗斯、德国一些企业已经采用了整体弧形陶瓷板制备复合式防弹插板并已纳入其制式装备,整体防弹陶瓷面板代替小块陶瓷拼接面板将成为今后人体防弹衣插板发展的趋势。而国内市场上目前还没有国产的整体弧形防弹陶瓷板生产销售,急需试制和推出以便与国际接轨。

2. 整体弧形防弹陶瓷面板的生产难点

(1)注浆成型法有可能制得所需形状的坯体,但其生产效率低下,坯体内部会产生密度梯度,影响陶瓷性能,特别是其尺寸精度难以保证。

(2)干法成型法不能避免粉料的团聚及坯体结构不均匀性的产生,而且由于防弹陶瓷板是整块有弧度的大尺寸板,干压法成型过程中造粒粉体的铺放很困难,容易造成陶瓷板的厚度和密度不均匀。

(3)等静压成型对于高300mm、宽250mm,半径400mm大尺寸的弧形陶瓷板,需要直径高达1000mm以上的超大规格等静压机成型出直径800mm的圆筒再切割,设备要求高,操作困难,成型后坯体切割容易造成边角缺损,且生产效率低下,不适于批量化生产。

(4)近年来,陶瓷坯体的水基料浆注凝成型技术得到了广泛的研究应用,该技术作为一种湿法成型工艺,又采用金属或玻璃模具,因此所得制品内部组织结构均匀、尺寸精确、表面光洁,非常适合于整体氧化铝陶瓷面板的工业化生产,但对于大尺寸陶瓷零件,水基注凝坯体脱水干燥过程中容易造成变形和开裂,至今工业化生产还不成功。

10.2.3　半水基注凝法生产整体弧形氧化铝防弹陶瓷面板工艺要点

针对上述生产方法存在的问题,我们采用半水基料浆注凝法生产整体弧形氧化铝防弹陶瓷面板,解决了大尺寸坯板的注凝成型、控形干燥和控形烧结等关键技术,取得了满意的效果。

1. 陶瓷坯板的注凝成型与控形干燥

最简单的整体陶瓷坯板注凝成型方法可以采用7.2.3节关于成型氧化铝陶瓷坯片的玻璃板组合模具,通过选择合适厚度的垫条先注凝出所需厚度的半水基凝胶平板,脱模后根据预测的收缩率用相应模板比照裁切成具有合适外形尺寸的坯板。由于未脱水的凝胶坯板是可变形弹性体，可将其置于透气的弧形石膏底托板和上压板之间压成规定的弧面形状进行控形干燥，如图 10 – 11 所示。根据实际情况可以置于室内自然干燥，也可采用烘箱干燥或微波干燥。当达到一定干燥程度时，定型后的弧形凝胶板坯基本不会再发生回弹变形，继续置于空气中彻底干燥，即可获得整体弧形陶瓷坯板。

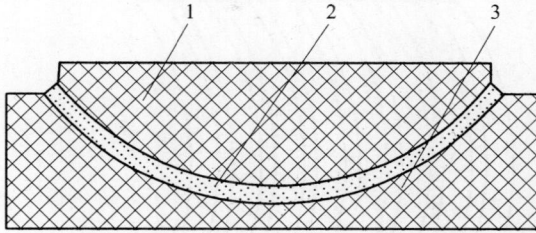

图 10 – 11　弧形陶瓷面板的控形干燥方法
1—石膏底托板；2—凝胶坯板；3—石膏上压板。

2. 弧形陶瓷面板的控形烧结

弧形陶瓷板烧结后的弧形形状是通过耐火承烧板的形状来保证的，即先要制得类似于图 10 – 11 所示的底托板形状的耐火承烧板，将彻底干燥的坯板置于承烧板上，无需上压板，烧结致密化过程中坯体收缩软化，仅依靠自重就可以形成与耐火承烧板弧面同样的形状。因此，对控形耐火承烧板的尺寸精度应严格要求，才能获得合格的产品。

3. 内外弧面等半径整体防弹陶瓷面板的设计与制备[7]

按上述控形干燥方式，需使用大量的石膏底托板和上压板，占地面积很大，且达到干燥定型的时间很长；而控形烧结时每块耐火承烧板上仅能放置一块陶瓷坯板，在实验室少量制备整体弧形防弹陶瓷面板虽然是可行的，但陶瓷板的装炉比例很少，造成耗能很高，生产效率很低，显然不能满足工业化批量生产需要。为此，我们设计了一种内外弧面等半径的整体防弹陶瓷板，可以实现多块弧形陶瓷板的叠层摆放控形烧结。

（1）内外弧面等半径整体陶瓷坯板的设计。

由于弧形陶瓷板烧结后的弧面形状是通过耐火承烧板的形状来保证的，对于截面厚度相同的坯板就不能叠层摆放烧结。分析可知，当陶瓷板厚度为 10mm，外弧面半径为 400mm 时，其内弧面半径则为 390mm，其上面一块陶瓷板的外弧面半径就变为 390mm，而内弧形半径变为 380mm，依此类推，再上面一块陶瓷板的外弧面半径就变为 380mm，而内弧面半径变为 370mm……显然无法保证叠层陶瓷板的弧面形状一致性的要求。但如果陶瓷板内外弧面半径均为 400mm，则无论其厚度如何变化，上下面弧形都不会受影响。当然，为了保证内外弧面半径相同，陶瓷板中部尺寸会略厚于边缘，这也符合其对抗弹性能的要求。

（2）内外弧面等半径整体陶瓷坯板的成型。为了用注凝法制得内外弧面等半径的整体陶瓷坯板,首先要准备内外弧面等半径的组合模板,可采用不锈钢、铝合金、塑料等遇水不锈蚀,同时具有一定厚度、夹持时不会发生变形的材料,如图10-12所示(多层弧形模板的组合与固定方式与前述之平板式组合模具基本相同,图中不再绘出)。每次可同时注凝出多块内外弧面等半径的陶瓷坯板。

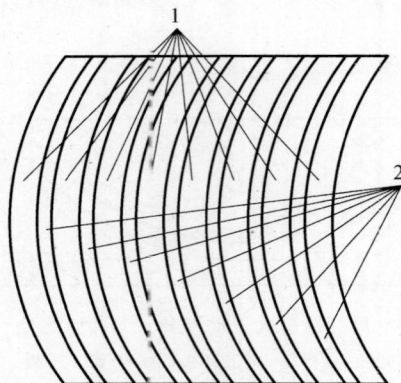

图10-12　内外弧面等半径组合模具示意图
1—内外弧面等半径模板;2—内外弧面等半径陶瓷坯板。

（3）内外弧面等半径整体陶瓷坯板的干燥和烧结。采用上述组合模具制得的凝胶坯板本身就是弧形形状,因此无需上压板控形,这为弧形凝胶坯板用烘箱干燥或微波干燥创造了条件,以便有效提高干燥速率。而在烧结时,可以将多块弧形板叠在一起,如图10-13所示,中间刷涂或喷涂一薄层高纯氧化铝粉以防止烧结致密化过程各板之间粘连。由于多块陶瓷板内外弧面半径相同,烧结后其每块形状都相同。这样大大增加了装炉量,达到节能和提高生产效率的目的。

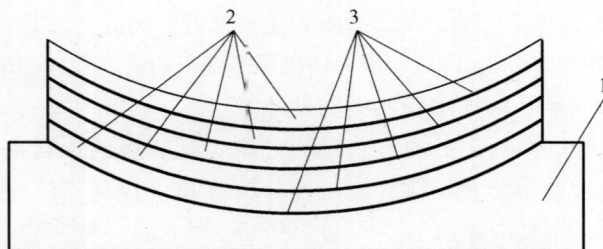

图10-13　内外弧面等半径的整体防弹陶瓷板叠层控形烧结示意图
1—控形耐火承烧板;2—多块陶瓷板;3—防粘隔离粉。

10.2.4　半水基注凝法氧化铝防弹陶瓷板的性能

前已指出,陶瓷面板的防弹能力通常以其防护系数 PF 值表示,通过在一定条件下实弹打靶对比获得,防护系数越高说明其防弹能力越强。为了获得定性分析

226

数据,我们分别制备了 92 瓷、96 瓷和 99 瓷三种不同成分的氧化铝防弹板样品,产品经中国人民解放军特种防护服装质量检测中心检测和总后军需装备研究所进行打靶试验,利用 53 式 7.62mm 弹道枪和穿燃弹进行打靶试验测试陶瓷的防弹系数,试验时射距为 6m,环境湿度 R.H 58%,室温 20℃,气压 1.035×10^5 Pa。表 10-2 为陶瓷防弹板的打靶试验参数及结果,从表中可以看出,特殊配方的 92 瓷和 96 瓷可以达到 10 以上的防护系数,均超过了正常 99 瓷的抗弹能力。尤以 96 瓷的防弹系数最高,达到 10.58,超过了目前干压 + 冷等静压成型的氧化铝陶瓷面板的抗弹水平。这与注凝成型坯体中结均匀致密,基本不存在较大缺陷有直接关系。

表 10-2　陶瓷防弹板的打靶试验参数及结果

材质	厚度 /mm	密度 /(g/cm³)	药重 /g	弹速 /(m/s)	凹陷 /mm	防护系数	平均防护系数
92 瓷	6	3.43	3.14	911.6	7.30	8.86	10.41
	6	3.42	3.14	905.8	2.00	10.90	
	6	3.43	3.14	905.8	0.44	11.46	
96 瓷	6	3.64	3.14	907.4	0.60	10.74	10.58
	6	3.67	3.14	904.6	0.96	10.53	
	6	3.67	3.14	908.7	1.12	10.47	
99 瓷	6	3.84	3.14	903.8	5.50	8.52	9.76
	6	3.77	3.14	909.9	0.64	10.36	
	6	3.75	3.14	910.3	0.70	10.39	

利用半水基注凝技术,山东合创明业精细陶瓷有限公司已能小批量生产整体弧形氧化铝防弹陶瓷面板,如图 10-14 所示。该项目得到了国家科技部科技型中小企业技术创新基金的支持,已经建成中试生产线,进而形成工业化生产能力。

图 10-14　半水基注凝法生产的整体弧形氧化铝防弹陶瓷面板

　　对整体弧形陶瓷面板的担心是子弹打击后整体破碎而不能抵抗多次打击,为此将 7mm 厚整体弧形 92 氧化铝陶瓷面板与芳纶背板按图 10-10 方式制备了复合插板,仍在中国人民解放军特种防护服装质量检测中心检测和总后军需装备研究所进行打靶实验,利用 53 式 7.62mm 弹道枪和穿燃弹进行多次打靶试验,试验时射距为 10m,弹速均为 1000m 左右,连续射击 6 次。结果全部抗住,如图 10-15 所示。撕去表面止裂布观察,每次射击造成的陶瓷面板碎裂区基本在 $\phi50mm$ 以内,说明其抗多次打击能力有效。

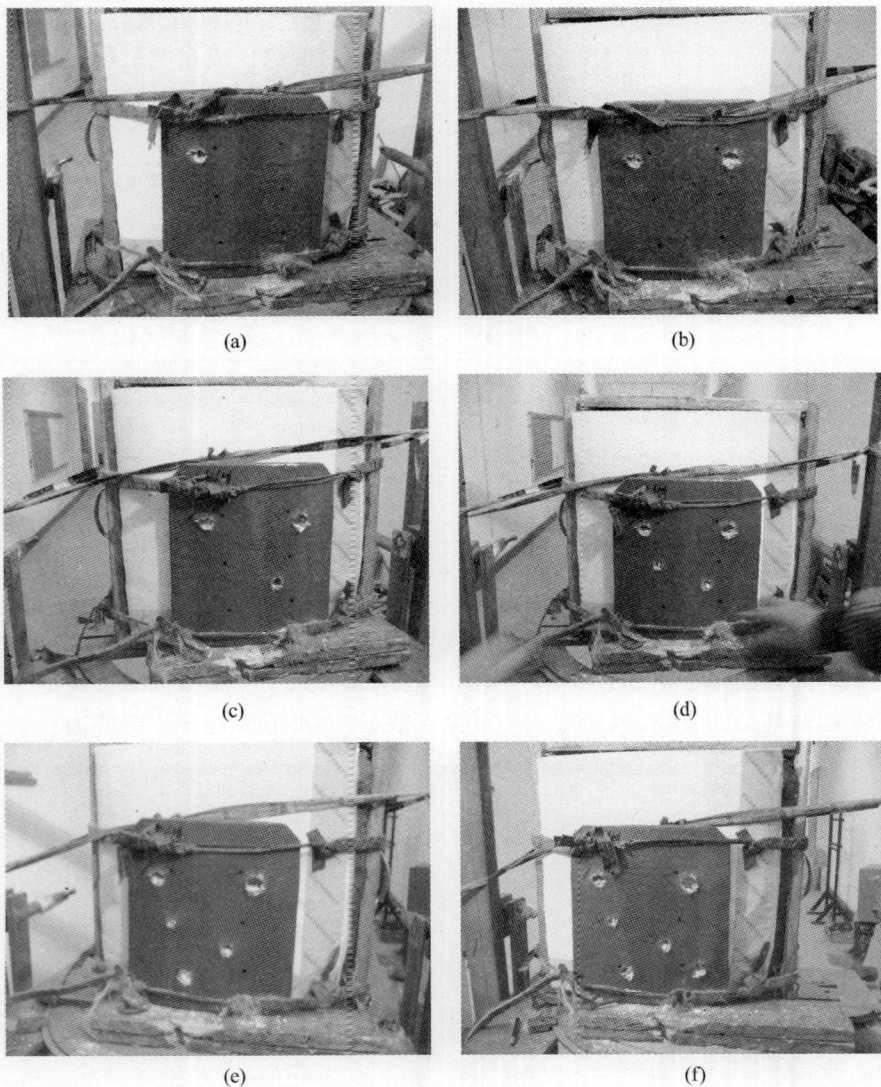

图 10-15　连续六次射击记录

(a) 第一枪;(b) 第二枪;(c) 第三枪;(d) 第四枪;(e) 第五枪;(f) 第六枪。

10.3　陶瓷材料的非水基料浆注凝技术及应用

10.3.1　陶瓷材料的非水基注凝技术简介

　　陶瓷粉体中有许多遇水会发生反应而形成氢氧化物,如氧化镁、氧化钙、氮化铝、氮化硼等,水基料浆显然难以适用于这类易水解陶瓷粉体的注凝法精密成型。半水基料浆分别将易水解陶瓷粉体在醇类溶剂中混磨而将非水解陶瓷粉体在水中混磨,然后将两者混合后短时搅拌均匀进行后续操作,虽然可减少易水解陶瓷粉体的影响,但当易水解陶瓷粉体量较大时,混合后仍会造成料浆黏度变化,特别是触变性过大,难以除气和顺利浇注。

　　有机料浆注凝成型技术可以适用于易水解陶瓷粉体的精密成型,有广泛的应用前景。但 Janney 等人的专利[3]给出的办法是采用邻苯二甲酸酯、二元酯、邻苯二甲酸二丁酯等作为溶剂,以三丙烯酸三羟甲基丙酯和二丙烯酸 1,6 – 己二酯作为聚合单体和交联剂。这些溶剂和聚合物体系本身黏度较高,难以配制出高固相含量且流动性良好的陶瓷料浆,加之价格较高,排除也比较困难,至今未见到有成功应用的报道。

　　为此,我们发明了一种新的陶瓷粉体非水基注凝成型方法[8],使用廉价的黏度较低的醇类溶剂代替水,仍采用丙烯酰胺和 $N'N'$ – 亚甲基双丙烯酰胺作为有机单体和交联剂,用于配制高固相含量良好流动性的非水基陶瓷料浆,实现了易水解陶瓷粉体的精密成型要求。鉴于几种醇类溶剂中乙二醇的黏度较低而价格便宜,我们主要采用乙二醇基陶瓷料浆,对制备氧化镁—钛酸锶钡陶瓷基板进行了应用研究[9]。

10.3.2　非水基注凝法制备氧化镁—钛酸锶钡压控陶瓷基板

　　1.　氧化镁—钛酸锶钡陶瓷

　　钛酸锶钡(BSTO)陶瓷是一种完全固溶体铁电材料[10],具有高的电容率,低介电损耗,优良的铁电、压电、耐压和绝缘性能,广泛应用于体积小而容量大的微型电容器、热敏电阻、超大规模动态随机存储器、调谐微波器件等,是一种重要的电子陶瓷材料。

　　目前,钛酸锶钡材料作为移相器材料的研究已经得到迅速开展,研究对象包括薄膜和体材[11,12],为了减小最终器件的插入损耗,要求薄膜或体材的介电损耗尽量低。此外,由于钛酸锶钡体材料的介电常数很高,一般在 1000 以上,制成移相器时需要多级匹配,造成器件损耗增加,因此对于体材还要求具有适当的介电常数,以利于移相器实现最佳的介质匹配。由于 MgO 的介电常数较低($\varepsilon \approx 9.8$),损耗也较低,BSTO 中添加 MgO 后,试样的介电常数大幅度下降,介电损耗基本上无大的变化,故选用 MgO 来降低材料的介电常数,使材料的介电常数控制在 100 左右,这样移相器更易和空间达到阻抗匹配。通过前期试验研究,选择 60% MgO - 40% $Ba_{0.6}Sr_{0.4}TiO_3$ 材料体系,并加入少量添加剂,可以达到这一要求。

铁电移相器基本原理就是利用铁电陶瓷材料在偏置电场的作用下,介电常数 ε 随电场变化而引起透过该材料的微波相位变化,以达到相控雷达的目的。差相移与微波频率、铁电材料介电常数及波导管的几何尺寸的关系,可用下列数字模型表示(以矩形波导为例):

$$\Delta\varphi = \Delta\beta L = \frac{2\pi L}{\lambda_c}\left[(\varepsilon_{(0)})^{1/2} - (\varepsilon_{(app)})^{1/2}\right] \qquad (10-1)$$

式中:$\Delta\varphi$ 为移相量(°);$\Delta\beta$ 为相位常数((°) / mm);L 为矩形波导管的长度(mm);λc 为微波波长(mm);$\varepsilon_{(0)}$ 为铁电材料在偏置电压为 $V_{(0)}$ 时对应的介电常数;$\varepsilon_{(app)}$ 为材料在偏置电压为 $V_{(app)}$ 时对应的介电常数。

由式(10-1)可知,$\Delta\varphi$ 的变化不仅与微波传输频率、波导管的长度有关,而且与材料介电常数随偏置电场变化而引起介电常数变化的差值有关。也就是说,可采用一种介电常数随偏置电场变化较大的铁电材料以达到缩小相移器的体积、满足更高频率微波传输、精确控制相移的目的。因此要求铁电材料的可调率高、线性度好,此外还要求材料的介电常数适中以便于实现阻抗匹配,同时保持材料小的微波介电损耗以降低器件的插入损耗。

2. 乙二醇基陶瓷料浆配制及其流变特性

(1)乙二醇基陶瓷料浆的配制。采用第 4.2 节自制的钛酸锶钡($Ba_{0.6}Sr_{0.4}TiO_3$)和市售分析纯超细氧化镁(MgO)为主原料,按照 60% MgO - 40% $Ba_{0.6}Sr_{0.4}TiO_3$ 主材料体系,外加少量市售分析纯超细碳酸锰($MnCO_3$)、氧化铈(CeO_2)、氧化镧(La_2O_3)和 4000 目的氧化硅(SiO_2)为添加剂,以乙二醇为溶剂,加入适量自制分散剂,混合配制成固相质量含量 50% 的非水基料浆。另加入原料重量 2.5%、比例为 20:1 的有机单体(丙烯酰胺)和交联剂(N', N'-亚甲基双丙烯酰胺),置于行星磨内球磨 2h,即得到所需的乙二醇基陶瓷料浆。

(2)不同固含量对料浆流变特性的影响。图 10-16 为不同固相质量分数非水基钛酸锶钡/氧化镁复合陶瓷料浆的流变特征曲线。从图 10-16 (a)可以看出:随着固相质量含量的增加,料浆在相同剪切速率下的剪切应力值逐渐增大,料浆流动性变差。从图 10-16 (b)可以看出:料浆在初始剪切速率($<5s^{-1}$)时,表现为剪切变稀,之后开始表现为剪切增稠,当固含量升高时其剪切增稠尤为严重。总的来看,料浆呈现胀流体的特征。体系中固相含量高,有利于脱模和降低烧结收缩,不易产生开裂,而且烧成后的产品强度高;若含量过高,体系黏度过大,料浆流动性差,会降低球磨效果,造成混料不均,影响最终产品的均匀性,因此应用中需兼顾高固相含量和良好流动性。实际选用固相质量含量 50% 的料浆进行试验。

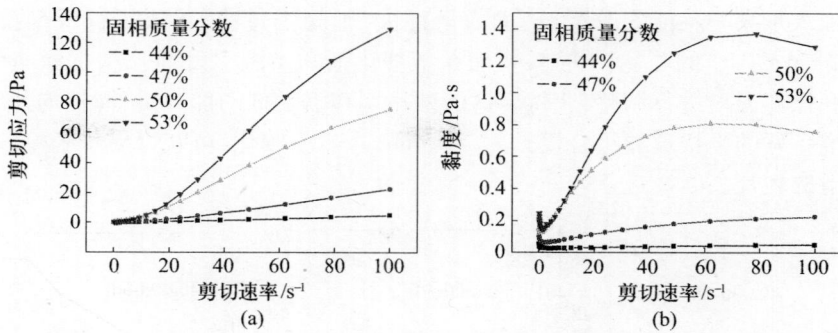

图 10-16　不同固相质量分数料浆的流变特征曲线

（a）剪切应力—剪切速率的关系；（b）黏度—剪切速率的关系。

（3）不同分散剂用量对料浆流变特性的影响。图 10-17 是固定固相质量含量为 50%，以变化分散剂含量占氧镁含量比例而得到的乙二醇基陶瓷料浆的流变特征曲线，由图 10-17（a）可以看出：该系列陶瓷料浆的剪切应力随剪切速率的升高而增大；相同剪切速率下，随着体系中分散剂加入量的增加，剪切应力值逐渐增大。由图 10-17（b）可知：固相质量含量为 50% 时，该类型分散剂对于体系黏度的改善效果不大。今后的研究中，应该进一步合成或寻找新型、高效的分散剂，这成为进一步扩大非水基陶瓷注凝技术应用的关键问题。

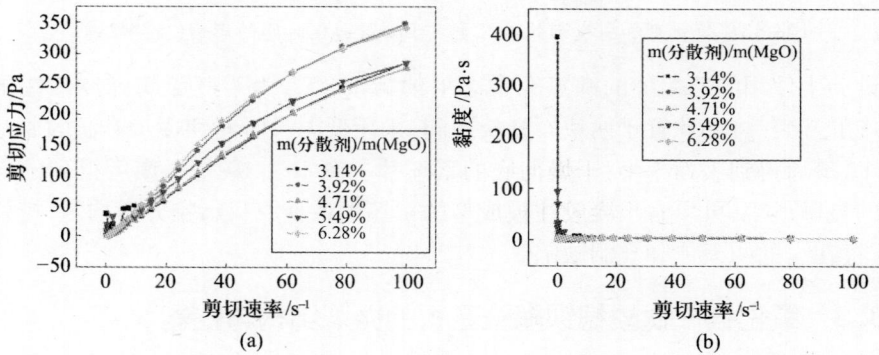

图 10-17　不同分散剂含量料浆的流变特征曲线

（a）剪切应力—剪切速率的关系；（b）黏度—剪切速率的关系。

3. 乙二醇基陶瓷料浆的凝胶化与干燥

通过流变特性测定选取固相含量高流动性好的陶瓷料浆真空除气后进行注凝成型，取一定质量的陶瓷料浆，固定催化剂与引发剂的比例为 3:2，考察引发剂和催化剂的用量对于料浆凝胶化时间的影响。由图 10-18 可以看出：一定质量的陶瓷料浆，随着引发剂催化剂加入量的增加，温度突增点前移，凝胶时间缩短。实际操作中加入量太小不能充分凝胶,加入量过大,则凝固过快,无法进行成型操作。
选取 40g – 6d – 4d 的配比(40g 料浆加 6 滴催化剂和 4 滴引发剂),根据料浆的实
际质量和操作温度进行调整,获得合适的催化剂和引发剂的加入量,搅拌均匀后注
入预先准备好的平板玻璃组合模具内,经 5min 左右凝胶化,可获得易于脱模、表面
平整光滑的坯片。

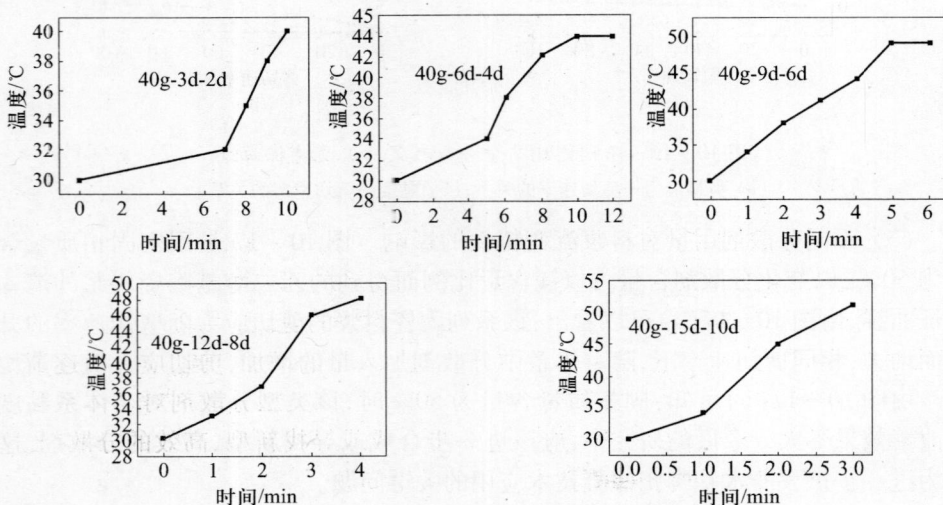

图 10 – 18　催化剂和引发剂的加入量对于凝胶固化时间的影响(室温 28℃)

　　试验中使用的乙二醇的沸点在常态下约为 198℃,为了避免陶瓷坯片在干燥
过程中的开裂,将坯片置于两块石膏板之间,采用低温长时间和逐步升温的原则进
行烘干,最后得到表面平整、干燥彻底的素坯片。图 10 – 19 是干燥后得到的陶瓷
坯体的显微形貌,可以看出凝胶注模成型的素坯中各种原料颗粒分布均匀,排列紧
密,不存在大的团聚体和孔洞缺陷。

10.3.3　氧化镁—钛酸锶钡陶瓷基板的微观结构与性能

　　1. 陶瓷基片的微观形貌及相结构分析
　　将干燥彻底的陶瓷素坯片在 1250℃ ~1350℃不同温度下进行烧结试验,最终
确定 1300℃下保温 2h 烧结效果最佳。经计算,料浆固相含量为 50%(质量分数)
时,陶瓷坯片烧结收缩率为 38.6% ~41.7%。经排水法测量样品的密度达到
4.14g/cm³,达到理论密度 99% 以上。力学性能测试表明,其抗弯强度可达
192.7MPa,完全可以满足后续表面和周边机械加工的要求。
　　图 10 – 20 是 1300℃烧结后的陶瓷基片断口的 SEM 照片,可以看出,晶粒尺寸
为 3μm ~5μm,内部结构致密,质地均匀,说明经 1300℃高温烧结即可合成内部结

图 10 - 19 干燥素坯表面的 SEM 形貌

构致密的钛酸锶钡/氧化镁基片。对陶瓷基片的抛光表面进行 XRD 分析,其 MgO
和 BSTO 特征峰均仍保留,无其他杂相和新相生成,如图 10 - 21 所示,说明在烧结
温度下两者并不发生反应。

图 10 - 20 钛酸锶钡/氧化镁复合陶瓷基片断口的 SEM 照片

2. 陶瓷基板的介电性能

本研究中铁电材料的主成分采用的是钛酸锶钡,而钛酸锶钡的介电常数的温
度系数是非常大的,这制约了其使用范围。为了改善材料的温度系数,可以从材料

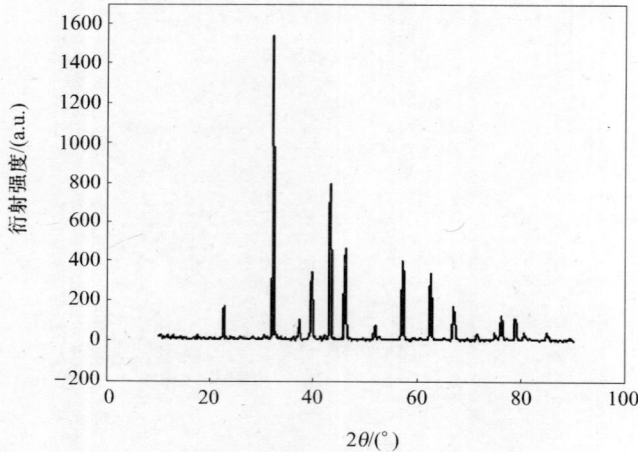

图 10 - 21　钛酸锶钡/氧化镁复合陶瓷基片抛光表面的 X 射线衍射图谱

配方上加以调整,采取钛酸锶钡与氧化镁复合的基础配方,在此基础上添加多元稀土元素和助烧剂等来制备介电性能满足要求的陶瓷材料。

钛酸锶钡/氧化镁陶瓷烧结体是一个两相体系,该体系的介电常数取决于两相的介电常数、体积浓度以及相与柜之间的配置情况。两相体系的情况符合混合物法则[13],设两相的介电常数分别为 ε_1 和 ε_2,体积浓度分别为 x_1 和 $x_2 (x_1 + x_2 = 1)$,当两相混合时,系统的介电常数 ε 可以利用混合物法则表示为

$$\varepsilon_r = x_1\varepsilon_1 + x_2\varepsilon_2 \tag{10 - 2}$$

通过 MgO 的掺杂降低铁电陶瓷材料的介电常数并寻找复相陶瓷介电常数与 MgO 相含量之间的函数关系式,实际测定了不同 MgO 含量下材料的介电常数和可调率,如表 10 - 3 所示。

表 10 - 3　MgO 掺杂与 BSTO/MgO 陶瓷材料介电性能的关系

MgO 分数/%		54	56	58	60	62
MgO 分数/%		62. 45	64. 76	67. 07	69. 39	71. 70
介电常数		122. 3	109. 7	102. 2	96. 2	91. 7
可调率/%	Tu@2kV/mm	5. 25720	4. 64378	4. 55751	4. 22449	4. 51656
	Tu@3kV/mm	8. 70415	8. 54601	7. 57931	8. 51418	8. 56295
	Tu@4kV/mm	12. 8514	12. 6121	12. 4842	11. 4632	11. 7234

根据表 10 - 3 数据绘制出图 10 - 22,经一元线性拟合得到 $Ba_{0.6}Sr_{0.4}TiO_3/MgO$ 铁电材料的介电常数 ε_r 与 MgO 体积浓度的函数关系式为

$$\varepsilon_r = -322.93X + 321.02 \tag{10 - 3}$$

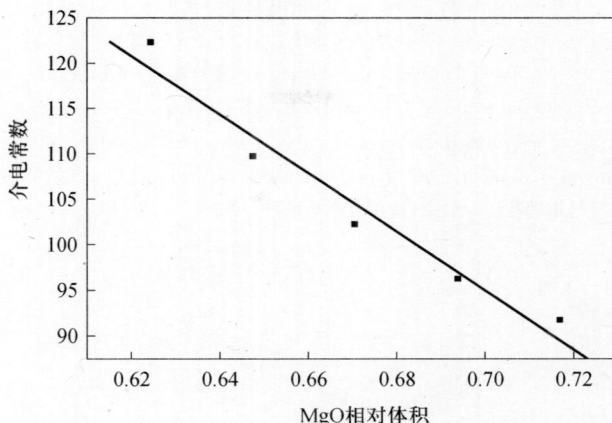

图 10 – 22　$Ba_{0.6}Sr_{0.4}TiO_3/MgO$ 陶瓷烧结体的介电常数与 MgO 掺杂的关系

根据式(10 – 3)可知,当选取 MgO 的体积分数为(68.23 ± 3.10)% 时,所得到的 $Ba_{0.6}Sr_{0.4}TiO_3/MgO$ 陶瓷烧结体的静态介电常数为 100 ± 10。该关系式对于精确控制复相陶瓷体的介电常数有很大的意义。另外,从表 10 – 3 的数据中还可以看出:随着 MgO 含量的增加,可调率总体呈缓慢下降趋势,且随着外加电压的增加,可调率大幅上升,可达到 12%(4kV/mm)。

参 考 文 献

[1]　Janney M A, Omatete O O. Method for Molding Ceramic Powders Using a Water-Based Gel Casting. U. S. Patent:5028362,1991.

[2]　陈大明,刘晓光,全建峰,等 . 陶瓷坯体的半水基注模凝胶法精密成型方法 . 中国发明专利:ZL200410090865. 8,2004. 11.

[3]　Mark A Janney. Method for molding ceramic powders. U. S. Patent :4894194,1990.

[4]　郑志平,周东祥,胡云香,等 . BaTiO₃半导瓷注凝成型坯体的干燥研究 . 华中科技大学学报(自然科学版),2005,33,(7):50 – 53.

[5]　杜蛟,高雅春,尚晓娴,等 . 超细 ZrO_2 注凝成型液体干燥及烧结研究 . 陶瓷学报,2009,30(4):499.

[6]　胡晓兰,王东,石毓炎,等 . 用于人体防护装甲的纤维复合材料的研究 . 纤维复合材料,2000(2).

[7]　陈大明,高礼文 . 整体孤形大尺寸氧化铝防弹陶瓷板及其模具和制法 . 中国发明专利,申请号:201110088420. 6. 2011. 4.

[8]　焦春荣,陈大明,全建峰 . 陶瓷坯体的非水基注模凝胶精密成型方法,中国发明专利,申请号:201010562173. 4,2010. 11.

[9]　Jiao Chunrong, Chen Daming and Tong Jianfeng. Study on the Preparation of the Barium Strontium Titanate/Magnesium Oxide Plates by Non-aqueous Gel-casting [J]. Key Engineering Materials. 2010, 434 – 435:794 – 797.

[10] Mu Kunchang, Sui Wanmei, Luan Shijun, et al. Preparation and properties of $Ba_{0.6}Sr_{0.4}TiO_3$ powder and ceramics[J]. Piezoelectectrics & Acoustooptics. 2008,30(2):218 - 220.

[11] Wang Xiaohong, Lü Wenzhong, Liu Jian, et al. Influence of MgO on Structure and low-frequency properties of $Ba_{0.6}Sr_{0.4}TiO_3$ ferroelectric ceramics[J]. Journal of the Chinese Ceramic Society,2004,32 (6):738 - 742.

[12] Wang Jiangying, Yao Xi, Zhang Liangying, et al. Preparation and dielectric characterization of $Ba_xSr_{1-x}TiO_3$ ceramics by sol-gel technique[J]. Functional Materials. 2004,2(35):212 - 217.

[13] 关振铎. 无机材料物理性能. 北京:清华大学出版社,1992.

第 11 章　水溶性环氧树脂体系发泡注凝法制备多孔陶瓷

11.1　多孔陶瓷的结构与性能

11.1.1　多孔陶瓷及其分类

1. 多孔陶瓷(porous ceramics)

多孔陶瓷的主要性能在于具有较高的气孔率、较大的表面积以及可以调节的气孔形状、孔径和气孔在三维空间的分布等,是一种用途广泛、发展前景广阔的新型陶瓷。多孔陶瓷具有良好的化学稳定性、热稳定性、抗腐蚀性和较高的机械强度。利用其孔的均匀透过性,可以制造各种过滤器、分离装置、流体分布元件、混合元件等;利用其发达的比表面积,可以制成各种多孔电极、催化剂载体、热交换器等;利用多空陶瓷吸收能量的性能,可以制成各种吸声材料、减振材料等;利用多空陶瓷材料低的密度、低的热传导性能,还可以制成各种保温材料、轻质结构材料等。其应用已经遍及冶金、化工、环保、能源、生物等各个部门。随着材料学界的进步,这成为一个非常活跃的研究领域。多孔陶瓷的应用范围仍在不断的进一步发展,应用前景十分乐观[1,2]。

多孔陶瓷由其特殊的材质及结构,具有以下一些共同特性[3]:

(1) 化学稳定性好,通过材质的选择和工艺控制,可制成适用于各种腐蚀环境的多孔陶瓷制品;

(2) 热学性能好,具有良好的耐急热、急冷性能,用耐高温材料制成的多孔陶瓷可过滤熔融钢水或高温燃气;

(3) 机械强度和刚度高,即在气压、液压或其他压力负载下,孔道形状与尺寸不会发生变化;

(4) 几何比表面积与体积比高;

(5) 多孔陶瓷制品的孔道尺寸分布范围较宽,可在 $0.005\,\mu m \sim 600\,\mu m$ 的范围内变化。

2. 多孔陶瓷的分类

目前,多孔陶瓷无统一分类,可以按照材质不同,孔径大小,孔洞形状等进行分类。

（1）按材质不同，主要分为以下几类[3]：

① 硅质硅酸盐材料。主要以硬质瓷渣、耐酸陶瓷渣及其他耐酸的合成陶瓷颗粒为骨料，具有耐水性、耐酸性。恒用温度可达700℃。

② 铝硅酸盐材料：以耐火粘土熟料、烧矾土、硅线石和合成莫来石质颗粒为骨料，具有耐酸性和耐弱酸性，使用温度可达1000℃。

③ 粘土质材料：组成接近铝硅酸盐材料，以多种粘土熟料颗粒与粘土等混合，得到微孔陶瓷材料。

④ 硅藻土质材料：主要以精选硅藻土质为原料，加粘土烧结而成，用于精滤水和酸性介质。

⑤ 纯碳质材料：以低灰分煤或石油沥青焦颗粒，或者加入部分石墨，用稀焦油粘结烧制而成，用于耐水、冷热强酸、冷热强碱介质以及空气消毒、过滤等。

⑥ 刚玉和金刚砂材料：以不同型号的电熔刚玉和碳化硅颗粒为骨料，具有耐强酸、耐高温特性，耐高温可达1600℃。

⑦ 董青石、钛酸铝材料：因其热膨胀系数小，广泛用于热冲击的环境。

⑧ 其他：采用工业废料、尾矿和石英玻璃或普通玻璃为原材料制成的材料。

（2）按照孔形态结构，通常将多孔陶瓷分为以下三类：

① 开气孔型多孔陶瓷[4]：指于气孔占优的多孔陶瓷，主要是利用其气孔与外界相通，比表面积大的特点，作为吸附、催化、吸声、载体等功能材料使用，如图11-1（1）所示。

② 闭气孔型多孔陶瓷[5]：主要以封闭气体为主的多孔陶瓷，如图11-1（2）所示，可应用其闭口气孔的特点，用作隔热、保温、隔声等。

③ 贯通气孔型多孔陶瓷，可以认为是开气孔的特殊类型，又分为两种：一种是二维贯通型孔洞，如图11-1（3-A）[6]所示，包括蜂窝陶瓷；另一种是三位贯通型孔洞，气孔之间相互连接形成三维孔洞，如图11-1（3-B）[7]。通常用作过滤、分离、渗透、催化剂载体等功能材料。

此外，根据孔隙尺寸的大小，在分子催化、吸附与分离领域，可以将多孔陶瓷材料分类为微孔材料（孔隙直径≤2nm）、介孔材料（2nm≤孔隙直径≤50nm）、宏孔材料（孔隙直径≥50nm）三类[1]。然而因为使用多孔材料的规则是多种多样的，这种分类方式并未得到广泛应用。对于颗粒材料成型的多孔陶瓷材料，常把孔隙分为微孔（孔隙直径≤2nm）、小孔（2nm≤孔隙直径≤50nm）、中孔（10nm≤孔隙直径≤100nm）、大孔（100nm≤孔隙直径≤100μm）、超大孔（孔隙直径≥100μm）五类。

11.1.2 多孔陶瓷的结构

1. 多孔陶瓷的结构模型

多孔陶瓷是由众多的气孔在空间通过各种方式排列而成的一类材料，可大致

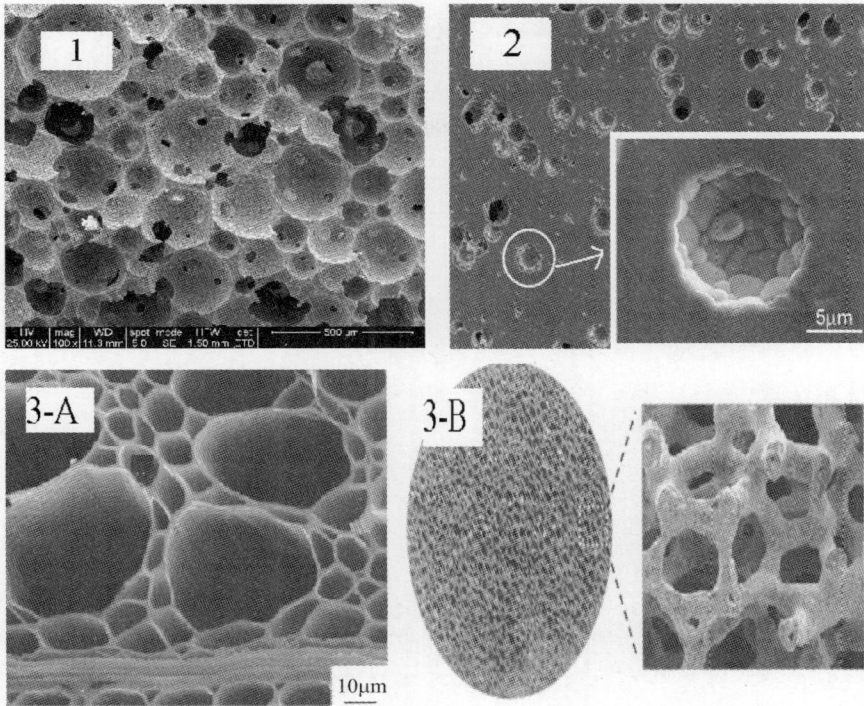

图 11 - 1　不同孔结构多孔陶瓷微观形貌

分为两类:蜂窝状(honey-comb)和泡沫状(Foam)多孔陶瓷。蜂窝结构的气孔单元形状一般为三角形、四方形、六方形,排列相对比较单一。泡沫状多孔陶瓷的结构比较复杂,组成泡沫结构的孔单元结构形状可以是四面体、三棱柱、四方棱柱、六方棱柱、八面体、正十二面体及正十四面体等。Euler 规则[8]将气孔单元(三维)每面的平均棱数(n)与面的数目(f)联系起来,建立了泡沫多孔陶瓷的理想孔模型,如图 11 - 2 所示。该模型指出了不管泡沫是什么形状,大多的泡沫面具有五个棱。如对十二面体、正十二面体和二十面体,n 值分别为 5.0、5.14 和 5.4。

2. 多孔陶瓷的结构表征

(1)相对密度。多孔陶瓷的一个重要结构性质是它的相对密度,即多孔体的体积密度(ρ)与组成多孔体的棱和面的固体物质的理论密度(ρ_t)之比,多孔体的气孔率则为 $1 - \rho/\rho_t$。对于多孔陶瓷,这一定义常会遇到麻烦,因为它们中的棱和面并不常常是理论致密的。许多开孔(网眼)陶瓷的棱是空心的,甚至固体部分在更细的层次上还含有气孔。因此,在很多情况下,相对密度采用多孔体的体积密度(ρ)与棱和面的实际密度(ρ_s)之比,即用于计算 ρ/ρ_s 时包含了棱与面中的气孔。当棱与面中含有气孔时,$\rho/\rho_t < \rho/\rho_s$。较低密度的陶瓷泡沫的相对密度与结构存在

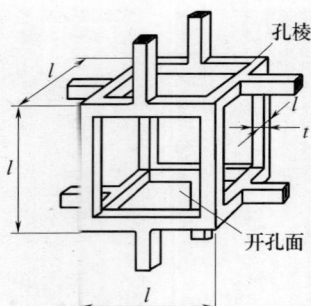

图 11 - 2　泡沫多孔陶瓷的理想孔模型

如下简单关系：

$$\frac{\rho}{\rho_s} = C_1 \left(\frac{t}{l}\right)^2 \tag{11-1}$$

$$\frac{\rho}{\rho_s} = C_2 \left(\frac{t}{l}\right) \tag{11-2}$$

式中：t 是棱和面的厚度；l 是棱长度；C_1 和 C_2 为数字常数。多孔陶瓷的力学性能、热性能、介电性能、渗透性能等都可以直接或间接通过它的相对密度来描述。

（2）孔径与孔径分布。多孔陶瓷的孔径及孔径分布是其重要的性质之一，对其他一系列性质（如渗透速率、透气度、滤过性能等）影响显著，因而其表征方法倍受关注，测试方法很多。较为常用的有压汞法、气体吸附法、显微观测法、核磁共振法、热孔计法等，最近又发展了小角散射法。

（3）显气孔率和容重。试样中开口孔隙（指大气相通的气孔）的体积与试样总体积的百分率称为显气孔率。试样干燥质量与试样总体积之比，称为容重（g/cm^3）。显气孔率与容重对多孔陶瓷的热性能与力学性能有较大影响，一般情况下，显气孔率越大，容重越小，多孔陶瓷的隔热性能越好而抗压强度和抗弯强度等力学性能则越差。

（4）渗透速率。多孔陶瓷的液体渗透速率是指在 9800Pa 压差条件下，每秒钟通过厚度为 1cm^2 的多孔陶瓷试样的液体流量，液体渗透速率是多孔陶瓷作为过滤和分离设备时的两个重要性能。

（5）透气度。多孔陶瓷制品的透气度是指室温下，在压力差为 9.8Pa 时，1 小时内以层流状态通过厚为 1cm、面积为 1m^2 多孔陶瓷制品的空气量（m^3）。

11.1.3　多孔陶瓷的性能

1. 多孔陶瓷的力学性能

将多孔陶瓷的力学行为进行数学分析并与它们的显微结构相联系起来是十分

有益的。这样的过程有利于预测材料性能,不仅对设计过程有帮助,也有利于发现控制形变过程的关键性参数。Gibson[9]将复杂的泡沫结构简化成如图 11-2 所示的结构形式,通过简化的几何结构,对大多数的多孔材料的关键力学性质如弹性系数、拉伸、压缩强度和断裂韧性等均可推导出数学表达式。表 11-1 为多孔陶瓷的力学性能数学表达式。

表 11-1　多孔陶瓷的力学性能数学表达式

力 学 性 能	数 学 表 达 式	
弹性模量	$\dfrac{E}{E_s} = C_3 \left(\dfrac{\rho}{\rho_s}\right)^2$	(11-3)
剪切模量	$\dfrac{G}{E_s} = C_4 \left(\dfrac{\rho}{\rho_s}\right)^2$	(11-4)
断裂韧性	$\dfrac{K_{ic}}{K_{ics}} = C_5 \left(\dfrac{\rho}{\rho_s}\right)^{1.5}$	(11-5)
抗拉强度	$\dfrac{\sigma_{ft}}{\sigma_{fs}} = C_6 \sqrt{\dfrac{L}{a}} \left(\dfrac{\rho}{\rho_s}\right)^{1.5}$	(11-6)
抗压强度	$\dfrac{\sigma_{fc}}{\sigma_{fs}} = C_7 \left(\dfrac{\rho}{\rho_s}\right)^{1.5}$	(11-7)

在表 11-1 的式中:E_s、K_{1cs}、σ_{fs} 分别为固体孔筋(骨架)的弹性模量、断裂韧性和强度;L、a 分别为孔尺寸和缺陷尺寸;C_i 为常数。

对于任何脆性固体,在拉伸时的断裂场都是由主要的缺陷控制。这种缺陷的扩展方式可由断裂机制的方法进行计算,剔除显微缺陷如气孔、裂纹和夹杂物等可使孔筋强度明显提高,增加相对密度也可提高压缩、拉伸时的弹性模量,脆性断裂应力等。

2. 多孔陶瓷的热性能

研究表明,多孔材料的热传导主要与它的孔径和相对密度有关。如果仅考虑孔径和相对密度对热传导的影响,则它的热导率可以用下面的经典方程来表达,即

$$\lambda_f = C\lambda s \left(\frac{L}{t}\right)^r \left(\frac{\rho}{\rho_s}\right) \tag{11-8}$$

式中:C、r、q 均为常数。这时多孔陶瓷的热震阻力可以表示如下[10]:

$$VTc = AVT_{cs} \left(\frac{L}{t}\right)^r \left(\frac{\rho}{\rho_s}\right)^{q-\frac{1}{2}} \tag{11-9}$$

式中:A 为常数。研究表明,网眼多孔陶瓷的孔尺寸是影响它热震性能的主要因素,并且热震损伤程度随孔径的减小而增加,也就是大孔径的材料比小孔径的材料

具有更好的热震性能。

多孔陶瓷一个重要的应用就是作为隔热材料,而多孔材料的隔热性能强烈依赖于它的相对密度。为了获得最佳隔热性能,需要对材料的相对密度进行优化。对于开孔材料的优化相对密度可以由下式来确定:

$$\left(\frac{\rho}{\rho_s}\right)_{opt} = \frac{l}{l_s t}\ln\left[\frac{41\beta l\sigma_t^2 \overline{T^3}}{\frac{2}{3}\lambda_s - \lambda_g}\right] \qquad (11-10)$$

式中:l_s为吸收常数,其余各个参数的物理意义与热导率部分一致。

3. 多孔陶瓷的电性能

多孔陶瓷具有较高的电阻和较低的介电损耗,当导电材料泡沫化时,其电阻率升高,电导率会随着相对密度而线性地增加,多孔材料的电阻 R 与致密材料的电阻 R_s 及它的相对密度存在如下关系:

$$R \in \frac{R_s}{\dfrac{\rho}{\rho_s}} \qquad (11-11)$$

多孔材料的介电常数 ε 与致密材料的介电常数 ε_s 的关系如下:

$$\varepsilon = 1 + (\varepsilon_s - 1)\left(\frac{\rho}{\rho_s}\right) \qquad (11-12)$$

损耗因子随密度的增大而线性增加,这是因为损耗因子是功耗因数乘以介电常数,而介电常数又是随密度的增大而线性增加的缘故,多孔材料的损耗因子 D_ε 与致密材料的损耗因子 $D_{\varepsilon s}$ 的关系如下:

$$D_\varepsilon = D_{\varepsilon s}\left(\frac{\rho}{\rho_s}\right) \qquad (11-13)$$

泡沫陶瓷材料的电磁屏蔽性能远比常用含铁粉和含铜粉的涂料优良,对高频电磁波具有优良的屏蔽作用。

4. 多孔陶瓷的声性能

泡沫多孔陶瓷具有良好的吸声性能,可制备良好的吸声器。当空气压入或抽出多孔结构中时会产生粘滞损耗,封闭表面大大减小吸收,材料内存在着内在的阻尼耗散,大多数金属和陶瓷都具有低的内在阻尼能力,一般为 $10^{-6} \sim 10^{-2}$。用于吸声材料的多孔陶瓷要求有较小的孔隙尺寸($20\mu m \sim 150\mu m$)、较大的孔隙率(60%以上)及较高的机械强度。声在介质中传播常数 γ 是描述材料声学特性的重要参数,与多孔陶瓷的结构参数之间的关系为[11]

$$\gamma = \frac{kQ}{1 + 0.5Q/(1+\sqrt{Q})^2} + ik(1+Q) \qquad (11-14)$$

$$Q = \frac{1-H}{HD}\sqrt{\frac{200\mu}{k\rho_0 C_0}} \qquad (11-15)$$

式中:Q 为结构特性参数;H 为气孔率;D 为孔径。

5. 多孔陶瓷的渗透性能

多孔陶瓷的渗透性与其强度密切相关,提高强度就会降低渗透性,但要提高渗透性就会使多孔陶瓷在使用过程中发生断裂,所以在多孔陶瓷设计和制备的过程中要考虑最优化设计。为了优化多孔陶瓷的渗透性和强度,Salvini[12]等提出了相关的优化参数 OP,即

$$OP = \frac{\sigma_i \sum p_{max}}{\sigma_{max} \sum p_i} \qquad (11-16)$$

式中:σ_i、$\sum p_i$、σ_{max}、$\sum p_{max}$ 分别为试样的强度和在流体速度下测得的压头及其最大值。

11.1.4　多孔陶瓷的应用

1. 冶金铸造

多孔陶瓷在铸造业中的一个非常重要应用就是用作熔融金属过滤器。多孔陶瓷过滤器净化金属液体的机理除了机械和反应过滤外,更重要的是对金属液起整流作用,这种作用使得金属液渣包被破坏,延长渣上浮时间,达到净化金属液的作用[13]。自从 20 世纪 60 年代中期多孔陶瓷过滤器首次用于处理铝合金以来,陶瓷材料的发展及浇铸操作技术的提高已使它们的应用扩大到包括熔模精密铸造、钢铸造工业及工业铸件等方面,即提高它们的力学性能,降低铸件废品率,提高铸件工艺出品率,延长金属切削加工刀具寿命等。多孔陶瓷过滤器在钢的连铸中的应用使钢水的洁净度和产量得到提高,不仅降低了非金属夹杂物含量,而且有效地减少了水口堵塞。近年来,工业发达国家所有的铸件几乎全部采用多孔陶瓷型内过滤浇铸工艺,并把此项工艺作为生产优质铸件的关键技术。

2. 石油化工

对于具有连通气孔的多孔陶瓷,当通过流体时,骨架对流体具有很好的接触、搅拌效果以及阻挡大颗粒的作用。这些特性使得多孔陶瓷在化工生产中具有重要应用,如除臭装置等用的催化剂载体、气体吸收塔、蒸馏塔的填料以及流化床中的过滤器等。利用多孔陶瓷向液体中吹入反应气体,用吹氧方法培养微生物等。利用多孔陶瓷制成的酸性溶液电解用隔膜,可以防止电极间生成的物质与电解液相混合,提高电解效率。

3. 食品加工

由于多孔陶瓷过滤液体时,没有溶出物,不会污染食品。因此,制糖和酿造工业使用预涂层多孔陶瓷过滤器进行最后阶段的精密过滤,进行啤酒、醋、酒的精加工。用这种方法精密过滤生啤酒时,可省掉加热处理工序,与其他方法相比,啤酒味道更美。

4. 能源领域

由于高开气孔率多孔陶瓷具有较大的表面积、密度低、热阻大等特性，使得它在能源领域中获得重要应用，如用作固体热转换元件、多孔燃烧器。将多孔陶瓷换热元件置于燃烧气体通路中，能吸收排气中的热，然后以固体辐射的形式辐射到加热炉一侧，回收余热，可大幅度节能燃烧消耗量。多孔陶瓷燃烧器具有耐高温、使用寿命长等优点，它不仅节能，而且可以减少 NO_x 的排除物，是近年来发展起来的新型技术，具有十分诱人的应用前景。

5. 环保领域

多孔陶瓷在环保领域中的一个重要应用就是作为汽车尾气催化净化器，不仅可以收集柴油机排出的黑烟颗粒，还可以将废气中的 CO 转化为 CO_2，NO_x 转化为 N_2，C_nH_m 转化为 H_2O 和 CO_2。在核电工业中，从原子能发电厂产生的大量放射性废物中，大部分是可燃物，因此，需要经燃烧使其变为在化学上稳定的灰。在燃烧过程中，放射性固体颗粒混入高温废气中排除，利用多孔陶瓷可以收集放射性的固体颗粒，进行再燃烧，实现净化处理，这样保管起来既安全又经济。

废水废液处理是多孔陶瓷另一重要应用方向，多孔陶瓷可对溶液中的有毒重金属离子进行吸附分离，并能对污水进行脱色处理。王士龙[14,15]等采用多孔陶瓷分别处理含铅和锌废水，铅和锌的去除率均达 98% 以上，取得了令人满意的效果。文会超等[16]采用孔径为 200nm 的氧化锆膜，在操作压力为 0.1MPa、操作温度为 40℃ 的条件下对脱脂液废水进行处理，取得了满意的处理效果。此外，它还可以用于高温废气的净化器、污水处理散气装置以及控制噪声的吸声材料等。

6. 建筑领域

由于多孔陶瓷具有优良的耐火性和耐气候性，通常作为隔声降噪材料用于高层建筑、地铁、隧道等防火要求极高的场合，以及电视发射中心、电影院等有较高隔声要求的场合，并取得了很好的效果[17]。

7. 生物领域

网眼型多孔陶瓷与人体的海绵骨具有近乎相同的三维网状结构。由于这种多孔网状结构能使骨组织长入孔隙中，使种植体与生物体之间产生更为牢靠的固定，所以多孔生物陶瓷材料特别是网眼多孔羟基磷灰石材料将成为非常重要的骨移植材料，并成为当前无机生物材料研究中的热点。

8. 金属/陶瓷复合材料

多孔陶瓷在铸造业中的另一个重要应用就是用于制备金属/陶瓷复合材料。方法之一是用铸造方法在预制多孔陶瓷中浇入金属制备金属基/陶瓷复合材料，由于这类材料比普通铸件具有较大的阻尼系数，它将为机械工程解决振动问题提供了一条新的途径[18]；另一方法是利用多孔陶瓷前驱体浸渍液体金属法制备高体分比高导热轻质金属基/陶瓷复合材料，在电子封装领域有重要的应用前景[19]。

244

11.2 多孔陶瓷的制备方法

11.2.1 多孔陶瓷的常用制备方法

1. 有机泡沫浸渍陶瓷浆料法

该法由 Schwartzwalder 等于 1963 年提出,其原理是利用具有开孔三维网状骨架、可燃尽的有机泡沫为多孔载体,将陶瓷料浆或前驱体均匀地涂覆于其上,干燥后在高温下燃尽载体材料而形成孔隙结构。选择有机泡沫首先要考虑孔径大小,另外泡沫的恢复力要大,气化温度要低于陶瓷的烧结温度,在加热分解时不产生应力。通过不断挤压排除泡沫中的空气,使料浆浸入泡沫中,然后去掉多余的料浆。最简单的方法是用两块木板挤压浸渍了料浆的泡沫,大批量生产可用离心机或滚轧机。该工艺简单、成本低,适于制备高气孔率(70%~90%)多孔陶瓷,是目前高气孔率泡沫陶瓷理想的制备方法。多孔陶瓷的孔尺寸主要取决于有机泡沫的孔尺寸、表面性质和浆料涂覆厚度。王辉等[20]详细介绍了利用聚氨酯泡沫浸渍陶瓷浆料法制备多孔陶瓷的研究进展。

该方法存在一个较大的局限性,即制品的空隙结构尤其是孔径取决于所选有机泡沫体的空隙结构和孔径大小。而目前所能用的有机泡沫体的网眼尺寸是有限的,这就制约了所得多孔陶瓷产品的孔径和结构。另一方面,该法只能制备开气孔的多孔陶瓷,孔的形状受有机泡沫的限制。挂浆很难控制均匀,因此造成空壁的厚度不均匀,而且会造成堵孔的现象。

2. 发泡法

发泡法是向陶瓷组分中添加有机或无机化学物质,在处理过程中形成挥发性气体,产生泡沫,经干燥和烧成制得多孔陶瓷。悬浮液中泡沫的产生方法可以通过机械发泡、注射气体发泡、放热反应释放气体发泡、低熔点溶剂(如氟里昂)蒸发发泡、发泡剂分解发泡等。利用陶瓷料浆进行发泡来制备多孔陶瓷是一种比较经济的方法,由此得到的产品通常都有较高的强度,这是一个十分诱人的特点。与有机泡沫浸渍法相比,发泡法更容易制得一定形状、组成和密度的多孔陶瓷,且可以制出小孔径的闭气孔,这是有机泡沫浸渍法做不到的。

气泡的形成与最终稳定之间存在着时间间隔,一些气泡可能收缩消失,一些气泡可能会合并成较大的气泡。泡沫薄膜可能将保持完整直至稳定,如果这些封闭的泡沫没有破裂则形成闭孔结构;这些泡沫部分或全部破裂则形成开口结构。当过大的气泡出现时,薄膜裂开,泡沫即消失。因此,只有对发泡的悬浮体进行凝固如注模凝胶、溶胶—凝胶等技术才能使泡沫结构稳定,并使泡沫有一定的使用寿命,从而获得多孔陶瓷。

一种改进的发泡工艺被发展,它是将制备聚氨酯泡沫的原料和陶瓷泥浆按一定的工艺要求进行混合,这样在陶瓷泥浆中就可以产生聚氨酯泡沫,而陶瓷组分则均匀分布在这些泡沫的骨架(孔筋上)中,经烧结后可以得到网眼多孔陶瓷[21]。Binner 等人[22]报道了采用一种表面活性剂 Decon75 使用机械搅拌方法形成泡沫,再与陶瓷浆料混合,并加入琼脂(Agar)作为泡沫稳定剂,获得了相对密度小于15%的开孔羟基磷灰石陶瓷泡沫。Sepulvedal[23]用有机发泡剂 Triton X114 和 Tween 80 将 Al_2O_3 粉末的悬浮液形成泡沫,利用丙烯酸胺原位聚合加固这种结构,烧结后制成的多孔 Al_2O_3 的密度为理论密度的6%,孔径范围为 $30\mu m \sim 600\mu m$。

3. 添加造孔剂法

该法通过在陶瓷配料中添加造孔剂,利用造孔剂在坯体中占据一定的空间,在烧结过程中,造孔剂离开基体而形成气孔来制备多孔陶瓷。由此法可以制得形状复杂、空隙结构各异的多孔制品。添加造孔剂可以使烧结制品既具有高的气孔率,又具有很好的强度,但气孔分布均匀性不够理想。为了使造孔剂均匀地分布在坯体中以获得气孔分布均匀的多孔陶瓷,通常采用湿法球磨工艺。由于造孔剂的密度一般小于陶瓷原料的密度,而且它们的粒度大小往往不同,采用单一的球磨往往难以解决混料均匀性问题。为了改善混料的均匀性,可采用两种混料方法:一种方法是,如果陶瓷粉末很细,而造孔剂颗粒较粗或造孔剂溶于溶剂中,可以将陶瓷粉末与粘结剂混合造粒后,再与造孔剂混合。另一方法是将造孔剂和陶瓷粉末分别制成悬浮液,再将两种浆料按一定比例喷雾干燥达到均匀混合的目的。

该工艺的关键在于造孔剂种类和用量的选择,多孔陶瓷空隙的体积含量、尺寸和分布等取决于这些易消失相的数量和尺寸,并且开气孔率随着造孔剂用量的增大而提高。造孔剂的基本要求是在加热过程中易于排除,有无机和有机两类。无机造孔剂有碳酸铵、碳酸钙、氯化铵等高温可分解盐类以及各类碳粉。有机造孔剂主要是一些天然纤维、高分子聚合物和有机酸等,如锯末、淀粉、甲基丙烯酸甲酯等。利用这种方法制成的多孔陶瓷种类很多,主要有羟基磷灰石,莫来石、$\alpha - Al_2O_3$ 和 ZrO_2 等。王建[23]以萘粉为造孔剂,以 $\beta -$ 磷酸三钙和生物活性玻璃为主要原料制成了气孔率为75%的多孔 $\beta -$ 磷酸三钙。采用淀粉为造孔剂,国外已成功制备出气孔率90%,孔径大小 $10\mu m \sim 30\mu m$ 可控的多孔氧化铝陶瓷材料。

一些熔点较高,但可溶于水、酸或碱溶液的各种无机盐或其他化合物如 Na_2SO_4、$CaSO_4$、$NaCl$、$CaCl$ 等也可作为造孔剂。该类造孔剂的特点是在基体陶瓷烧结温度下不排除,待基体烧结后,用水、酸或碱溶液浸出造孔剂而成为多孔陶瓷[24],这类造孔剂特别适用于玻璃质较多的多孔陶瓷或多孔玻璃的制备。

4. 固相堆积烧结法

它是利用原料在固相烧结过程中的化学反应或烧结行为特性,通过控制原料颗粒大小和烧结工艺得到多孔陶瓷。在骨料中加入相同成分的微细陶瓷颗粒,由于微细颗粒易于烧结的特点,在一定的温度下将大颗粒连接起来,由于每一粒骨料

仅在几个点上与其他颗粒发生连接,因而形成大量三维贯通孔道。固态烧结法制备多孔陶瓷的主要实现途径有以下几种:

(1) 控制原料配比和粒度法。任强[25]以石英和长石为主要原料,通过控制原料粒度和配比,制成孔径为 $7\mu m - 20\mu m$、弯曲强度在 28MPa 以上、气孔率为 35% ~ 40% 的多孔陶瓷。

(2) 氧化键合法。She[26]以 SiC、Al_2O_3 和石墨粉为原料,经过氧化键合技术制成了气孔率为 36.4%、弯曲强度为 39.6MPa 的多孔 SiC,SiC 颗粒通过烧结过程中形成的莫来石连接起来。

(3) 部分烧结法:Yang[27]采用部分烧结技术制成了气孔率为 50% ~ 70%、弯曲强度 20MPa ~ 100MPa 的多孔 Si_3N_4/SiC 纳米复合材料。

(4) 中空球烧结法:闭孔陶瓷通常可由中空球直接法烧结制备多孔陶瓷。它是利用原料中含有孔洞的特点,采用低温烧结或加入添加剂的方法使原有气孔保留下来而形成多孔陶瓷的技术。该法主要取决于烧结助剂和烧结工艺,通过干压成型时要采取适当的压力以防压碎球体。

5. 挤出成型法

挤出成孔工艺是制备蜂窝陶瓷最普遍采用的制造方法之一。将制备好的泥条通过一种具有蜂窝网格结构的模具挤出成型,经过烧结就可以得到最典型的蜂窝陶瓷,因而可以根据需要对孔形状和孔大小进行精确设计。同时,该工艺的发展受成型模具制备技术的限制。目前,我国已研制出并生产使用的蜂窝陶瓷挤出成型模具达到了 400 孔/英寸² 的规格。

11.2.2 多孔陶瓷的新型制备方法

1. 溶胶—凝胶(Sol-gel)法

Sol-gel 法具有步骤简单、工艺成熟、孔径可调、气孔分布均匀等优点,适合微孔陶瓷特别是微孔陶瓷薄膜的制备。Sol - gel 法按照前驱体的不同可分为醇盐路线和非醇盐路线两种。前者以正丙醇盐、异丙醇盐、叔戊醇盐、正(异)丁醇盐等为原料,后者以氯氧化物、氯化物、硝酸盐、硫酸盐等为原料。

但该方法仅限于能发生水解—缩聚反应的体系,陶瓷种类受到一定限制。奚红霞等[28]用异丙醇铝制成了孔径为 8nm 的 $\gamma - Al_2O_3$ 中孔膜。Jin[29]将正硅酸乙酯加入酚醛树脂中进行水解,硝酸镍作为孔调节剂,形成凝胶后经碳热还原反应生成孔径为 10nm 的介孔 SiC。

2. 模板法

模板法是一种利用具有所需要形状并可在烧结时去除的物质作为成孔剂,可以精确控制孔结构、孔径大小及其分布的技术,目前主要有以下几种途径:

(1) 有机泡沫堆积法。采用堆积粒状树脂,使陶瓷浆料流入堆积体所形成的空隙,然后干燥成型[30,31],所得制品孔隙率可达 95% 左右,孔径可由树脂颗粒的粒径来调节,根据球体堆积原理,选择尺寸相同的球粒子尽可能形成立方或者六方紧密堆积,避免两球分离而在其间形成薄膜,造成开口气孔率下降。

(2)聚合物共混法。它是制备多孔碳的一项新技术,其原理是共混物的一种组分热解后生成碳,其他组分可完全分解消失而得到孔隙结构。Patell[32]利用聚乙烯/酚醛树脂共混物制成了孔径为几个微米的多孔碳。其中聚乙烯热解后可完全消失,酚醛树脂作为碳前驱体。

(3)低分子模板法。Kresge 等[33]在 Nature 杂志上首次报道了一种名为 MCM – 241 的有序介孔材料就是利用低分子模板法制成的。它是一种新型纳米结构材料,具有孔道呈六方有序排列、孔径可在 2nm ~ 20nm 范围内连续调节、比表面积大和热稳定性高等特点。

(4)聚合物模板法。利用核壳结构的模板作用是聚合物模板法制备多孔陶瓷的一项最新技术。它利用胶体絮凝方法制成聚合物为核、陶瓷为壳的核壳结构,经煅烧去除聚合物球,生成多孔结构。Tang 等[34]以单分散的粒径为几百纳米的聚甲基丙烯酸甲酯聚合物球为模板,经聚丙烯亚胺改性的陶瓷纳米颗粒(Al_2O_3,TiO_2 和 ZrO_2)为陶瓷材料,制成了聚合物/陶瓷核壳复合材料,经煅烧制成孔径可控的纳米级多孔陶瓷。

(5)木材模板法。在模板法制备多孔陶瓷的方法中,以木材为模板制备多孔陶瓷是新出现的一个方向。得到的多孔陶瓷主要是具有木材显微结构的多孔碳或碳化物陶瓷。前者主要是利用热固性树脂浸渍木材或木质材料后经高温炭化制成的新型多孔碳素材料;后者以木炭为模板,通过反应性熔融渗 Si 法、气相反应性渗入法和碳热还原法等[35]制备,气孔率范围为 20% ~ 80%,它依赖于木材种类和制备方法。

(6)纤维模板法。具有定向排列连续空隙的多孔陶瓷最常用的制备方法之一[36]。首先将棉线等易去除的纤维(或纤维束)拉经料浆而涂覆一层陶瓷料浆,然后由涂覆线的缠绕制得生坯,通过干燥、烧结即可得到空隙定向排列的开口多孔陶瓷。其中空隙尺寸可通过棉线直径来调节,孔率可通过料浆的固体粉末浓度来调节。采用此方法可以制备 Al_2O_3、Si_3N_4 和 SiC 等多孔陶瓷产品。Zhang 等人[37]通过把棉线浸渍到浆料中,制备了单向排列的多孔 Al_2O_3,其弯曲强度可达(155 ± 20)MPa,孔径为 $165\mu m$,气孔率为 35%。

3. 冷冻—干燥法

冷冻—干燥法是在水基料浆中通过冰冻作用控制冰生长方向完成水基陶瓷浆料的冻结,然后在低压下干燥使冰升华而得到多孔陶瓷的一项技术。该法具有收缩率小、烧结过程容易控制、孔密度范围大、相对好的机械特性和环境适应性等特点。改变初始料浆的浓度,可得到较大范围的气孔率。

Fukasawa 等[38]用冷冻—干燥工艺制备出单峰孔（10μm）和双峰孔（10μm 和 0.1μm）的多孔 Al_2O_3，其孔径分布和微观结构受起始料浆浓度、烧结时间、冷冻和烧结温度的影响。Yamamoto[39]以间苯二酚和甲醛为原料在弱碱水溶液中进行缩聚反应，随后进行冷冻，得到酚醛树脂低温凝胶，再经干燥和热解后得到了孔径小于 10 nm 的介孔碳。

4. 前驱体热分解反应法

是一种利用前驱体骨料加热时会分解挥发去除一些物质，或通过在多孔载体上进行化学反应得到多孔陶瓷结构的技术，近年来得到了很大的发展。

（1）前驱体热分解法。Yanagisawa 等[40]将 Ti 的醇盐制成含水 TiO_2 的粉末，然后在压力作用下加热分解，得到多孔 TiO_2。分解温度和压力是影响产物性能的最主要因素，当温度为 100℃ ~ 350℃，压力为 20MPa ~ 60MPa 时，气孔率为 60% ~ 80%，孔径范围为 5μm ~ 150μm。

（2）有机泡沫热解—化学气相渗透法。Aoki[41]直接使硅气体与多孔碳反应制备了保持多孔碳外形的多孔 SiC。Ohzawa[42]等以 $SiCl_4$ – CH_4 – H_2 为气源，采用脉冲化学气相渗入法在有机泡沫热解得到的多孔碳的孔隙表面形成 SiC 涂层，制成了孔径为 10μm、弯曲强度为 20MPa ~ 33 MPa 的多孔 C/SiC 复合材料。

（3）有机泡沫浸渍陶瓷前驱体法。Colombo[43]利用羟甲基硅氧烷浸渍聚氨酯泡沫制成 SiOC 陶瓷泡沫，其孔径范围为 300μm ~ 600μm。在此基础上，通过加入致孔剂聚甲基丙烯酸甲酯微珠，制成了孔径为 8μm 的 SiOC 泡沫。

（4）聚合物泡沫直接烧成法。Perdigon 等[44]利用硼烷胺、聚硼烷和氨基硼烷及其衍生物制造聚合物泡沫，经烧结分解反应形成 BN 泡沫。Kimt[45]以聚碳硅烷为原料，利用物理发泡法（饱和 CO_2）制成了聚硅烷泡沫，经烧结得到孔径范围为 1μm ~ 10μm 的多孔 SiC。

（5）泡沫前体反应法

Sepulveda[46]采用热固性有机泡沫进行热分解，制得网状碳质骨架，然后通过 CVD（或 CVI）法涂覆一层由气态前驱体分解而成的陶瓷材料，沉积厚度为 10μm ~ 1000μm，沉积层完全致密，晶粒尺寸 1μm ~ 5μm，这样制品的强度两倍于采用有机泡沫浸浆法制的相应的多孔陶瓷的强度。

5. 注凝成型法

注凝成型法制备多孔陶瓷的方法有两种：一种是添加造孔剂，通过凝胶，干燥，烧除造孔剂来制得多孔陶瓷，该工艺的特点是利用在坯体中占据一定空间的易挥发性物质离开基体而成气孔来获得多孔陶瓷。该类工艺的优点在于通过优化造孔剂形状、粒径和制备工艺条件能精确设计气孔的形状、尺寸和气孔率，但其缺点是难以获得高气孔率制品。另一种是加入表面活性剂，在密闭的容器中（避免与氧气接触）通过机械的搅拌发泡，再加入引发剂等化学物质促进聚合作用，干燥后烧除聚合物，陶瓷基体基本达到致密。此方法已成为一种近似网状复杂形状先进陶瓷的新型发泡方法。此类工艺的特点是通过气相扩散到陶瓷悬浮体中来获得多孔结构的。悬浮体一般包括陶瓷粉末、水、聚合物结合剂、表面活性剂和促凝剂。泡沫悬浮液可以通过机械发泡、注入气流、利用化学反应产生的气体或溶解的低熔点溶剂的挥发等途径获得。

但是丙烯酰胺体系注凝成型工艺的基本原理是有机物单体发生碳自由基聚合反应，反应过程中产生的碳自由基遇到空气中的氧会与之结合而失去活性，使得链式反应不能继续进行，从而导致与空气接触的坯体发生开裂和剥离现象。为了获得无缺陷的陶瓷素坯，通常可在发泡和注凝成型的过程中加入惰性气体保护。唐竹兴等人[47]发明的氧化铝泡沫陶瓷的制备方法就是一种在氮气氛保护下，以丙烯酰胺体系注凝工艺实现的，制得了密度为 $0.4g/cm^3$、强度为 10MPa 的多孔氧化铝泡沫陶瓷。但气氛保护装置和惰性气体的使用无疑增加了操作的复杂性和成本，限制了此方法的推广应用。此外，苏鹏等人[48]以高分子多糖明胶为胶凝剂制备了 SiC 泡沫陶瓷，气孔率最高可达 92%，当其体积密度为 25% 时，抗弯强度达到了 25.2MPa。该工艺的优点是无氧阻聚问题，可在空气中操作，但此类胶凝剂需在加热条件下制备陶瓷料浆和发泡，通过冷冻才能定型，增加了工艺难度。

比较几种主要的制备多孔陶瓷的方法，如表 11-2 所列。

表 11-2　多孔主要陶瓷制备方法比较

方法	孔径尺寸/mm	孔隙率/%	优点	缺点
有机泡沫浸渍	0.1~5	70~90	高气孔率,强度较好	不能制备闭气孔,样品形状受限制,密度不均匀
添加造孔剂	0.01~1	<50	孔型和孔径可控	气孔分布均匀性差,难制备高气孔率制品
发泡	0.01~2	70~90	气孔率高,可制造高比例闭气孔的制品	原料要求高,工艺不易控制
溶胶—凝胶	2nm~100nm	30~95	适于制备微孔、薄膜,气孔分布均匀	原料受限制,生产效率低,形状受限制
挤压成型	>1	<70	孔形状均匀,适用于批量生产	难以制备小孔径制品
模板	可控	可控	孔型、孔径、孔隙率可控	原料和制造成本高,气孔分布均匀性差
冷冻—干燥	0.01~0.5	<50	孔分布均匀,原料成本较低	工艺成本高,控制困难,生产效率低
前驱体热分解反应	可控	可空	孔型、孔径、孔隙率可控	原料和制造成本高,生产效率低
固相堆积烧结	>0.1	20~30	容易加工成型,强度高	气孔率低
注凝成型	发泡法>0.05,造孔剂>0.01	20~90	制备复杂零件,气孔率可控,坯体强度高	氧阻凝,设备要求复杂

11.3　发泡注凝法制备高气孔率多孔陶瓷

由表 11-2 可以看出,注凝成型法具有很大的优势,可以将添加造孔剂和机械搅拌结合起来制备多孔陶瓷材料,保证了高孔隙率,并且具有很好的强度,但是对于丙烯酰胺体系注凝技术而言,氧阻凝限制了它的发展。在空气环境中,反应过程中产生的碳自由基遇到空气中的氧便会迅速与之结合形成稳定的过氧自由基,体系中自由基失去活性,使得链反应不能继续进行,结果导致与空气接触的表面料浆(也包括料浆内部气泡周围的料浆)出现氧阻聚现象,这是丙烯酰胺体系用于陶瓷注凝成型的一个普遍存在的问题。本书虽然已提出了许多抗氧阻聚问题的方案,解决了一般陶瓷坯体的成型,但用该体系制备多孔陶瓷,特别是用发泡法制备高气孔率多孔陶瓷时,注凝操作必须在氮气、氩气等非氧气氛的装置中进行。这样无疑会增加装置成本,降低生产效率,并使操作复杂化。因而寻求一种不存在氧阻凝的注凝材料体系,将大大提高注凝成型法的应用范围。

基于防氧阻聚问题,毛小健等人[49]最近发明了一种水溶性环氧树脂体系的陶瓷坯体水基注凝成型技术,进行了比较系统的研究和具体应用,并将该技术应于泡沫陶瓷的制备[50]。

11.3.1　水溶性环氧树脂及其固化剂[51]

1. 水溶性环氧树脂

环氧树脂是泛指含有两个或两个以上环氧基,以脂肪族、脂环族或芳香族有机化合物为骨架并能通过环氧基团反应形成热固性产物的高分子低聚体。当聚合度为零时,称为环氧化合物。大多数环氧树脂都不溶于水,只溶于芳香烃及酮类等有机溶剂。要使环氧树脂具有水溶性,其分子中必须含有足够的羟基、羧基、氨基、酰胺基或醚基等强亲水性基团。所需亲水性基团数量与亲水基团的极性大小、树脂结构以及平均相对分子质量有关,氢键的存在会使树脂与水分子发生缔合,从而会改善其水溶性。

目前,水溶性环氧树脂主要是脂肪族缩水甘油醚,是由两个或两个以上环氧基与脂肪链直接相连而成,其分子结构里含有羟基、醚基等基团,没有苯环、脂环和杂环等环状结构。故这类树脂粘度很小,被大量地作为活性稀释剂。典型的水溶性环氧树脂如表 11-3 所列。

表 11 - 3   几种典型的水溶性环氧树脂

树脂名称	环氧当量/ (g/mol)	黏度/ Pa·s(25℃)	水溶率[①]%
乙二醇缩水甘油醚	135	0.015	95
乙二醇缩水甘油醚	112	0.015	100
聚乙二醇 400 缩水甘油醚	280	0.090	100
丙二醇缩水甘油醚	150	0.020	75
聚乙二醇 200 缩水甘油醚	205	0.025	85
丙三醇缩水甘油醚	141	0.145	99
三羟甲基丙烷缩水甘油醚	145	0.175	20
双甘油缩水甘油醚	155	0.500	92
山梨醇缩水甘油醚	170	10.000	50

①环氧树脂的水溶率是指 10 份树脂在 100 份水中能溶解的比例

2. 环氧树脂固化剂及其加成聚合反应

（1）多胺固化剂。在环氧树脂应用中，固化剂是十分重要的。固化剂按用途可分为常温固化剂和加热固化剂。环氧树脂高温固化时一般性能优良，但对于涂料和黏结剂，也需要常温固化。所以大多使用脂肪胺、脂环胺以及聚酰胺等。脂肪族多胺固化剂中含有 C - N 键，所以黏结性以及耐碱、耐水性均优良。脂肪胺的特点是随相对分子质量增加而活性减弱，毒性也减小，这类固化剂一般可在室温固化，其用量一般采用理论用量或接近理论用量。如果固化剂中有叔胺结构，用量要适当减少。

（2）多胺固化剂及其加成聚合反应。多胺固化剂与环氧树脂反应按下述步骤进行。

第一步，伯胺中的活泼氢与环氧基反应生成仲胺：

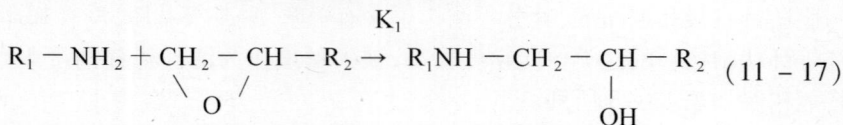

$$R_1 - NH_2 + CH_2 - CH - R_2 \xrightarrow{K_1} R_1NH - CH_2 - CH - R_2 \quad (11 - 17)$$

第二步，仲胺中的活泼氢与环氧基再一步反应生成叔胺：

252

$$R_1NH-CH_2-CH-R_2+CH_2-CH-R_2 \xrightarrow{K_1} R-N \begin{array}{c} CH_2-CH-R_2 \\ | \\ OH \\ \\ CH_2-CH-R_2 \\ | \\ OH \end{array}$$
$$\begin{array}{ccc} & | & \diagdown \diagup \\ & OH & O \end{array} \qquad (11-18)$$

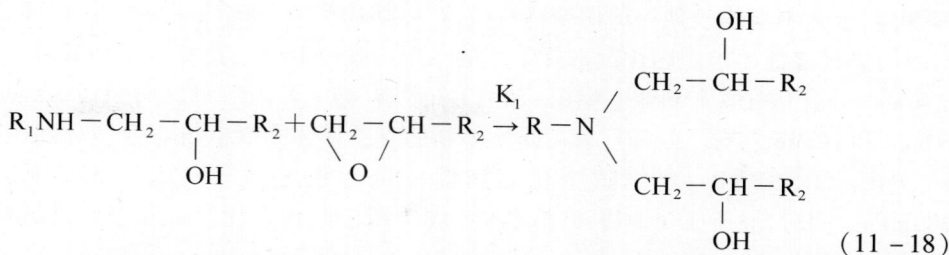

第三步,剩余的胺基,反应物中的羟基与环氧继续反应,直至生成网络大分子:

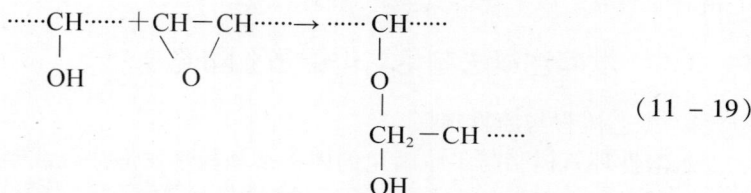

$$\cdots\cdots CH\cdots\cdots +CH-CH\cdots\cdots \longrightarrow \cdots\cdots CH\cdots\cdots \\ \begin{array}{ccc} | & \diagdown \diagup & | \\ OH & O & O \\ & & | \\ & & CH_2-CH\cdots\cdots \\ & & | \\ & & OH \end{array}$$
$$(11-19)$$

反应中生成的叔胺基具有催化机能,但是在伯胺、仲胺存在的条件下,其机能一般是难以发挥的。

11.3.2　水溶性环氧树脂体系注凝技术

1. 基于亲核加成反应的水基料浆注凝技术原理

如前所述,水溶性环氧树脂与多胺固化剂的反应属于亲核加成反应,环氧树脂水溶液的固化过程实际上是一个溶液—溶胶—凝胶的转变过程,最终生成含有大量水分子的聚合物水凝胶。与丙烯酰胺体系注凝技术类似,预先配制含有水溶性环氧树脂与多胺固化剂的水基陶瓷料浆,浇注入模具中,使其在一定条件下发生反应,则可以将流动的悬浮液料浆转变成具有一定形状和强度的弹性坯体。将该弹性坯体脱水干燥,烧除有机物,烧结致密化,即得到陶瓷体。由于亲核加成聚合过程不存在氧阻聚问题,因而可以在空气中操作,这是水溶性环氧树脂体系注凝技术的最大特点。

2. 水溶性环氧树脂体系注凝工艺

与丙烯酰胺体系注凝技术类似,在使用水溶性环氧树脂体系注凝技术时,主要应考虑选择合适的水溶性环氧树脂和多胺固化剂及其加入量,调整料浆 pH 值和选择合适的分散剂配制具有高固相含量和良好流动性的水基陶瓷料浆,以及控制料浆的凝胶固化条件,坯体脱水干燥、有机物烧除等方法。在毛小健[52]的研究中,通过对比,选择乙二醇缩水甘油醚(EGDGE)和山梨醇缩水甘油醚(GPGE)效果较好。先将其配制成浓度为15%(质量分数)的预混液,然后将预混液与氧化铝粉体混合,加入聚丙烯酸铵分散剂,制备成固含量为80%(质量分数)的水基陶瓷料浆。

经测定,上述料浆均表现为剪切变稀特性,在剪切速率为$100s^{-1}$时黏度小于$1Pa \cdot s$,可以满足浇注要求。固化剂选择常用的二丙三胺(DPTA),按相对于环氧树脂为0.4mol/eq计量加入。料浆在室温(20℃)和水浴(45℃)中的凝胶固化时间分别为60min和10min左右。两种环氧树脂所得到的凝胶坯体干燥后抗弯强度分别达到16.9MPa和18.8MPa,烧结致密化后陶瓷体抗弯强度则分别达到331MPa和383MPa。同时,他还成功地将该注凝体系成功用于制备氧化铝多孔陶瓷,取得了较好的效果。

我们也采用这种方法成功制备了高气孔率的氧化铝泡沫淘瓷[53],并对其进行了相应的研究。以下作以具体介绍。

11.3.3 发泡注凝法制备氧化铝多孔陶瓷

1. 工艺流程与原料选择

水溶性环氧树脂与多胺固化剂体系水基料浆发泡注凝法制备多孔淘瓷的工艺流程如图11-3所示。

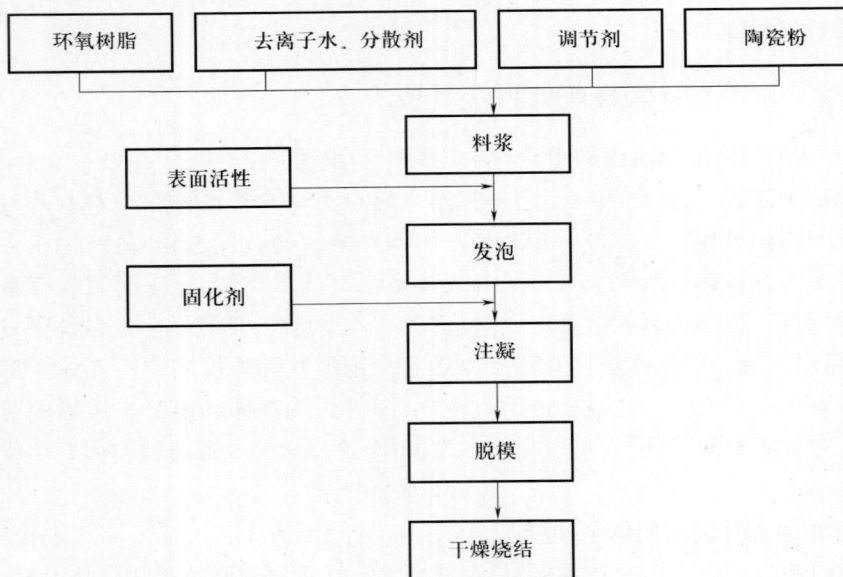

图11-3 注凝法制备氧化铝多孔陶瓷流程

在我们的研究中,采用乙二醇二缩水甘油醚为水溶性环氧树脂(环氧当量116)体系,以三乙烯四胺作为固化剂。将平均粒径为3.715μm的氧化铝粉和少量助烧剂,四甲基氢氧化铵pH值调节剂,JA281分散剂,环氧树脂和去离子水在QM-ISP行星球磨机混磨制备出固含量为65%~80%(质量分数)的水基浆料,加入烷基糖苷（APG）表面活性剂，通过搅拌均匀发泡，加入固化剂再搅拌均匀，浇注入模具。约放置 1h 凝胶固化后脱模，取出多孔凝胶坯体先在空气中干燥 24h，再放入烘箱中，60℃ 干燥 12h 至恒重。根据 TGA 分析，保持 1℃/min 的升温速度，在 110℃，320℃，500℃ 各保温 20min，升至 600℃，再以 2℃/min 的升温速度升至 1600℃ 烧结得到高气孔率的氧化铝泡沫淘瓷。

2. 料浆的发泡

图 11-4 是在浆料浓度 73%（质量分数）时表面活性剂的加入量与浆料搅拌后膨胀体积之间的关系，随着表面活性剂的加入，浆料的发泡体积在快速增加，当活性剂的加入量达到一定时（体积分数 4%），会出现一个膨胀最大值。此时，气泡的表面张力达到最小，气泡均匀分布，且由于表面张力与气泡直径的关系，孔径分布较均匀。继续提高表面活性剂的量，表面张力已经降到最低，会由于料浆黏度的减小使膨胀比例有轻微的下降，由图 11-4 所知，表面活性剂的添加量超过浆料体积 2% 时，膨胀比例可达到 5 倍以上。

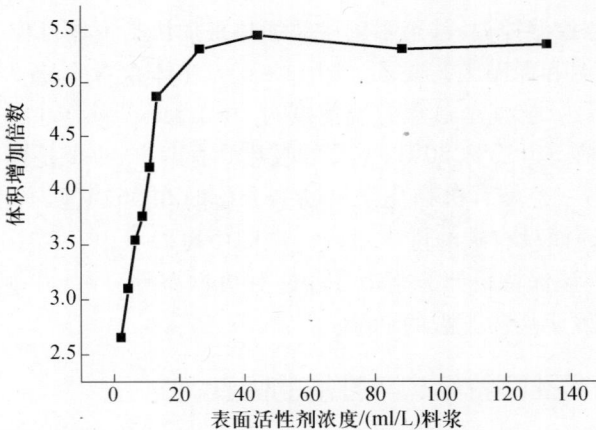

图 11-4　表面活性剂的浓度与发泡体积的关系（料浆浓度 73%（质量分数））

3. 浆料的流变特性

图 11-5 是 76%（质量分数）固含量的料浆在发泡前后的流变性能的比较，可以看出，在发泡的情况下，由于气液界面的存在，在低剪切速率下，气泡由球体向椭圆体转变，为了抵抗这种变形，料浆的黏度高于无泡沫的情况。而在原始未发泡的浆料中，由于固化剂的加入，使其部分出现团聚，因而出现了流变曲线的增稠与波动。随着搅拌速率的提高，发泡料浆呈现出持续剪切变稀的特性。当超过一定剪切速率时，其黏度反而低于未发泡料浆。

4. 有机物烧除热重/差热分析

对于发泡注凝法成型的多孔陶瓷坯体，其干燥过程水分可以从孔洞中顺利脱

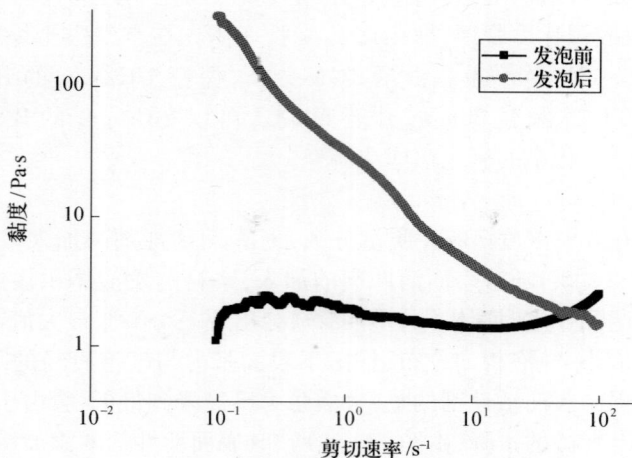

图 11－5　76%（质量分数）浆料发泡前后的黏度—剪切速率曲线

出,因此无需刻意控湿控温,甚至采用微波加热来加快其干燥过程。但烧除有机物则应有适当的升温和保温工艺要求。图 11－6 为坯体在 N_2 气条件下的热重/差热(TGA/DSC)分析曲线,整个过程升温速度为 10℃/min。从图 11－6 中可以看出,重量的降低主要在 310℃ ～380℃ 主要的吸热峰有两个,一个是残留水分在 110℃ 有一个吸热峰,另一个是有机物化学键断裂分解时在 362℃ 所产生的吸热峰。由于是在 N_2 气中,因而没有碳的排出过程。从图中可以看出,在 310℃ ～380℃ 之间的温度范围内,应该保持较低的速率升温使有机物充分分解,其他阶段,可以提高升温速度而不会发生坯体开裂的危险。

11.3.4　影响多孔陶瓷结构与性能的因素

1. 相对密度

原始水基料浆的固含量是影响其最终相对密度最重要的因素。图 11－7 是料浆的固含量在 65% ～80%（质量分数）之间变化时,得到相应的多孔氧化铝陶瓷相对密度变化情况。由图 11－7 可知,所制得的多孔陶瓷相对密度约为 10% ～40%。分析可知,浆料中固相含量越高,相应水分就越少,表面活性剂的作用载体将变少,发泡膨胀率会降低,造成气孔率减少,相对密度提高。因而用发泡注凝法制备不同相对密度的多孔陶瓷材料,可以通过调整料浆的固含量来获得。

2. 多孔陶瓷的微观结构

图 11－8 是不同相对密度的多孔氧化铝陶瓷的微观结构 SEM 图。从图中可以看出,孔洞结构无取向性,属于各向同性,各个曲面性质也是相同的。但是,随着

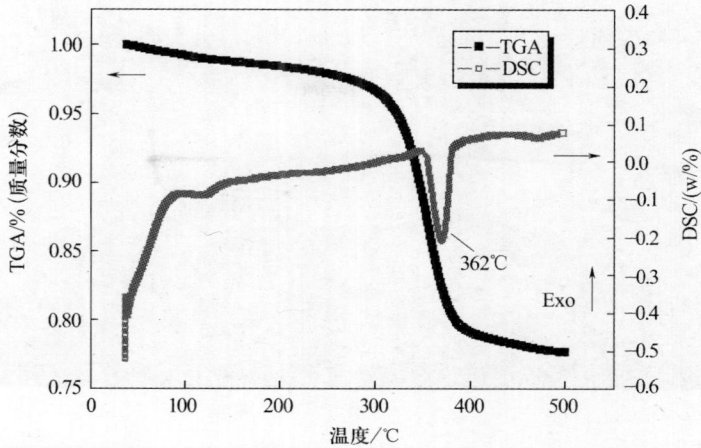

图 11 - 6　在 N₂ 气条件下坯体的热重/差热分析曲线

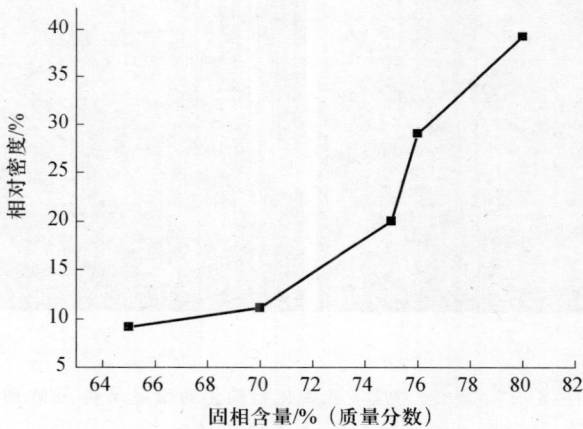

图 11 - 7　料浆固含量与相对密度之间的关系

多孔陶瓷相对密度的降低,孔径逐渐变大,同时每一个孔洞壁之间均有许多小孔,是坯体在脱水干燥和有机物烧除时被气体冲破而形成的。因此,发泡注凝法制备的高气孔率多孔陶瓷基本不存在闭气孔。

图 11 - 9 为用 AUTOPORE Ⅱ 9220 V3. 04 型压汞仪测量不同相对密度多孔陶瓷的孔径分布。可以看出,随着相对密度降低,孔径分布逐渐变大,这与 SEM 观测的结果相一致,并且从孔径分布可以看出,发泡注凝法制备的多孔陶瓷材料孔径分布是非常均匀的。

3. 抗压强度

图 11 - 10 为所制备的多孔氧化铝陶瓷抗压强度与相对密度的关系曲线,可以

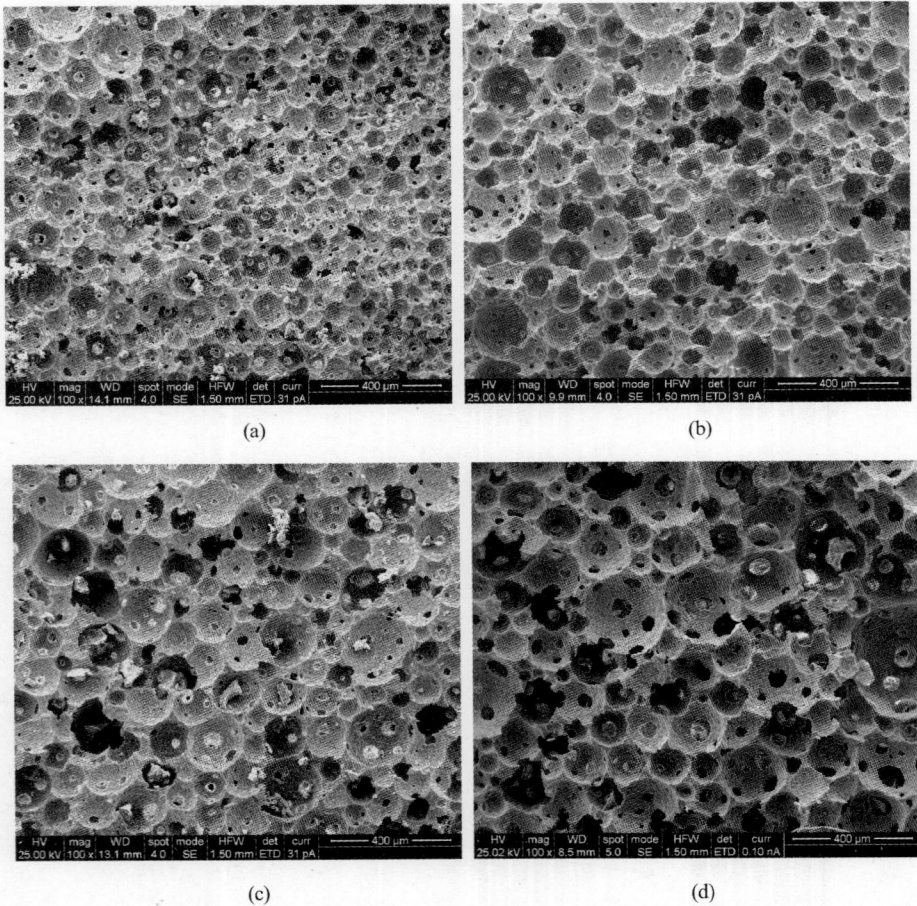

图 11 - 8　不同相对密度多孔氧化铝陶瓷的微观结构 SEM 图
(a) 40%；(b) 21%；(c) 12%；(d) 12%。

看出,当相对密度为10%～40%时,其抗压强度处于15MPa～75MPa之间。抗压强度随相对体积密度的减小而减小,即随孔隙率的增加而减小,且两者之间在双对数坐标图中为直线关系,满足降幂关系分布。

　　在所有的模型中,由 Gibson 和 Ashby[9] 提出的幂率关系是最为大家认可的描述脆性泡沫材料破坏的经典理论,通常还可以用一个相似的经验方程来描述多孔陶瓷的强度[54]：

$$\frac{\sigma}{\sigma_s} - K\left(\frac{\rho}{\rho_s}\right)^m \qquad (11-20)$$

其中：σ 为多孔陶瓷的强度；σ_s 为孔筋的强度；m 是常数；ρ 为多孔陶瓷的密度；ρ_s 为孔筋的密度。

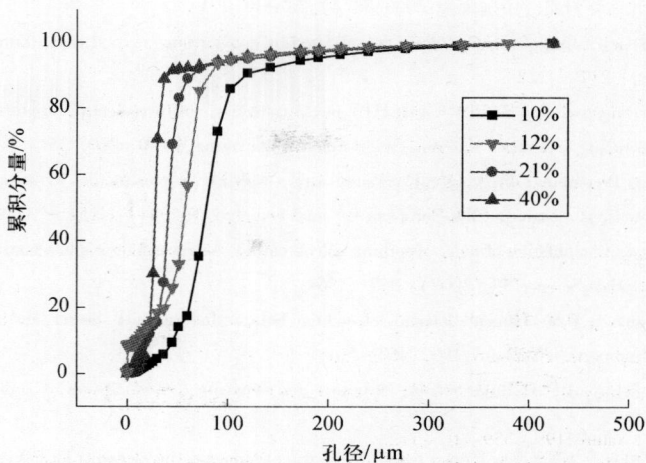

图 11-9 不同相对密度的多孔陶瓷孔径分布

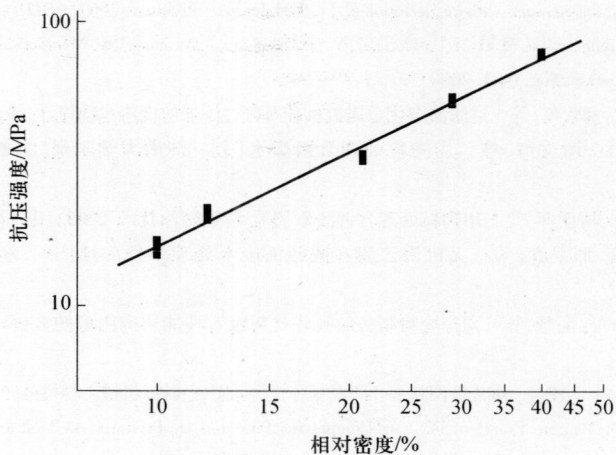

图 11-10 多孔陶瓷抗压强度与相对密度的关系

经过图 11-10 的拟合计算得出 $m = 1.094$。据此公式,可以推算出不同相对密度的多孔陶瓷材料抗压强度的变化。

参 考 文 献

[1] Nettleship I. Applications of porous ceramics. Key Engineering Materials,1996,122-124:305-324.

[2] 王连星,宁青菊,姚治才,等. 多孔陶瓷材料. 硅酸盐通报. 1998,1:41-45.

[3] 朱小龙. 多孔陶瓷材料. 中国陶瓷,2000,36(4):36-39.

[4] Xiaojian Mao. Gelcasting of alumina foams consolidated by epoxy resin. Journal of the European Ceramic Society 28 (2008): 217-222.

[5] Tao Zeng. Investigation on FR(LT)-FR(HT) phase transition and pyroelectric properties of porous Zr-rich lead zirconate titante ceramics. Materials Science and Engineering B 140 (2007) 5-9.

[6] Jun-Min Qian. Preparation of porous SiC ceramic with a woodlike microstructure by sol-gel and carbothermal reduction processing. Journal of the European Ceramic Society 24 (2004): 3251-3259.

[7] Hongtao Zhang. Computation of radar absorbing silicon carbide foams and their silica matrix composites. Computational Materials Science 38 (2007): 857-864.

[8] Brezny R, Green D J. Mechanical Behavior of cellular Solids. In materials science and technology, Vol. 11, structure and properties, Germany,1992,467-561.

[9] Gibson L J, Ashby M F. Cellular Solids: Structure and Properties, 2nd edition, Cambridge, UK,1997: 210-211.

[10] Sudhakar Reddy E, GNoudem J. open porous foam oxide thermoelectric elements for hot gases and liquid environments[J]. Energy Conversion and Management,2007,48(4):1251.

[11] Jin Zhao, Zhu Guangshan, Zou Yongcun. Synthesis, structure and luminescent property of a new 3D porous metal-or-ganic frame work with rutile topolog[J]. J Molecular Structure,2007,(871):80.

[12] Salvini V R, Innocentini M D M Pandolfelli, V C. Optimizing Permeability, Mechanical Strength of Ceramic Foams. Am. Ceram. Soc. Bull. 2000. 79(5):49-54.

[13] 贾天敏,江度,刘素英,等. 过滤器净化金属液机理及含过滤器的浇涛系统设计,铸造,1998.5:22-26.

[14] 王士龙,张虹,谢文海,等. 用陶粒处理含铅废水[J]. 济南大学学报(自然科学版),2003,17(3):295.

[15] 王士龙,张虹,柯亚萍,等. 用陶粒处理含锌废水[J]. 污染防治技术,2002,(3):23.

[16] 文会超,舒莉,邢卫红,等. 无机陶瓷膜在脱脂液废水处理中的应用[J]. 水处理技术,2007,33(3):42.

[17] 侯来广,曾令可,王慧,等. 陶瓷废料制备的吸音材料吸音性能影响因素的分析. 陶瓷学报,2006,27(1):6.

[18] 王薇薇,张韶兴. 铸铁基三维连续网状多孔陶瓷复合材料的阻尼特性. 机械工程材料,1999,23(2):24-26.

[19] Cui Yan. High Volume Fraction SiC$_p$/Al Composites Prepared by Pressureless Melt Infiltration:Processing, Properties and Applications, key Engineering Materials,2003,249:45-48.

[20] 王辉,王辛龙,杨小东,等. 有机泡沫浸渍法制备多孔生物陶瓷的研究[J]. 中国口腔种植学,2004,9(3):136-140.

[21] Colombo Parlo, lodesti Michele. Silicon Oxycarbide Ceramic Foams from a Preceramie Polymer. J. Am. Ceram. Soe,1999.82(3):573-578.

[22] Binner J G P, Reichert J. Processing of hydroxyapatite ceramic Foams. J. Mater. Sci,1996,31:5717-5723.

[23] 王建,王迎军,陈晓峰,等. 组织工程用 B 一磷酸三钙生物活性支架材料的显微结构及性能[J]. 硅酸盐学报,2004,32(11)-1418-1421.

[24] Zhang Guojun, Jian Fengyang, Tatsuki oiji. Fabrication of porous ceramics with unidirectionally aligned continuous pores. J. Am. Ceram. Soe,2001,84(6):1395-1397.

[25] 任强,武秀兰. 微米级多孔陶瓷的研究[J]. 中国陶瓷工业,2003.10(2):19-21.

[26] She J H, Deng Z Y, Daniel-Doni J, et al. Oxidation bonding of porous silicon. carbide ceramics[J]. J Mater

Sci,2002,37:3615-3622.

[27] Yang J F,Zhang G J,Kondo N,et al. Synthesis and properties of porous Si_3N_4/SiC nanocomposites by carbothermal reaction between Si_3N_4 and carbon[J]. Aeta Mater,2002,50:4831-4840.

[28] 奚红霞,黄仲涛. 用 Sol-Gel 技术制备 $Y-A1_2O_3$ 中孔膜. 华南理工大学学报,1997.25(3):129-132.

[29] Jin G Q,Guo X Y. Synthesis and characterization of mesoporous silicon carbide[J]. Mieropor Mesopor Mat. 2003,60:207-212.

[30] 唐竹兴,王树海,陈达谦. 注凝成型微孔梯度陶瓷材料制备新工艺的研究 I. 硅酸盐通报,2001,(2):23-29.

[31] 唐竹兴,王树海,陈达谦. 注凝成型微孔梯度陶瓷材料制备新工艺的研究 II. 硅酸盐通报,2001,(3):8-13.

[32] Patel N,Okabe K,Oya A. Designing carbon materials with unique shapes using polymer blending and coating techniques[J]. Carbon,2002,40:315-320.

[33] Kresge C T,Leonowicz M E,Roth WJ, et al. Orderedmesoporous molecular sieves synthesized by a liquid crystal template mechanism[J]. Nature,1992,359:710-712.

[34] Tang F Q,Fudouzi H,Uchikoshi T,et al:Preparation of porousmaterials with controlled pore size and porosity [J]. J. Eur. Ceram. Soc. 2004.24:341-344.

[35] 钱军民,王晓文,金志浩. 气相硅反应性渗入法制各橡木结构 SiC 陶瓷[J]. 硅酸盐学报,2004,32(12):1455-1458.

[36] Zhang G J,Yang J F,Ohji T. Fabrication of porous ceramic with unidirectionally aligned continuous pores[J]. Am Ceram Soc,2001,84(6):1395-1397.

[37] Zhang G J,rang J F,Ohji T. Fabrication ofporous ceramics with unidirectionally aligned continuous pores[J]. J Am. Ceram. Soc. 2001.84(60):1395-1397.

[38] Fukasawa T. Ando M. Synthesis of poruus ceramics with complex pore structure by freeze-dry processing[J]. J Am. Ceram. Soc. .2001.84(1):230-232.

[39] Yamamoto ,Nishimura T. Suzuki T. et al. Control ofmesoporosity ofcarbon gels prepared by Sol-gel polycondensation and freeze drying[J]. J Non-Cryst Solids,2001,288:46-55.

[40] Yanagisawa K,loku K,Yamasaki N. Formation of anatase porous ceramics by hydrothermal hot pressing of amorphous titania spheres[J]. J. Am. Ceram. Soc. ,1997.80(5):1303-1306.

[41] Aoki Y. McEnaney B. SiC foams produced by siliciding carbon foams [J]. Br Ceram Trans,1995t 94(4):133-137.

[42] Ohzawa Y,Yoshimura M,Nakane K,et al. Preparation ofhightemperature filter by partial densification of carbonized cottonwool witll SiC[J],Mater. Sci. Eng. ,1998 A242:26-31.

[43] Colombo P,Modesti M. Silicon oxycaride ceramic foams from a preceramic polymer[J]. J Am Ceram Soc,1999,82(3):573-578.

[44] Perdigon M J A,Comua A A D. Porous boron nitride supports obtained from molecular precursors[J]. J Organomet Chem,2002,657:98-106.

[45] Kim Y W,Park C B. Processing of microcellular preceramics using carbon dioxideb[J],Compos Sci Technol,2003,63:2371-2377.

[46] Sepulveda P. Gelcasting foams for porous ceramics. The American ceramic Society Bulletin,1997,76(10):61-65.

[47] 唐竹兴,田贵山. 氧化铝泡沫陶瓷的制备方法. 中国发明专利,ZL200810016714.6,2008,5.

[48] 苏鹏,郭学义,冀树军. SiC 泡沫陶瓷的凝胶注模制备与表征. 人工晶体学报,2009,38(4):983-988.

[49] 毛小健,王士维,张昭. 水溶性环氧树脂原位固化制备陶瓷坯体的方法. 中国发明专利. ZL200610 024613.4,2006.

[50] 毛小健,王士维. 高气孔率多孔陶瓷的制备方法. 中国发明专利,ZL200510037545.2,2005.

[51] 孙曼灵. 环氧树脂应用原理与技术. 北京:机械工业出版社,2002.

[52] 毛小健. 新型凝胶注成型及其在氧化物陶瓷中的应用. 中国科学院上海硅酸盐研究所博士学位论文,2008.

[53] Huang H,Chen D M,Tong J F. Techniques for the preparation of porous ceramic materials by gelcasting mothod. Advanced Materials Research,20 0,105-106:604-607.

[54] Olivcira F A C,Dias S,Fatima M,Fernanades J C,Behaviour of open-cell cordierite foams under compression,J. Eur. Ceram. Soc.,2006,26:179-186.